住房和城乡建设部绿色建筑和低能耗建筑示范工程丛书

绿色建筑和低能耗建筑示范工程

——关键技术与运营实践

住房和城乡建设部建筑节能与科技司 编著

中国建筑工业出版社

图书在版编目（CIP）数据

绿色建筑和低能耗建筑示范工程——关键技术与运营实践/住房和城乡建设部建筑节能与科技司编著. —北京：中国建筑工业出版社，2012.7

住房和城乡建设部绿色建筑和低能耗建筑示范工程丛书

ISBN 978-7-112-14521-8

Ⅰ.①绿…　Ⅱ.①住…　Ⅲ.①生态建筑－建筑工程－工程技术②建筑工程－节能－工程技术　Ⅳ.①TU18②TU111.4

中国版本图书馆CIP数据核字（2012）第166883号

本书以住房和城乡建设部绿色建筑示范工程为载体，研究建筑节能和绿色建筑技术的集成创新，适宜技术的落实以及工程实施、运营中关键技术的突破。并通过示范工程案例，推广示范项目的有益经验，实现示范工程的研究和实践价值，为绿色建筑和低能耗建筑推广提供支撑。同时，工程实例的成功经验，也增进了同行以及公众对绿色建筑和低能耗建筑的认识和理解，进一步推动建筑市场的转型。

*　　　*　　　*

责任编辑：马　红
责任设计：董建平
责任校对：党　蕾　陈晶晶

住房和城乡建设部绿色建筑和低能耗建筑示范工程丛书
绿色建筑和低能耗建筑示范工程
——关键技术与运营实践
住房和城乡建设部建筑节能与科技司　编著
*
中国建筑工业出版社出版、发行（北京西郊百万庄）
各地新华书店、建筑书店经销
北京嘉泰利德公司制版
北京方嘉彩色印刷有限责任公司印刷
*
开本：787×1092毫米　1/16　印张：$12\frac{1}{2}$　字数：312千字
2012年8月第一版　2012年8月第一次印刷
定价：89.00元
ISBN 978-7-112-14521-8
（22596）

绿色建筑和低能耗建筑示范工程
——关键技术与运营实践

主　　编： 汪又兰

副 主 编： 赵　华

编　　委： 钱晓明　储开平　王　臻　孙建慧　陈有川　谈德元
房向阳　尹　晓　关旋晖　李　逊　路　斌　章　恋
周国昌　贺西南　廖　琳　张　瑛

特聘专家（按姓氏笔画排序）：
王耀堂　冯　雅　林波荣　林建平　赵士怀　韩继红
程大章　曾　捷

参编单位： 住房和城乡建设部科技发展促进中心

序

“十一五”期间，国务院在加强节能工作的决定中指出：能源问题已经成为制约经济和社会发展的重要因素，要从战略和全局的高度，充分认识做好能源工作的重要性；在印发节能减排综合性工作方案中进一步明确了实现节能减排的目标任务和总体要求，为实现“十一五”节能减排目标，形成以政府为主导、企业为主体、全社会共同推进的节能减排工作格局。

为贯彻落实国务院的部署和要求，住房和城乡建设部启动了“绿色建筑示范工程和低能耗建筑示范工程”的建设工作。通过示范工程的建设，形成一批以科技为先导、以节能减排为重点、功能完善、特色鲜明、具有辐射带动作用的绿色建筑示范工程和低能耗建筑示范工程。

自2008年开始组织实施绿色建筑和低能耗建筑示范工程以来，得到了地方建设行政主管部门，工程建设、设计、施工单位和科研机构、高等院校等的积极参与和大力支持，有157项工程列为住房城乡建设部年度科学技术项目计划——绿色建筑和低能耗建筑示范工程项目。示范项目覆盖21个省、自治区、直辖市，示范面积2868万m^2，项目类型包括公共建筑、居住建筑和工业建筑。其中，既有新建建筑也有既有建筑节能改造项目，涉及场馆、学校、医院、通信、厂房等不同性质和特点的建筑类型。特别是一批北京奥运场馆、上海世博会工程和广州亚运会工程等国家重点建设项目也列为示范，使绿色建筑和低能耗建筑技术有力地支撑了大会设施的建设和运营，为降低大型公共建筑的建设和运行能耗积累了宝贵的经验。示范工程建设不论是对所在地域还是对行业的节能技术发展，乃至建设领域技术进步发挥了重要作用，促进了绿色建筑和低能耗建筑的发展。

绿色建筑和低能耗建筑示范工程作为住房城乡建设部促进传统产业技术升级的引导性工作，具有明确的政策导向和技术发展导向作用；作为住房城乡建设部科学技术计划项目，承担着科学研究、技术探索、实践检验和总结创新的任务；作为实体工程建设的示范项目，在执行国家相关标准的同时，更要突出内容的创新、技术集成程度、标准化水平和示范推广价值，要突出带动行业技术进步的作用、引导绿色建筑和低能耗建筑发展的作用、对所在城市或地域的示范作用以及产生较为显著的经济效益、社会效益、环境效益。

绿色建筑和低能耗建筑示范工程项目不论在单项关键技术研究、先导性技术工程应用还是在技术集成和规模化整体效果方面，都显现出特有的效果。起步早，规模大，立足本土，优先采用适合本地气候特点、自然环境和人文环境的适宜技术，以合理的成本实现了较高的工程品质；通过区域性示范应用完善相关的设计方法和技术集成，形成本地区实用可行的绿色和低能耗建筑技术体系及其应用模式；完善的系统运营数据和扎实的日常基础记录，客观真实地反映设备以及系统的运行能效，通过对数据的深度分析，对节能监控系统进行合理的控制策略和参数调整，为节能监控系统的优化提供依据；通过示范工程的实践经验和技术成果应用凝练出多个国家或省市研究课题，并为地方标准和相关政策的制定提供可靠的依据等，是示范工程项目的主要特征。同时通过示范工程建设的实践、探索和积累，还形成了企业可持续发展的成长模式，提升了企业的综合竞争力。

本书是在已经完成和通过验收的项目中选取的八个典型的工程案例。这些案例代表着理论研究和工程实践的新成果，都凝聚着承担单位为集开发、研究、设计、实施和运营管理等先进理念和多项技术措施于一身而付出的艰辛，体现了认真、务实的工作作风，他们是绿色建筑和低能耗建筑的践行者和探索者。希望本书对正在实施示范工程的项目承担单位和准备参与到示范工程项目中的单位，以及所有关注绿色建筑和低能耗建筑技术发展的人士有所启发和借鉴。随着示范工程项目的逐步完成，会有更多更丰富的研究、设计和施工等成果呈现出来，这也是绿色建筑和低能耗建筑示范工程的责任和义务，让我们共同努力使这项工作取得更多、更有意义的成果。

住房和城乡建设部建筑节能与科技司 陈宜明

二〇一二年六月

目　录

江苏省海安县中洋现代城

——2010年12月通过住房和城乡建设部“绿色建筑示范工程”验收

专家点评：项目根据当地气候特点和城市自然环境，采用本土化适宜技术，形成了实用的绿色住宅建筑技术体系。中洋现代城项目在以合理的成本实现了较高的工程品质后，继续进行绿色运营的研究与实践，带来了很好的经济效益和社会效益。项目的经验示范了在县级城市也能有效地建设绿色建筑。

绿色住宅应当有一个良好的生态环境，这需要在前期进行科学合理的规划与设计，后期精心的维护管理。本土化植物园式生态绿化的实施细节，值得借鉴。

项目在综合利用地下空间的同时，应用了自然通风采光，其运行效果已经显示了建设者的智慧和远见。

全装修住宅可以节省材料、改善环境、减少垃圾和方便住户，项目实现了土建与装修一体化，达到了节约的目的。

绿色建筑的节能、节水、环境保护等生态价值需要通过运营管理来体现，住宅小区安全和便捷的社会环境，需要有良好的物业管理来造就。现代住宅社区的运营管理，离不开基于信息技术的智能化系统。从中洋现代城项目的运行情况来看，住宅小区的智能化系统有力地支撑了运营管理，自动地监视控制各类设施，对于节能、节水、环境保护等生态效果，能够用数据说话，同时也提高了物业管理企业的工作质量，获得住户的好评。

（一）项目概况

1. 地理位置

海安县位于江苏省东部南通、盐城、泰州三市交界的苏中地区，东临黄海，南望长江，204、328国道和202省道贯穿全境，通扬、通榆运河沟通长江、淮河两大水系，沿海高速和江海高速公路、新长铁路和宁启铁路在此交会，是苏中水陆交通要冲。

中洋现代城位于江苏省海安县城主城区，是集住宅、购物、餐饮、娱乐、休闲为一体的综合大型住宅小区。中洋现代城鸟瞰图如图1所示。

2. 工程概况

中洋现代城占地7.09万m^2，总建筑面积29.95万m^2，共有20幢以19层为主的高

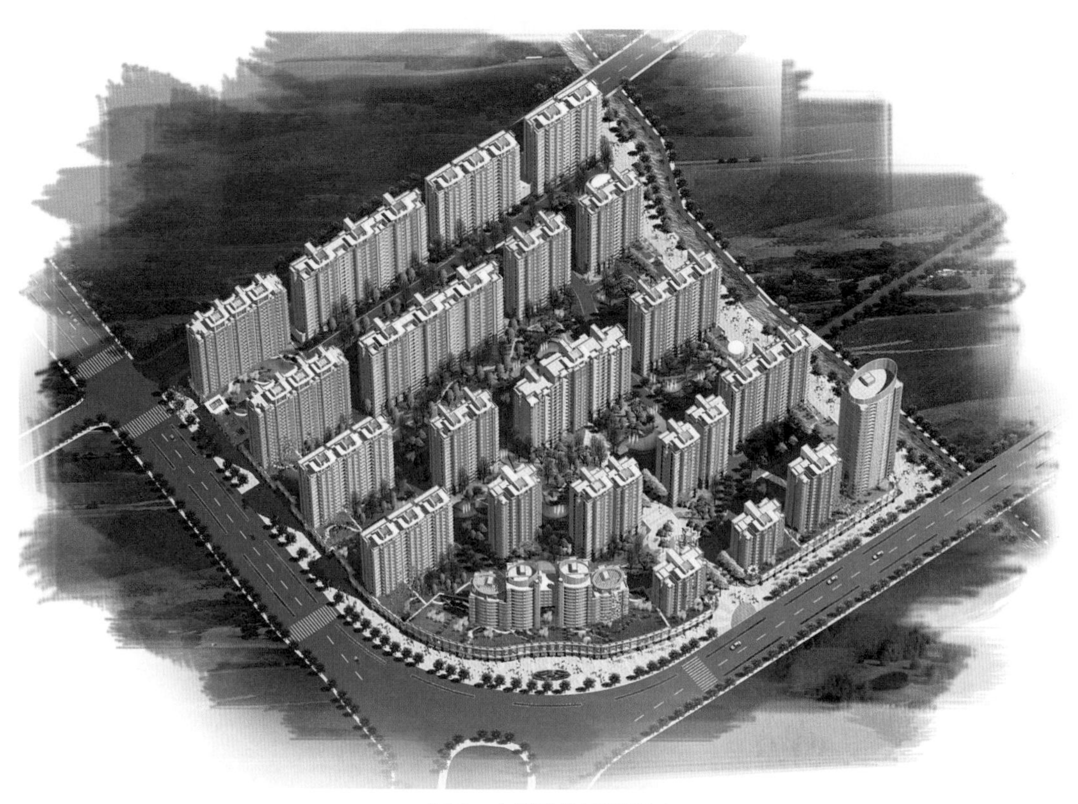

图1　中洋现代城鸟瞰图

层建筑，最高为30层，可容纳住户1472户，商户200多家。小区三面临街、一面临水。小区周围沿街配套商业，区内为住宅，通过合理的空间分割，在喧闹的城市中心营造出一个闹中取静的、适宜居住的“生态之城、科技之城”。中洋现代城建筑实景如图2所示。

图2　中洋现代城建筑实景

该项目是海安县政府重点工程，于 2006 年 9 月立项，2007 年 1 月开工，2009 年 1 月竣工并交付使用。

中洋现代城项目获得 2008 年度江苏省优秀住宅金奖；2009 年度被住房和城乡建设部列入绿色建筑示范项目，获江苏省绿色建筑创新奖；2010 年获得住房和城乡建设部 2A 住宅性能认证，通过住房和城乡建设部绿色建筑二星级评定和绿色建筑示范项目验收，并获房地产开发行业的最高综合大奖——广厦奖；2011 年被评为全国物业管理示范住宅小区。

3. 绿色建筑理念

1）高层建筑充分利用土地

中洋现代城项目从计划竞拍土地开始就认真进行了全方位的策划，通过考察全国大中城市 140 多个具有代表性的知名楼盘，充分借鉴大都市成熟、现代的经验，结合本地民情，选择著名的规划设计单位合作，科学规划，确定建 20 幢高层住宅建筑群的方案。该方案不仅可节约土地资源 40% ~ 50%，更重要的是拉大了楼宇间间距，还有较大的室外公共空间、生态景观和完善的配套设施，使得光照充分、眺望性更好。高层建筑的抗震性能好，住宅采光面大、通透性好、空气质量高、噪声污染小。小区高层建筑实景如图 3 所示。

图 3　小区高层建筑实景

2）高密度屋顶绿化

中洋现代城项目在地下室顶板上回填种植土，进行高密度的屋顶绿化。小区内分散布置多块组团规模的绿地，住宅间设有成片的庭院绿地，以各种乔木为主，局部种植草皮、常青灌木和四季花卉，形成冬有青、夏有荫，四季有花开的优美环境。整个小区绿化面积达到了 3.5 万 m^2，绿地覆盖率达到 36.2%。

区内建有 16 处独立的、风格各异的大型园林、森林、果岭、绿岛、植物园，并充分考虑了常绿与落叶、针叶与宽叶、绿色与彩色、有花与无花、有果与无果、有形与自然，大树、中树、灌木、草本四个层次的穿插、搭配和分布，既突出了植物多样性，又突出了季节色彩变化，实现了多层次立体绿化。大树古树珍稀植物园如图 4 所示。

小区绿化景观以 16 处主题植物园为“面”，以 23 个原始文化雕塑和原创主题雕塑为“点”，贯穿其中的一千多米仿原生态景观水系为“线”，构成“点、线、面”相结合的多层次空间，形成了独具特色的园林景观，使整个小区变成一座美轮美奂的生态公园。

图 4　大树古树珍稀植物园

3）地下车库自然通风、采光

中洋现代城项目考虑到私家车的未来发展趋势，充分利用地下空间，建成了 6.5 万 m^2 的地下停车库，让所有业主都能拥有一个独立的地下停车库，解决了小区停车难和停车占道影响交通的问题。地下室车库顶设置了 80 个采光通风井，利用了自然采光和自然通风，地下室设置的照明和通风设备仅作为辅助使用，节约了照明用电和通风用电。

4）智能化科技之城

中洋现代城项目全方位应用智能化技术实现了一卡通、一线通等的高度集成智能化，采用一线通弱电系统，所有弱电通过一根光缆传输；采用一卡通出入系统，业主仅凭一张智能卡，从大门入口进入、车辆到车库、到单元门厅进入电梯、到入户门进家全凭一张智能卡；采用 BA 设备控制系统，根据环境的和预定的时序实现照明的智能化控制，有区别地设定光控、声控、触摸、人体感应等节能控制技术，合理调节公共照明，节省电耗。

5）菜单式精装修

中洋现代城项目进行了精装修，从个性化、细致化入手，以“简约、实用”的设计风格为主流，通过经典欧式、经典中式、简约欧式、简约中式、现代时尚、现代实用和经济舒适等多种风格及多种标准来满足不同住户的个性化需求，并可大大减少装修对住宅环境的破坏。

6）规范化人性化物业管理

中洋现代城项目的物业管理公司是江苏中鸿物业管理公司，具有国家物业管理一级资质，连续 6 年被南通市房管局评为“物管先进单位”、“优秀住宅小区”等称号。在日常工作中坚持以人为本，规范操作，处处为业主着想，如图 5 所示。

图 5　规范化人性化物业管理

4. 项目示范目标以及资源环境影响

中洋现代城项目从方案设计阶段开始，深入分析住宅建筑自身特点以及海安县当地气候特点、城市自然环境和人文环境，按照绿色建筑示范工程标准，整合各专业技术，优先采用本土化适宜技术，致力建成特色精品小区，既现代时尚、环境优美、生活便利，又以人为本、节约能源，有效利用资源和保护环境，使之成为节能、节地、节水、节材，具有高品质的“生态之城、科技之城”。

中洋现代城周边用地性质为居住用地，建设项目主体是居民住宅，与周围的城市景观相互衬托、相互协调，符合海安县总体规划功能定位的要求。

（二）技术及实施

1. 总体技术

中洋现代城项目综合运用建筑与设备节能技术、非传统水源利用与水处理技术、智能化运营管理技术等多项先进综合性节约与智能技术，根据住宅建筑自身特点以及海安县的气候特点与自然环境形成了一套可行实用的绿色住宅建筑技术体系。小区中心广场实景如图 6 所示。

图 6　小区中心广场实景

项目主要示范技术如下：

①综合利用地下空间及其自然通风、采光技术。

②本土化植物园式的生态绿化技术。

③雨水利用与生态水处理技术。

④智能化运营管理技术。

⑤建筑节能与断桥隔热铝合金门窗技术。

⑥设备节能与智能控制技术。

⑦水系循环利用技术。

⑧菜单式、组合式、绿色环保精装修技术。

2. 关键技术

1）综合利用地下空间及其自然通风采光技术

中洋现代城项目利用地下空间，建成6.5万m^2的地下车库，共建有独立汽车库1420个，有4个双通道出入口，每部住宅电梯都可以直达。地下车库规模宏大、规划超前、设计建造标准高、实用性强、性价比高。中洋现代城项目地下车库平面图如图7所示。

中洋现代城地下车库，在规划设计时，设置了80个采光通风井，充分利用自然采光和自然通风，从而达到节约能源的目标。采光通风井加上地下车库内每个单间车库隔墙上端2.5m高处设通风栏栅，使得整个地下车库空气畅通，光线良好。经实测，地下车库内空气质量标准与小区地面空气几乎一样。

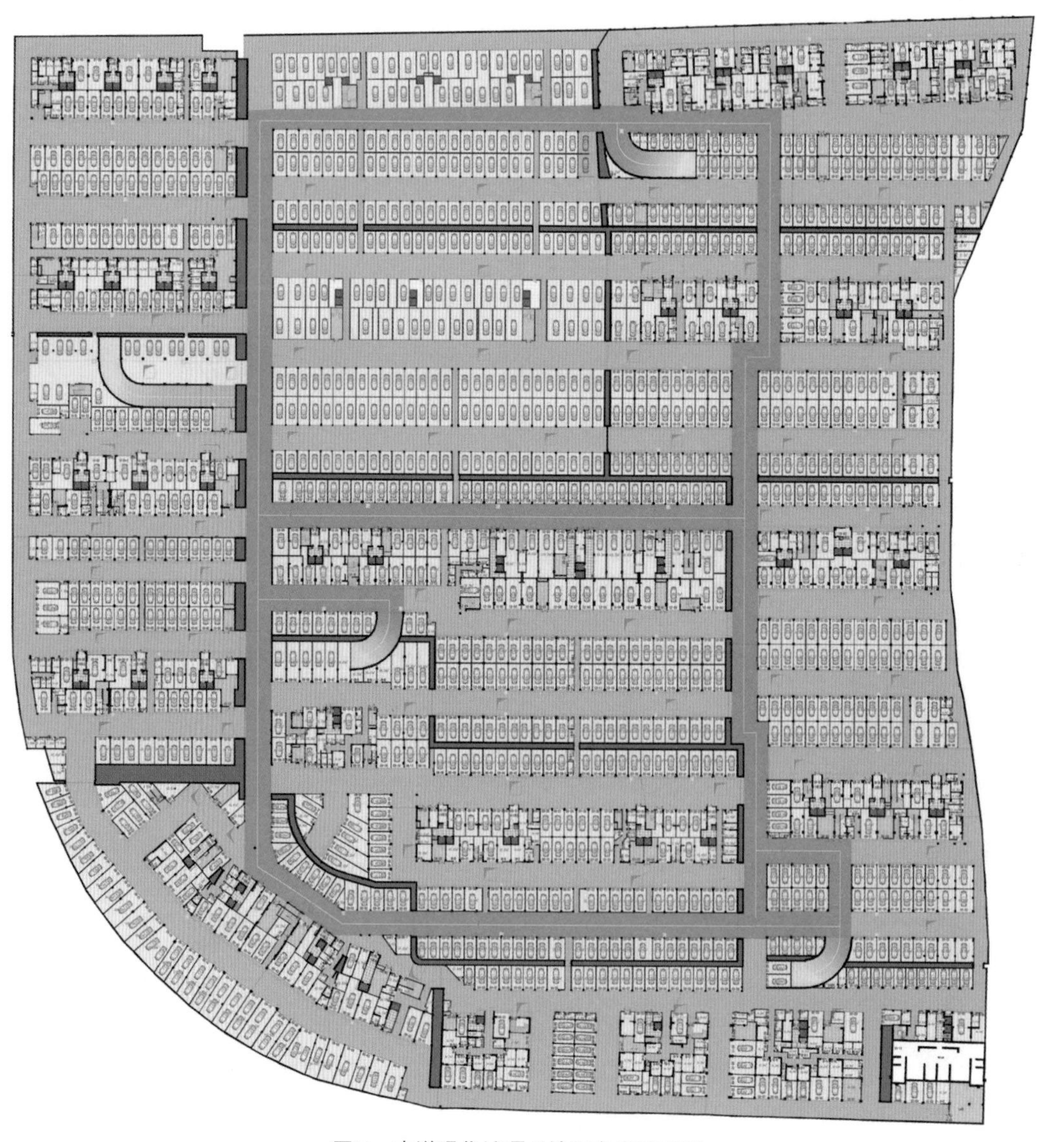

图7　中洋现代城项目地下车库平面图

图 8　通透明亮的地下车库

小区地下车库通道照明系统总共有 960 个照明灯，白天光线充足情况下是不需要开启的，到了晚上或者阴天采光井采光不足，地下室设置的光控感应器自动启动光控灯进行照明，如图 8 所示。经实测统计，地下室节能灯照明月耗电能约 41070kWh，日耗电约为 1369kWh。按照地下车库电气照明平均每天使用 10h（晚上加阴天）计算，每年可以节约照明电费用为 1369 ÷ 10 × 14 × 365 × 0.53 元 ≈ 37 万元。

地下车库配备的机械通风设备基本不使用，也节约了用电，如图 9 所示。

车库作了高标准配置，如图 10 所示，全地下车库顶端采用防穿刺技术，保证车库顶植物根系不会穿透车库顶端。通道地面使用耐磨地坪，墙壁粉刷防霉涂料，并配备照明设施。单间车库配备电动遥控车库门，防火卷帘门。车库顶部按规范设置消防系统，确保车库防火安全。

地下车库的交通通畅，主干道宽为 7m，次干道宽为 5 ～ 7m，整个地下车库绝大部分都可以双向车道行驶，十分有利于汽车进出库。主干道、次干道、人行道色彩醒目，交通标志完善，主要路口均安装交通标识牌，车库门前安装红色警示灯，拐弯处安装凸面广角镜，方便安全行驶。

图 9　地下室自然采光通风

图 10　独立地下车库高标准配置

中洋现代城地下车库实现智能化管理，入口道闸设置远程读卡器，车辆远程感应刷卡进出。地下车库所有通道，24h 不间断摄像管理，并与公共广播系统配合，设有语音提示功能，保证地下车库通道时刻畅通。车辆智能化管理设备如图 11 所示。

2）本土化植物园式的生态绿化技术

（1）屋顶绿化的顶板处理

中洋现代城项目创造性地在地下室顶板上回填种植土，进行高密度的屋顶绿化。地下室顶板做法如下：

①地下室顶板凿除余浆、清理干净。

②涂刷改性沥青涂料两遍，总厚度为 0.5mm。

③热熔满粘 4mm SBS 聚酯胎 I 型改性沥青防水卷材。

④平铺台湾惠光1.0mm HDPE土工膜防植物根系穿刺层，接缝焊接牢靠，不渗水；与防水层密封和连接采用宽为100mm，厚为1.2mm双面自粘橡胶沥青防水卷材。

⑤平铺 150g/m^2 编织土工布一层，搭接宽度为 7cm。

⑥侧铺 MU10 90mm×90mm×190mm 多孔砖（老火砖）一层，砖与砖之间紧缝，多孔砖孔洞方向与排水方向一致。

⑦平铺 400 g/m^2 无纺布滤水层，搭接宽度为 7cm。

（2）主题植物园

中洋现代城项目有 16 处风格各异的园林、果岭、绿岛等组团构成主题植物园，如图 12 所示。其中有：古树园、名木园、百花园、百果园、百竹园、海棠园、玉兰园、桂花园、梅花园、茶花园、紫薇园、杜鹃园、枫树园、松树园等。

图 11　车辆智能化管理设备

图 12　主题植物园

（3）各类植物合理配置

园中植物充分考虑到开花、结果的均衡次第性，真正做到“四季有绿、四季有花、四季有果、四季有香”。各植物园以大树、古树名木为主体，充分考虑常绿与落叶、针叶与宽叶、有花与无花、有形与自然、大树与中树、灌木与草本 6 个层次的分布。

植物配置在统一基调的基础上，树种力求丰富、有变化，避免种类单调，配置形式雷同。树种选择和配置方式要适合不同绿地的要求。以大树、古树为主，选用中、小型树木、花草为陪衬，突出植物多样性，如紫竹、翠竹、玫瑰、桂花、沿阶草、四季秋海棠、芭蕉、百合、美人蕉、薰衣草、万寿菊、矮牵牛等。

（4）与建筑、规划和谐统一

植物配置时充分考虑了种植的位置与建筑、地下管线等设施的距离，避免有碍植物的生长和影响管线的使用与维修。树丛的组合，从平面与立面构图，色彩，季相等方面布置。通过地形的高低、大小、比例、尺度、外观形态等方面的变化创造出丰富的地表特征，适当的地形处理，塑造出更多精巧的层次和空间，使建筑、地形与绿化景观自然地融为一体，其主题植物园甬道如图 13 所示。

图 13　主题植物园甬道

（5）改善微小气候环境、消除城市热岛效应

中洋现代城项目内 3.5 万 m^2 的景观绿地，绿化植被与仿原生态水系交相呼应，构成了一幅和谐的生态画卷。绿化植物是名副其实的空气“净化器”。中洋现代城小区内 300 多种木本植物，上万株乔木，近千米仿原生态水系，5000m^2 的水面积，可以充分调节室外的温度和湿度，降低了噪声和粉尘的影响。

小区绿化景观在美化小区环境的同时也改善了小区内的微小气候环境，减少了热岛效应。经实测，在附近绿化面积少甚至没有绿化的小区，在炎热的天气小区里面的温度和小区外面温度几乎一样没有波动。但是中洋现代城小区从炎热的马路上进入小区后凉风迎面而来，经测试，小区里面的温度比住区外的温度低 12℃，效果非常明显。

（6）种植本土古树名木，体现地域特色

中洋现代城小区内不少珍稀树种为苏中、苏北地区仅有，不仅适应气候和土壤条件，更有实验、学习和研究价值。如古金弹子树、古国槐树、古女贞树、古降龙木、古桂花树、古朴树、大香樟树、古榉树、大广玉兰树等。还有许多抗病虫害强、易打理的乡土植物。

（7）贴近自然的仿原生态水系

小区以“水”为脉络，营造绿色水系生态景观。一条全长 1500m 环形流动的生态水系环绕整个园区，水质清洁，整个水系曲曲弯弯、自然流畅。涌泉、喷泉、卵石、海浪石、各种鱼虾、水生植物和谐共生，形成了一个独立的原生态水系。

（8）特色主题雕塑群

中洋现代城小区中共有 23 处雕塑群，其中以弘扬江海古文明——青墩文化为主题的原始文化雕塑 16 处；以宣传古代文明与现代都市生活的中洋现代城原创主题雕塑 7 处。

（9）科学移植古树名木，保证成活率

中洋现代城小区都以古树、大树为主，采用先进科学的移栽技术，使小区绿化成活率达到 95% 以上。

①选择在大树的休眠期进行移植。大树移栽选择在树木休眠期进行，根据树种移栽成活的难易程度作断根处理、截冠处理和提前囤苗；剪口用塑料薄膜、凡士林、石蜡或植物专用伤口涂补剂包封。

②合理规划。根据园林绿化施工的要求和适地适树原则，根据树种及其规格，事先确定好定植点，并绘制出详尽的树种规划图；在制定好移栽技术规程和注意事项的同时，明确责任和分工，相互配合，协调联动，确保移栽工作按计划有序进行。

③移植养护。大树移栽前对穴土作灭菌杀虫处理。填土时分层回填、踏实，填土后要及时浇水并浇足、浇透。浇完水后注意观察树干周围泥土是否有下沉或开裂现象，有则及时加土填平。大树移栽后，更要加强后期的养护管理。

④科学的绿化养护与管理。绿化种植的都是有生命的植物，在绿化养护管理上，要了解种植类型和各种品种的特征与特性，本着生态、节约的原则，运用科学方法和设备进行养护工作，做到“种三管七”。

（10）盲管排水系统

排水盲管又称排水盲沟，主要以合成纤维、塑料以及合成橡胶等为原料，经不同的工艺方法制成各种类型、多功能的土工产品。其材质憎水，阻力小，具有极高的表面渗水能力和内部通水能力。主要作用是集排土中渗水，用以减小地下水压力，排除多余水分，保护土体和建筑物不会因产生渗透变形而被破坏；保护树木正常的生长以致不出现烂根的现象。

（11）自动喷灌系统

小区采用自动喷灌技术，不仅节约了用水，还增加了灌溉面积。由于喷灌基本上不产生深层渗漏和地面径流，灌水比较均匀，且管道输水损失少，灌水有效利用系数高；减轻灌水劳动强度，节省劳动力；不受地形坡度和土壤透水性的限制；喷灌便于严格控制土壤水分，保持土壤肥力，既不破坏土壤团粒结构，又可促进作物根系在浅层发育，有利于充分利用土壤表层的肥分，从而使树木能更好地生长。

（12）地面覆盖、树体保湿

地面覆盖主要是减缓地表蒸发，防止土壤板结，以利通风透气。通常采用麦秸、稻草、锯末等覆盖树盘，但最好的办法是采用“生草覆盖”，亦即在移栽地种植豆科牧草类植物，在覆盖地面的同时，既改良了土壤，还可抑制杂草，一举多得。树体保湿主要方法包括：包裹树干、架设荫棚、树冠喷水、喷抑制剂等。

3）雨水利用与生态水处理技术

中洋现代城小区处于南通市里下河地区，年降雨充沛，年平均降水量在 1020mm，雨季较长，主要集中在 5 月～ 9 月。全年降水量大于蒸发量，属湿润地区雨水。项目占地面积 7 万 m^2 以上，拥有景观面积 3.5 万 m^2。雨水经过土壤回渗进入盲管系统，屋面雨水经

图 14　小区水系

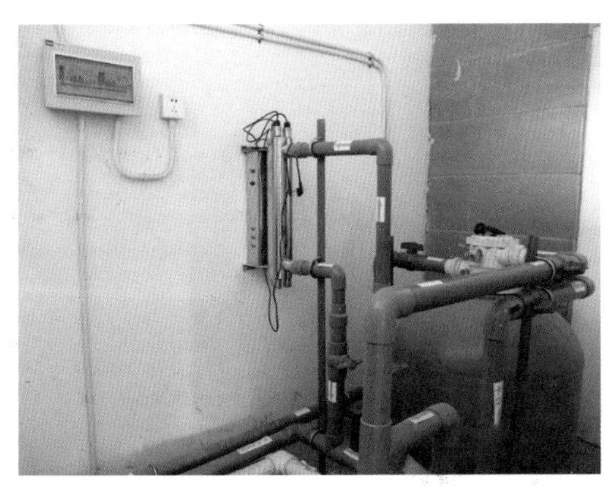

图 15　小区灌溉水处理设备

雨水管道排至地面，和地面雨水一同由单体周围及道路两侧设置的小雨水口收集后注入室外雨水检查井，为了适应小区的建筑特点，减少雨水管道的坡降，小区雨水干管呈发散状排设，连接小区周边的区内雨水总管，连接地下盲管以及设在小区南、北两端的两根总管汇集后经处理可作为绿化及设备补充用水。

中洋现代城项目对小区内水系实现了综合利用，如图 14 所示。游泳池处理循环后的水排放至小区景观水系，参与景观水系的循环。景观水系的水经处理后，用作小区内日常机具、设备、车辆用水、喷洒路面、绿化浇灌。小区灌溉水处理设备如图 15 所示。小区下雨时，水位提升，雨水通过盲管等管线进入水系，经过过滤、沉淀后达到水质标准的雨水回用；不下雨时，可以直接进行景观用水的循环处理，保证用水的水质和景观效果。当景观水系水量不足时，也不使用市政自来水，而是从小焦港河中取水。小焦港河水质安全、无异味、无污染，对环境及绿化植物不会产生不良影响。

中洋现代城项目使用纯净水直饮水系统，采用管网送水。经计算小区日最高用水量为 27t，选择产水量为 2.5t/h 的净水制备设备，设备采用前置处理系统，主要作用是降低原水的温度、有机物浓度，消除大分子颗粒及原水中有害的反渗透有机物质和无机物质，确保进入反渗透系统的水质满足要求，尽可能改善反渗透系统的进水水质。系统采用组合膜过滤系统配合原水泵及反冲洗泵，以及保鲜器和高级氧化杀菌器，形成独特的系统技术风格，整套系统对水中病菌、有毒重金属及放射性核素、有机污染物去除率高达 99.99%，水质甘甜可口，可直接饮用。

4）智能化运营管理技术

中洋现代城小区智能化系统按建设部《全国住宅小区智能化系统示范工程建设要点与技术导则》三星级标准要求设计、建设。智能化系统主要由小区安全防范系统、建筑设备控制与管理系统和通信网络系统三部分组成，如图 16 所示。系统建设统一规划、分步实施。系统设计一步到位、管线敷设一步到位。充分应用系统集成，做到节能环保、科技先进、安全可靠、便捷实用、维护简便。

中洋现代城小区智能化系统由 23 个子系统组成，下面介绍其中部分系统。

图 16　小区智能管理枢纽

图 17　闭路电视监控中心

图 18　单元门主机

(1) 闭路电视监控系统

闭路电视监控系统是中洋现代城小区智能化系统核心之一，如图 17 所示。实现对小区公共区域无缝隙全程监控，图像清晰、方便查询、操作简便、联动可靠。

闭路电视监控系统在小区主次出入口及周界、消防通道、停车场、单元门、电梯门厅、轿厢、地下车库、会所、外围商铺等公共场所以及小区重要部门（信息中心、财务中心等部位）安装固定或全方位摄像机进行实时监控。

控制中心能手动、自动切换图像，能对摄像机云台及镜头进行控制，与周界报警系统、出入口控制系统、灯光控制系统有机结合，实现联动控制、显示和记录功能（录像资料保存 30d 以上）。报警发生时，能自动将现场图像切换到指定监视屏上。系统具有时间记录功能。

(2) 联网可视对讲系统

中洋现代城小区联网可视对讲系统实现了三方通话、遥控开门、监视、信息发布等功能。

小区监控中心机房设置 4 台中心管理机，每路总线大约管理 450 台室内对讲分机。小区主次入口及超市入口共设置 3 台围墙机，所有围墙机可接通小区内全部室内对讲分机。单元门主机及围墙机采用立柱式安装支架，如图 18 所示。支架坚固耐用，造型流畅美观。出入口保安值班室设置可视对讲管理分机，业主与保安、访客与业主通话相互保密。

采用8防区安保型一体化室内分机，家庭报警探测器由室内分机统一管理。单元门设置电动无框玻璃门及彩色可视对讲单元主机，可刷卡开门，也可由室内对讲分机遥控开门（具备密码开门方式）。

中洋现代城项目室内分机配置4.2英寸彩色液晶可视对讲分机，外来访客通过围墙机与业主对话，经值班保安与业主通话确认后领取临时卡。访客使用临时卡刷卡开启单元门，并可刷卡乘坐电梯。访客离开时归还临时卡，临时卡逾期自动失效。

系统具有访客留言、留影功能。管理软件能自动分类，将相关信息归入对应业主用户名下，业主可登录小区网站进行查看和管理。访客信息至少保留10天。围墙机和单元对讲主机具有夜间操作功能，呼叫操作键盘具有误操作清除、通话确认功能。

（3）楼宇、景观设备自控系统

建筑设备自动监控（BA）系统对小区内公共设备进行集中监控和管理，提高设备使用效率、节约能源、延长设备寿命和实现可视化管理。

采用集散系统控制方式，实现对公共照明、景观设备（系统单列）、给水排水系统、电梯（系统单列）、通风设备等机电设施运行工况监视、控制、测量和记录。

①公共照明系统的监控：包括路灯、通道、停车场、地下车库和电梯门厅等公共照明的启停控制、分组控制、时间程序控制。实现自动照明控制与手动照明控制相结合，做到节能环保。并结合光控、声控、触摸、人体感应等节能控制技术，合理调节公共照明，节省照明能耗。

②给水排水系统的监控：监测蓄水池（含消防水池）、集水坑、污水坑的液位，对超限液位进行报警。监测生活水泵、增压泵、排水泵、污水处理设备的运行状态。实现给水排水设备运行状态显示，启停控制。

③送排风系统的监控：对地下车库的送排风设备进行监控。监视送排风机的运行状态、手动与自动开关状态和故障报警，能按设定的时间表自动控制送排风机的启停，并具备与消防设施联动功能。

④直饮水系统的监控：监控小区分质供水设备的运行与故障状态，监测流量、水压等参数。完成中心机房与现场设备的系统对接，实现对供水系统的启停控制，对运行状态监控和用水量的计量。

⑤景观系统控制：中洋现代城小区景观系统主要由霓虹灯、小区庭院灯、泛光灯、喷泉等系统设备组成。采用集散系统控制方式，实现对景观设施运行工况监视、控制和记录。系统软件可直观显示整个小区景观照明灯光效果及喷泉和设备运行效果，可根据需要设置灯光场景模式，并对灯光设备运行工况监视、控制和记录。

（4）生态环保自动灭蚊系统

小区安装光触媒捕蚊器，利用纳米光触媒技术和仿生技术实现对蚊虫进行诱、捕、杀全生态控制，对灭蚊器实行智能化控制，达到安全、节能、环保。灭蚊器如图19所示。

没有了蚊虫的叮咬，使得小区居民可以放心地在园林间漫步，孩童大胆地在大树底下嬉耍玩闹。

5）菜单式、组合式、绿色环保精装修技术

中洋现代城项目坚持绿色环保的理念，推出组合式、菜单式、绿色环保型精装修工程，选择专业、规范的装饰施工团队，保障了精品工程的实施。

（1）菜单式、组合式精装修

中洋现代城项目推出的组合式、菜单式、绿色环保精装修工程，有 12 种装修风格的菜单供业主选择，推出了经典欧式、简约欧式、经典中式、简约中式、现代时尚、现代实用、现代经济等风格各异的精装修样板房供业主选择参考。

图 19　灭蚊器

图 20、图 21、图 22 为 F 简约中式装修菜单。

精装修菜单除图 22 所示的基础装修配置表外还有户内门、地板配置表，瓷砖配置表，卫生间配置表，橱柜配置表，智能化系统配置表，空调系统配置表等，满足不同层次的业主需求。中洋现代城项目提供完善的家具设计与购置服务，与全国知名的家具商场建立长期合作关系，帮助业主统一采购物美价廉的家具产品；提供家电的团购服务，与全国多家知名的电器连锁企业均有长期的友好合作关系，帮助业主团购适宜称心的家电；为业主提供窗帘、床上用品等软装饰品的设计与统一定制服务。中洋现代城项目采用菜单式一次性精装修模式，是名副其实的交钥匙工程，业主收房后即可正常入住。

图 23、图 24 所示为精装修房实景。

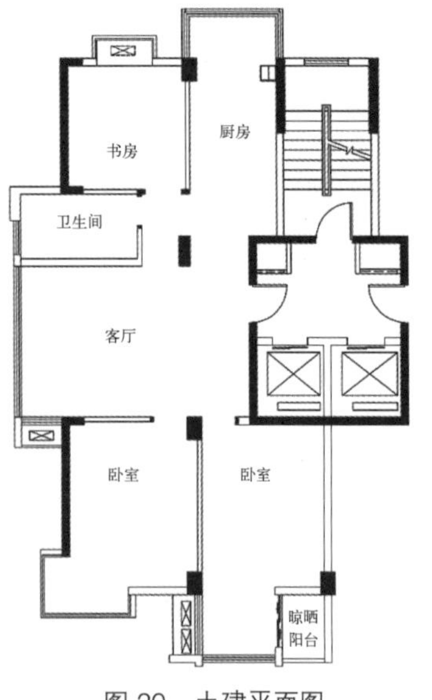

图 20　土建平面图

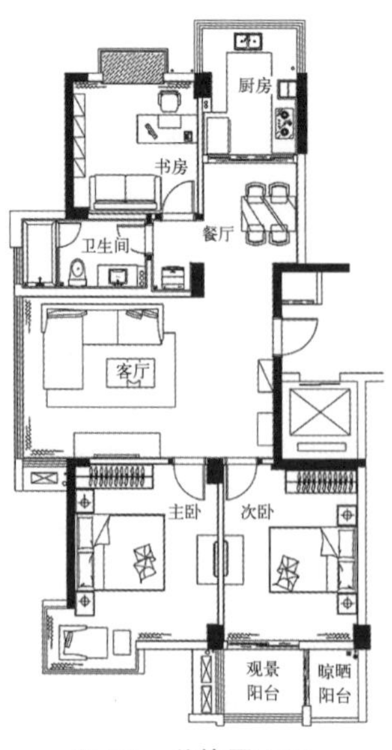

图 21　装饰平面图

序号	项目名称	风格	建筑单价（元/m²）	建筑面积	总价（元）
一、	基础装修单价	□现代经济　160m2以下	435	125.12	58,181
		□其他风格　160m2以下	465		
		□所有风格　160m2以上	495		
		□所有风格　复式房型	525		
二、	分项名称	包　括　内　容			备注
1.	水电工程	室内给水、排水、纯净水、强电、弱电等管线调整工程施工和材料			
1）	电线可用品牌：宝胜、远东				
2）	给、排水管可用品牌：金德				
3）	开关面板可用品牌，强电面板：西门子；弱电面板：AMP、清华同方				
4）	嵌入式射灯、筒灯、吸顶灯，可用品牌：雷士、欧普				
2.	吊顶工程				
1）	户内轻钢龙骨石膏板吊顶和窗帘盒等				
3.	土建工程				
1）	地板房间的地面砂浆找平				
2）	厨房、卫生间地面二次防水工程				
3）	墙地砖铺贴工程的施工和辅材				
4）	大理石窗台板、挡水条工程				
4.	安装工程				
1）	卫生洁具、龙头的安装和配件				
2）	地漏安装：可选品牌：九牧、尚高等				
5.	油漆工程				
1）	墙面批白、批腻子；				
2）	墙纸的粘贴：（不包括主材）仅限经典欧式				
3）	乳胶漆的喷涂：（不包括主材）				
6.	木作业工程				
1）	门套及木制品安装的基层制作				
2）	窗帘盒的制作				
3）	包管、包梁，部分吸音板墙工程				

图 22　基础装修配置表

图 23　现代时尚式家居

图 24　经典中式家居

(2) 绿色环保的精装修

中洋现代城项目采用的所有精装修材料均达到国家E1级环保标准，部分用材达到国家E0级环保标准。中洋现代城项目精装修工程主要材料供应商均定为国际、国内一线品牌，如TOTO洁具、西门子开关、松下门业、多乐士乳胶漆；斯米克、诺贝尔、冠军、特地瓷砖；欧派橱柜、金德管路、宝胜电缆和电线；安信、生活家地板；友邦集成等。

①选用节水型洁具。选用TOTO CW985PB等型号节水型抽水坐便器，该坐便器使用了新开发的3D超漩技术和大小挡冲水阀，实现了用水量3L和6L的双重节水冲洗；选用TOTO感应式水龙头，由红外感应器控制，内置定洗量阀，不接触就可以使用，可以减少冲洗的水量，具备良好的经济性和环保性。

②选用节能型中央空调。选用松下MASTERII多联式中央空调系统，综合能效比可达4.53，超过国家颁布的《多联式空调（热泵）机组综合性能系数限定值及能源效率等级》GB 21454—2008中规定的能效等级1级标准。

③选用高效全热交换器。精装修住宅内安装高效全热交换器，在室内进行制冷和制热时，通过热交换换气，可回收空调所排放的能量，通过对全热（显热+潜热）的回收，达到全热回收的目的。另外，在风道中设置的热交换元素还有效地提高了隔声效果，使得换气环境十分舒适安定。用高效全热交换器进行室内换气，与普通换气相比可节约能量近20%。

④严格执行环保监测。为实现绿色环保精装修，中洋现代城项目的每一套精装修房在交付之前，都必须对室内环境质量进行各项检测，确保检测结果满足国家标准规定后，方能验收交付。

(三) 运营

1. 运营效果

中洋现代城项目于2009年竣工交付使用，由国家一级资质物管企业——江苏中鸿物业管理公司管理。物业管理公司借鉴大城市先进的物业管理经验，并结合本土文化，提出“三年置业，百年物管”的物管理念，创新思路，高标准管理，中洋现代城小区获得了2011年度全国物业管理示范住宅小区，如图25所示。

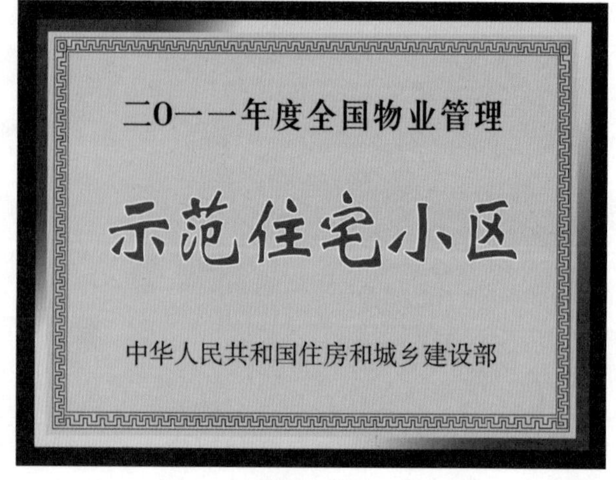

图25 全国物业管理示范小区

中洋现代城小区物业管理公司制定了完善的物业管理制度和规范的物

业管理服务标准，如每天清扫 2 次道路、绿化带；每天早晚对公共区域保洁 2 次；垃圾桶、果皮箱每天清运 2 次，每日上门收集生活垃圾 2 次，做到垃圾日产日清；水系每天由专人清理一次，每年请环境监测站对景观水水质进行检测；其他绿化、保洁管理等。如图 26 ~图 28 所示。

图 26 垃圾定时清理

图 27 小区流动保洁车

监 测 报 告

共2页第1页

委托单位	江苏省中洲置业有限公司（中洋现代城项目）		地 址	海安镇长江西路	
联 系 人	胡永彪	电 话	13506278626	邮 编	226600
采(送)样单位	海安县环境监测站		采(送)样人	印军荣、丁雁名	
采(送)样日期	2011 年 7 月 26 日		测试日期	2011 年 7 月 26 日	
监测目的	受江苏省中洲置业有限公司委托，对海安中洋现代城小区内景观河流进行取样监测，判定其水质是否达到《景观娱乐用水水质标准》GB12941-91 中 C 类标准要求。				
监测内容	pH、色度、溶解氧、COD_{Mn}、SS、氨氮、亚硝酸盐氮、铁、铜、锌、镍、挥发酚、LAS、总磷、粪大肠菌群和总大肠菌群。				
样品类别	地表水		样品状态	液态	
测试依据	HJ/T91-2001《地表水和污水监测技术规范》 GB12999-91《水质采样 样品的保存和管理技术规定》 pH：GB/T6920-1986《水质 pH 值的测定 玻璃电极法》 溶解氧：HJ506-2009《水质 溶解氧的测定 电化学探头法》 COD_{Mn}：GB/T11892-1989《水质 高锰酸盐指数的测定》 色度：GB/T11903－1989《水质 色度的测定》 氨氮：HJ535-2009《水质 氨氮的测定 纳氏试剂分光光度法》 挥发酚：HJ503-2009《水质 挥发酚的测定 4-氨基安替比林分光光度法》 铜：《水和废水监测分析方法》(第四版)(国家环保总局 2002 年)《石墨炉原子吸收分光光度法》 锌：GB/T7475-1987《水质 铜、铅、锌、镉的测定 原子吸收分光法》 镍：GB/T11912-1989《水质 镍的测定 火焰原子吸收分光光度法》 铁：GB/T11911-1989《水质 铁、锰的测定 火焰原子吸收分光光度法》 亚硝酸盐氮：GB/T7493-1987《水质 亚硝酸盐氮的测定 分光光度法》 总磷：GB/T11893-1989《水质 总磷的测定 钼酸铵分光光度法》 LAS：GB/T7494-1987《水质 阴离子表面活性剂的测定 亚甲蓝分光光度法》 悬浮物：GB/T11901-1989《水质 悬浮物的测定 重量法》 粪大肠菌群：HJ/T347-2007《水质 粪大肠菌群的测定 多管发酵法和滤膜法（试行）》 细菌总数：GB/T5750.12-2006《生活饮用水标准检验方法 微生物指标》				

监 测 报 告

共2页第2页

监测点位	监测项目	单位	监测结果				执行标准	超标情况
			1	2	3	均值或范围		
中洋现代城景观河流小桥	pH	无量纲	7.52	---	---	7.52	6.5-8.5	达标
	色度	度	4	---	---	4	25	达标
	溶解氧	mg/L	5.8	---	---	5.8	3	达标
	COD_{Mn}	mg/L	2.4	---	---	2.4	10	达标
	SS	mg/L	8	---	---	8	---	---
	氨氮	mg/L	0.18	---	---	0.18	0.5	达标
	亚硝酸盐氮	mg/L	0.003L	---	---	0.003L	1.0	达标
	铁	mg/L	0.03L	---	---	0.03L	1.0	达标
	铜	mg/L	0.001L	---	---	0.001L	0.1	达标
	锌	mg/L	0.05L	---	---	0.05L	1.0	达标
	镍	mg/L	0.01L	---	---	0.01L	0.1	达标
	挥发酚	mg/L	0.003L	---	---	0.003L	0.1	达标
	LAS	mg/L	0.15	---	---	0.15	0.3	达标
	总磷	mg/L	0.02	---	---	0.02	0.05	达标
	粪大肠菌群	个/L	900	---	---	900	---	---
	总大肠菌群	个/L	52	---	---	52	---	---
结论	本次监测结果表明： 中洋现代城小区内景观河流水质状况良好，其各项监测指标均达到《景观娱乐用水水质标准》GB12941-91 中 C 类标准限值。							

编制：丁雁名 2011 年 07 月 28 日　　复核：印军荣 2011 年 07 月 28 日

审核：薛锦华 2011 年 07 月 28 日　　签发：王猛 2011 年 07 月 28 日

海安县环境监测站

图 28 景观水系水质检测报告

图 29　一尘不染的道路景观

图 30　自行车、摩托车停放架空层

图 31　建筑外观如新

小区运营近 4 年，区内道路景观一尘不染（图 29），道路两侧无车辆乱停乱放现象，小区汽车全部进入地下车库停放，访客车辆停放在访客停车场，自行车、摩托车在地面上集中停放。如图 30 所示。

小区每个季度进行一次外墙立面瓷砖的清洁，每月对小区建筑幕墙进行冲刷，每年对小区防盗门进行除锈保养。这使得小区建筑犹如新建般外观如新，整齐如一，如图 31 所示。从住宅外墙下往上看，看不到一个防盗窗、一个晾衣架，墙面非常整洁，使每一个参观者都赞不绝口。

小区没有安装防盗栅栏，根据中洋现代城小区的建筑特点，特定区域设置双光束红外报警探测器。当有人翻越或闯入时，探测器即刻报警，将报警地点通过软件显示到大屏幕上，同时配有声光提示，屏幕电子地图实时显示报警区域和报警时间，以便保安人员准确、及时地处理。中心接到报警信号后，视频监视系统打开摄像机开始录像，同时自动开启现场警号以声音来吓阻入侵者，晚上可与灯光联动自动打开探照灯进行录像，监控中心记录入侵的全过程。另外物业公司配置了定时巡逻保安，时刻保护着小区。小区安保技防和人防的有机结合使得小区运营近 4 年来无任何盗窃事件发生。

中洋现代城项目对建筑设备、系统的运营、维护、保养制定了完善的管理制度。利用强大的智能化控制系统，对其运营状况进行有效的监控，及时掌握设备、系统工作状态，对故障报警信息集中管理，确保设备、系统安全运行，出现故障及时处理。项目还对给水排水系统进行监测，当给水排水系统出现故障时，管理中心计算机系统给出信息显示，为维修人员及时检修提供了方便。

中洋现代城项目物业管理服务获得了业主及海安市民的广泛认可，也获得了住房和城乡建设部、江苏省住房和城乡建设厅领导的高度赞扬。中洋房地产坚持以人为本的理念，处处为业主着想，连续几年贴补物业管理费让利于业主。江苏中鸿物业管理公司正在参与制定江苏省首个物业管理地方标准，创造物管服务行业高端标准新模式。

中洋现代城物业管理公司给业主发放了住户满意度调查表格，主动要求业主对中鸿物业管理服务工作进行评判。《业主满意度调查表》包括“接待咨询、工程维修、环境整洁、服务规范”等多部门的服务，共设有“满意、较满意、不满意”三个等级供业主选择，并预留充分的表格空间让业主填写不满意原因与建议。目前，中洋现代城入住业主 1373 户，常住业主 1000 多户，921 户业主参与了调查。调查途径主要为楼幢专员上门调查，同时在区内醒目位置设立了数个建议箱回收业主表格。根据回收的表格统计，业主满意度高达 99.65%。

2. 综合效益及推广分析

中洋现代城项目从设计到施工，始终贯彻绿色、节能、环保、生态的理念。通过各项新技术、新工艺、新材料的应用，各项综合节能措施的使用，使得住宅单位面积能耗较传统建筑下降 50%，整个小区每年在节能、节水等方面降低运营费用近 200 万元。

节水措施的使用，使得中洋现代城小区景观水系、绿化灌溉和游泳池的综合节水率达到 30%；小区日常机具、设备、车辆用水、喷洒路面、绿化浇灌、景观等用水全部采用非传统水源，每年可节约水费 40 万元；小区内共 1500 余盏各类路灯、景观灯、草坪灯、室内公共照明灯等，采用了 300 余个 LED 光源、1000 余盏节能灯和部分太阳能灯具，极大地降低了小区运营时电能的消耗，与传统光源相比，每年可节约电费近 40 万元；地下车库通过采光通风井，实现自然通风和采光，在节约机械通风和照明方面，每年可节约电费开支约 122 万元。

中洋现代城项目的技术创新和进步为项目带来了广泛的经济效益和社会效益。

3. 技术经济性分析和应用推广价值

住房和城乡建设部副部长仇保兴曾指出，绿色建筑是一个广泛的概念，绿色并不意味着高价和高成本。因此绿色建筑的建设必须进行技术经济分析。

项目的绿色技术在外墙保温、屋面保温、自保温墙体、门窗、雨水回收及绿化节水自动灌溉系统以及小区绿化、智能化节能控制、纯净水等方面，总共增加造价约 6108 万元，按总建筑面积 29.65 万 m^2 计，每平方米增加造价约 206 元。项目绿色建筑增加成本详见表 1。

绿色建筑增加成本概算　　表 1

项目	增加投资（元 /m²）	小计（万元）
自保温墙体及门窗系统	83	2461
雨水回收及水循环处理	13	385
生态绿化、屋顶绿化	52	1542
节能、节水设备	23	682
纯净水系统	7	208
智能化节能管理系统	28	830
合计	206	6108

由于中洋现代城项目综合运用了各项节能措施，小区住户可以最大限度地减少电费、水费和其他能源费的开支；设备智能控制技术极大地节约了小区公共用电、公共用水；小区生态绿化、生态水系为居民营造了自然健康的室内外人居环境。

（四）总结

中洋现代城项目在建造过程中，严把质量关，从规划设计、建筑选材到施工工艺、后期配套、物管服务的各个环节，都严格按照国家规范中的最高标准要求进行，建造高品质楼盘，让老百姓真正住上放心房、舒适房、品质房。同时，始终贯彻绿色、节能、环保、生态的理念，全面推广各项新技术、新工艺、新产品、新材料的应用，全方位使用绿色节能材料。

中洋现代城项目建立了由开发商质量监督人员与监理公司人员、施工单位人员组成的三重质量管理体系，为铸造精品工程，将工程施工质量管理贯穿于施工的全过程，落实到每一个细节，不放过任何隐患，不留一点遗憾。

中洋现代城项目以高品质低价位打造绿色建筑示范工程，销售价格开盘价仅为每平方米 2398 元，低于当地市场价 12%。

小区运营近四年，高密度的地下室屋顶绿化营造了自然健康的室内外人居环境，不仅净化空气、美化小区环境，还能够减轻城市热岛效应，是夏天天然的空调。小区在节地、节能、节水、节材、室内环境、运行管理采取各项技术措施，使得整个小区每年极大地降低了运营费用。

中洋现代城项目被江苏省、市、县建设主管部门作为绿色建筑示范工程进行推广，中洋现代城绿色建筑示范项目的实施，使海安引入了营造绿色建筑的理念，提高了江苏中洲置业公司大规模打造绿色建筑的能力，有助于提升社会各界对绿色建筑的认知，在南通市树立起“生态之城、科技之城”的标杆。

项目承担单位：江苏中洋集团股份有限公司
开发建设单位：江苏中洲置业有限公司
设计单位：南通中房建筑设计研究院有限公司
施工单位：南通海洲建设集团有限公司
绿色建筑技术咨询单位：江苏中洋集团股份有限公司

河北省秦皇岛市在水一方

——2011年9月通过住房和城乡建设部“绿色建筑示范工程”验收

专家点评：项目根据住宅建筑自身特点以及秦皇岛市当地气候特点、城市自然环境和人文环境，优先采用本土化适宜技术，形成一套可行实用的绿色住宅建筑技术体系。建设单位在工程绿色运营研究与实践工作中，积极、认真、务实，主要技术创新点如下：

（1）外墙外保温隔热技术、屋面保温隔热技术、三玻两中空断桥铝合金门窗节能技术的应用。

（2）高层阳台立面分户式太阳能热水系统，部分太阳能路灯。

（3）中水处理回用技术。

（4）雨水收集利用、雨水直接渗透技术。

（5）地下车库光导照明技术。

其中，地下车库光导照明技术健康、实用、节能，值得大力推广;阳台（立面）分户式太阳能热水系统方便物业管理、用户感知度较好，在阳光不遮挡的中低层楼盘具有一定的推广应用的价值，但需要进一步跟踪、实测太阳能有效得热量等技术参数，完善相应系统和设备。雨水利用技术较好地结合水景特点，技术简洁、实用，值得大力推广。

同时，项目在技术创新的基础上保证了较好的品质和合理的成本，带来了一定的经济效益和社会效益。

（一）项目概况

1. 地理位置

在水一方项目地处秦皇岛市海港区西部，和平大街以南，西港路以西，汤河以东，滨河路以北。该项目是秦皇岛市最大的旧城改造项目，占地56万m^2（840亩），拆迁安置居民3661户，工业企业16家。规划总建筑面积150万m^2，配套有幼儿园、小学、中学及商业服务业。

该地块位于城市的居住核心区，周边交通便利，紧邻已建成的汤河绿化景观带，拥有得天独厚的景观资源，人流疏密有致，闹中取静，环境十分优越，是建造居住区的理想用地。

2. 建筑类型

项目建筑类型为新建居住区，由多层住宅、高层住宅、别墅和公建等组成。公建配套有中学、小学、幼儿园、物业服务中心、居民活动中心、洗浴、超市、体育设施和停车库等配套服务设施。

结构形式：高层均为剪力墙结构，配套公建为框架结构。

示范面积：该项目地块是迄今为止秦皇岛市最大的出让地块，项目占地约为 56hm^2，示范项目 A 区用地范围为北至和平大街、东至西港路、南至纤维街、西至先锋路，用地面积共计 17.81 万 m^2，总建筑面积 59.7 万 m^2（其中地上建筑面积 49.7 万 m^2，地下建筑面积 10 万 m^2）。在水一方项目鸟瞰图见图 1。

1）项目开发与建设周期

项目从 2006 年 12 月建筑前期准备阶段开始，到 2010 年 12 月 30 日，A 区 51.7 万 m^2 全部竣工验收，其余 1.07 号、1.30 号和 1.33 号三栋楼（8 万 m^2）计划于 2012 年 6 月竣工。

2）项目设定的示范目标

秦皇岛五兴房地产有限公司在 2005 年在水一方项目规划设计之初，即认真贯彻执行节约资源和保护环境的国家技术经济政策，推行可持续发展，以节约能源、保护环境、改

图 1　在水一方项目鸟瞰图

善建筑功能与质量为目标，以市场为导向，以科技进步为动力，通过对绿色建筑技术的实践与应用，倾力打造“建筑国际化、社区人性化、设备节能化、管理规范化”，通过对绿色建筑技术的实践应用，为绿色建筑技术规模化推广应用提供技术支持。

3）考核指标

严格按照国家绿色建筑的要求进行规划、设计、施工，在建筑节能、节水、节材、节地、室内环境、运营管理等方面达到国家级绿色示范项目。

4）项目的资源环境影响

项目建成后，不仅保证了居住小区用户的需求，而且充分利用了当地的资源、能源，保护了小区的生态环境，由于节能房屋向外需求能源的减小，从而大大减少了 CO_2 的排放量，同时减少了城市供热系统的热能输送，增加了城市供热面积。

（二）技术及实施

1. 总体技术

（1）居住建筑节能设计

采用了外墙外保温隔热技术、屋面保温隔热技术、门窗节能技术等。

（2）太阳能利用

①高层建筑太阳能热水一体化，充分利用高层建筑南立面，并与立面效果相结合，每户安装 80L 的太阳能热水器。

②地下车库采用光导照明。

③部分路灯采用太阳能路灯。

（3）中水处理回用技术

（4）雨水收集利用、雨水直接渗透技术

（5）室内低温辐射地板采暖温控及分户热计量技术

（6）室外绿地绿化喷灌技术

（7）绿色节能电梯的应用

（8）公共照明感应声控、光控节电技术

2. 关键技术

1）太阳能热水技术

（1）项目日照分析

秦皇岛市位于我国华北地区河北省东部，北纬 39.85 度，东经 119.52 度，海拔 2.4m。该地区在夏至日太阳光最接近直射，太阳辐射最好；在冬至日，太阳高度角最低，太阳辐射最差。而在春秋分时太阳辐射基本相同。从全年来看春秋分时太阳辐射情况基本接近年平均太阳辐射情况。通过对小区的日照模拟分析，可以看出，在水一方项目采用太阳能热水系统具备较好的日照条件。该小区中各栋建筑在冬至日平均日照时间可达 6h 左右（最不利楼为 1.10 号楼、1.11 号楼春分、秋分日日照 3h)。在夏至日各栋建筑所能接受到的太阳能辐射日照时间超过了 10h。太阳辐照量区域分布见表 1。

太阳辐照量区域分布表 **表 1**

资源区划代号	名称	指标
I	资源丰富区	≥ 6700 MJ/(m^2 · a)
II	资源较富区	5400 ~ 6700 MJ/(m^2 · a)
III	资源一般区	4200 ~ 5400 MJ/(m^2 · a)
IV	资源贫乏区	<4200 MJ/(m^2 · a)

(2) 太阳辐照量

当地气象参数见表 2。

气象参数 **表 2**

月份	1	2	3	4	5	6	7	8	9	10	11	12
T_a	−4.6	−2.2	4.5	13.1	19.8	24	25.8	24.4	19.4	12.4	4.1	−2.7
H_t	9.14	12.2	16.1	18.8	22.3	22	18.7	17.4	16.5	12.7	9.21	7.89
H_d	3.94	5.25	7.15	9.11	9.95	9.19	9.36	8.09	6.36	4.93	4	3.52
H_b	5.21	6.93	8.97	9.67	12.3	12.9	9.34	9.28	10.2	7.81	5.2	4.37
H	15.3	18.4	18.5	18.2	18.4	17.2	15.2	15.5	17.5	17	15.1	14.2
H_o	15.4	20.5	27.6	34.7	39.7	41.7	40.6	36.4	29.9	22.5	16.5	13.9
S_m	201	202	240	260	292	269	218	228	240	230	191	187
K_t	0.59	0.6	0.58	0.54	0.56	0.53	0.46	0.48	0.55	0.57	0.56	0.57

表 2 中各项气象参数的含义如下：

T_a ：月平均室外气温，℃ ；

H_t ：水平面太阳总辐射月平均日辐照量，MJ/(m^2 · d) ；

H_d ：水平面太阳散射辐射月平均日辐照量，MJ/(m^2 · d) ；

H_b ：水平面太阳直射辐射月平均日辐照量，MJ/(m^2 · d) ；

H ：倾角等于当地纬度倾斜表面上的太阳总辐射月平均日辐照量，MJ/(m^2 · d) ；

H_o ：大气层上界面上太阳总辐射月平均日辐照量，MJ/(m^2 · d) ；

S_m ：月日照小时数 ；

K_t ：大气晴朗指数。

(3) 太阳能热水器集热器的面积

太阳能热水器集热器的面积的大小关系到系统的节能特性和经济性。项目中的集热器面积根据系统的日平均用水量和用水温度确定，通过计算得出本小区一户的太阳能集热器的理想集热面积为 2.948m^2。太阳能集热器的实际集热面积为 1.47m^2 时，太阳能热水系统的保证率约为 50%。

（4）住宅楼采用的阳台壁挂式太阳能热水系统说明

该太阳能热水系统采用分户集热，分户水箱，集热器非承压，水箱采用自然式双循环热水系统。

（5）系统特点

①系统承压运行，性能稳定，使用安全可靠。

②系统采用间接加热，有效保证热水的卫生和洁净。

③集热器内置U形铜管，避免因真空管破损而引起的系统漏水和不能正常运行的问题。

④水箱内胆采用金硅搪瓷内胆，在承压状态下其性能优于其他材质的内胆。

⑤水箱承压运行，能有效保证冷热水的水压一致，混水均匀，提高了热水使用的舒适度。

⑥集热循环管路采用 TP2 铜管，具有较长的使用寿命。

⑦储水箱内置电加热器，可保证阴雨天热水的使用。

⑧控制系统采用人性化设计，自动化控制，使用安全可靠。

（6）系统原理

利用不同温度下水的相对密度不一样及热水上行的原理，集热器集热与水箱进行自然式热交换，来加热水箱中的水。当水箱水温达不到设定温度时，辅助能源系统启动进行辅助加热；加热到设定温度 F_0，辅助能源系统停止加热。水箱为双内胆承压式水箱，采用冷水进热水出的顶水法供水，保证了冷热水供水水压一致，使用起来方便、舒适。

（7）产品结构

采用 LPDHWS–80–1813–YF 型自然循环分体式太阳能热水器，系统由集热器、储热水箱、管路及附件组成。

①集热器：内置 U 形铜管，非承压运行；集热器的外形尺寸为 940mm × 1975mm × 110mm；真空管为 ϕ47mm × 1800mm，共 13 支真空管。

②水箱：为双内胆承压式不锈钢水箱，容积为 80L，内置功率为 15kw 的电加热装置；外形尺寸为 ϕ450mm × 1010mm。内胆技术参数：内胆为 1.2mm 厚的 SUS304–2B 不锈钢板材料，内胆直径为 ϕ340mm，水箱进、出口管径均为 4 分不锈钢管，承压为 0.7MPa，保温层厚为 55mm。外桶技术参数：外皮材料为 0.426mm 厚的彩钢板，外桶直径为 ϕ450mm。水箱侧面带有电加热，水箱正面带有遥控面板，端盖为倒刺扣合方式、烤漆。水箱结构：为 5 下 1 上 1 侧式，包括：介质进、出口，下进水口和出水口、排污口、上排气口，侧置电加热储热水箱内胆为 1.2mm 厚的 SUS304 不锈钢板，氩弧焊接成型，工作压力为 0.7MPa。外壳采用灰白色彩钢板外壳、色泽均匀靓丽，放在阳台里不显突兀，与居室环境和谐统一。保温层为聚氨酯整体发泡一次成型，保温效果较好。

集热器采用U形管和防冻储能技术，真空管内不走水、不冻管、不炸管、不结垢、不漏水。集热系统与储热水箱分离，安装灵活方便，不受楼层限制。改变了普通太阳能热水器只能安装在楼顶的单一安装形式，集热器安装在室外，水箱安装在室内，不破坏房屋结构。集热器边框采用优质铝型材，美观耐腐。室外安装时不影响建筑的整体效果，真正实现与建筑一体化的完美结合。

（8）产品型号

项目采用的太阳能热水系统的产品型号见表 3。

太阳能热水系统产品型号　　表 3

型号	集热管			水箱			
	长度	管径	支数	容量	外壳材料	内胆材料	保温材料
B-J-F-2-80/1.47/0.6	1.8m	47mm	13	80L	彩钢板	SUS304-2B	HCFC-141b

（9）太阳能与建筑相结合

根据不同楼号南立面的位置，厂家定向设计了 3 款不同规格尺寸的集热器。在安装时，充分考虑建筑立面效果，将原集热器边框颜色由原设计的铝合金框外喷为灰黑色。

（10）保证系统运行稳定采取的有效措施

①耐空晒措施：金属－玻璃结构真空管型太阳能热水系统，集热器内部及连接管路均采用铜管，具有较好的耐高温性能，并且真空管的空晒性能参数 $Y \geqslant 232\mathrm{m}^2 \cdot ℃/\mathrm{kW}$，远大于国标要求的 $190\mathrm{m}^2 \cdot ℃/\mathrm{kW}$；另外集热器外带遮阳布，系统正常运行后可去掉。

②防冻措施：集热器循环加热系统采用防冻介质，保证零下 30℃不冻，且循环流道均采用铜管焊接连接，耐压可达 0.6MPa，不会出现防冻介质泄漏或失效的现象，能确保使用安全可靠，寿命长。

③防结露措施：金属－玻璃结构真空管型太阳能集热器的循环流道是承压运行的，而真空管与金属边框的衔接为非承压的，能保证真空管内的水蒸气排出；另外，循环管路采用亚罗弗保温材料，亚罗弗材料具有极好的化学稳定性，吸水性小。吸水率小于 3%，水汽渗透率≤ 0.153×（10 ～ 12），湿阻因子为≥ 5000。

④防过热措施：集热器安装倾角为 75°（与南立面夹角 15°），确保四季得热量均衡，减少过热时间。

⑤防雷措施：阳台壁挂太阳能安装到建筑的南立面墙上，金属支架与建筑钢筋紧密连接，太阳能设备设接地保护，不会出现存电等问题。

⑥防风措施：采用金属－玻璃结构的理由有 4 点。一是集热器本身不是一块整板，可以防风；二是其安装在南立面紧靠墙，风载小；三是集热器的固定支架的基础预埋件与建筑结构是一体的，具有良好的固定能力；四是固定支架下端焊接有底托扣件，上端采用螺栓连接固定，保证集热器的抗风性。

⑦抗冲击措施：采用的真空管抗冲击性能达到国家要求。

⑧防坠物伤人措施：集热器的支架设计和安装确保了集热器稳固可靠，另外组成集热器的集热元件——全玻璃真空管，采用力诺集团生产的力诺瑞特专用真空集热管，有非常强的抗机械冲击和冷热冲击能力。真空管内不走水，更不会产生应力，杜绝了炸管现象。内置铜管和与真空管内壁紧密贴实的导热铝翼，起到支撑作用，即使人为外力作用导致集

热管损坏，大片的玻璃也不会坠落，而是串在铜管上，不会对人造成伤害。在水一方项目太阳能热水器安装实景如图 2 所示。

图 2　在水一方项目太阳能热水器安装实景

(11) 验收测试

住房和城乡建设部委托辽宁省建筑科学研究院于 2010 年 9 月对在水一方项目采用的太阳能热水器进行了现场测试，测试结果为：系统太阳能保证率分别达到 58% 和 69.26%。

2010 年 12 月 14 日，河北省住房和城乡建设厅、省财政厅组织并主持，聘请同行业专家组成验收委员会对财政部、住房和城乡建设部 2007 年批准可再生能源建筑应用示范工程项目——秦皇岛市在水一方项目住宅小区进行验收。验收委员会听取了项目单位、测评机构汇报，实地考察了工程现场，经质疑答辩，形成验收意见。

①提供的验收材料齐全，符合验收要求。

②完成了示范项目申请报告中的建设内容，户式太阳能热水系统实施量达到申报量。

③《测评报告》中的“测评指标汇总表”内容与申报要求一致，且各项检测结果达到申报书中的技术要求。

④项目在高层住宅建筑中采用户式太阳能热水系统提供生活热水，技术路线及设备适用可行，经济合理，具有较好的示范作用和推广价值。

2) 光导照明技术

(1) 工作原理

自然光光导照明系统通过采光装置聚集室外的自然光线并导入系统内部，再经过特殊制作的导光装置强化与高效传输后，由系统底部的漫射装置把自然光线均匀导入到室内任何需要光线的地方。从黎明到黄昏，甚至是阴天或雨天，该照明系统导入室内的光线仍然十分充足。

(2) 产品特点

①节能：可完全取代白天的电力照明，至少可提供 10h 的自然光照明，无能耗，一次性投资，无需维护，节约能源，创造效益。

②环保：系统照明光源取自自然光线，采光柔和、均匀，光强可以根据需要进行实时调节，全频谱、无闪烁、无眩光、无污染，并通过采光罩表面的防紫外线涂层，滤除有害辐射，能最大限度地保护用户的健康。

③安全：采光系统无需配带电气设备和传导线路，避免了因线路老化引起的火灾隐患，且整个系统设计先进、工艺考究，具有防水、防火、防盗、防尘、隔热、隔声、自洁以及防紫外线等特点。

④健康：光导照明系统秉承自然理念，全力打造健康和谐的娱乐、办公、居住环境。科学研究证明，自然光线照明具有更好的视觉效果和心理作用，并且可以清除室内霉气，抑制微生物生长，促进体内营养物质的合成和吸收，改善居住环境等。

⑤时尚：光导照明系统外形美观，是自然光与人工建筑的完美结合，创造了低耗能、高舒适度的健康娱乐、办公、居住环境，有利于建筑装饰艺术创作；加上阳光丰富的色彩，材料质感更加明显，显示出自然光的无穷魅力。

⑥隔热：光导照明系统是中空密封的，具有良好的隔热保温性能。

（3）光导照明系统布置位置的确定

在水一方A区规划了6个车库，1–1号车库和1–2号车库为战时人防及平时车库，不能布置光导照明。1–5号车库顶部为小区中心水系景观湖，也不能布置光导照明。1–3号、1–4号、1–6号车库考虑布置光导照明，在分析了车库顶部绿化设计及车库与其他建筑物的关系后，合理布置光导照明系统。

（4）光导照明系统基础预留

在施工图设计时，由于景观设计图纸尚未完善，故图纸中未预留光导照明基础。在景观设计方案确定后，以变更的形式设计出光导照明的基础图纸。根据各车库的实际情况，最终确定设计图纸，如图3所示。

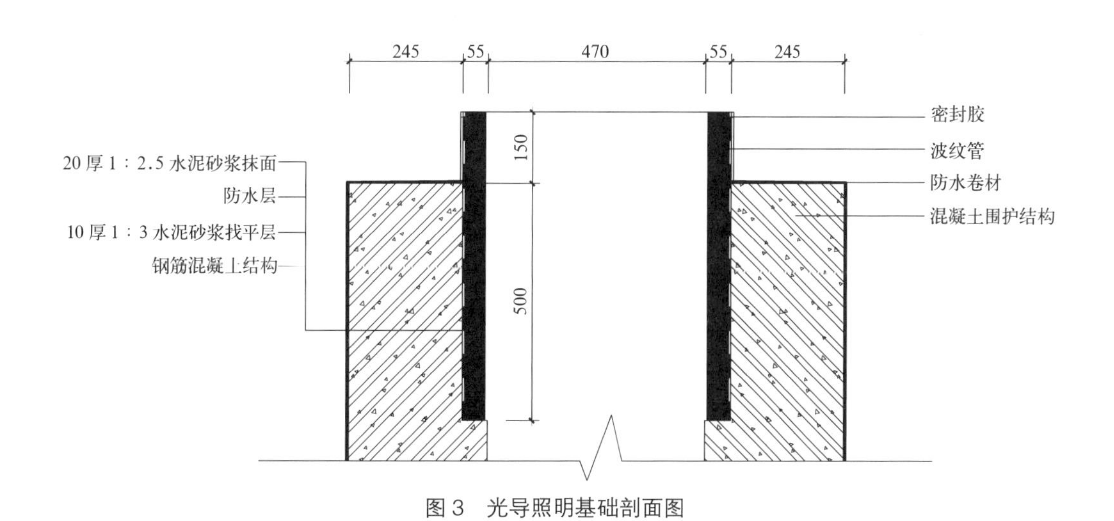

图3　光导照明基础剖面图

（5）光导照明系统安装

项目1–3号、1–4号、1–5号地下车库内共安装91台光导照明系统，如图4所示。

3）太阳能路灯系统

小区大门采用太阳能–风能室外灯，部分路段采用太阳能路灯，小区部分绿地采用太阳能和有源电两用草坪灯，如图5所示。在太阳能充足时不需供电。其特点为直接利用太阳能照明，节约能源，节省费用。在项目建设中，根据国家现行标准《建筑照明

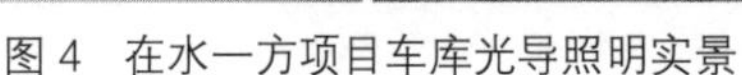

图 4 在水一方项目车库光导照明实景

图 5 在水一方项目小区太阳能路灯实景

设计标准》GB 50034—2004、《家用和类似用途固定式电气装置的开关第 2 部分 ：特殊要求第 3 节 ：延时开关》GB 16915.4—2003、《环境标志产品技术要求 节能灯》HJ/T 230—2006 的规定，从产品的招标采购和安装，严格按国家标准进行控制和实施，从而实现了电能的节约。

4）雨水收集利用

（1）秦皇岛当地水资源状况

秦皇岛市地处我国严重缺水的华北地区，秦皇岛市近 10 年的年均降水量为 587mm，全市水资源总量为 16.22 亿 m^3，人均水资源拥有量为 $625m^3$，为全国平均水平的 1/4，是一个雨量不丰富的缺水地区。

（2）设计依据

根据国家标准《建筑与小区雨水利用工程技术规范》GB 50400—2006，进行相关设计。设计降雨重现期为 2 年。设计重现期 2 年的 24h 降雨量为 90mm（估算）。

（3）雨水利用方式

①雨水间接利用——下凹式绿地 ：绿地的雨水渗透至地下含水层，补充地下水，削减洪峰流量。绿地是一种天然的渗透设施，分布广泛。下凹式绿地是在绿地建设时，使绿地高程低于周围地面一定的高程，以利于周边的雨水径流的汇入。下凹式绿地透水性能良好，建设成本与常规绿地相近，可减少绿化用水并改善城市环境，对雨水中的一些污染物具有较强的截留和净化作用。因此，在绿地规划设计时应充分考虑建设下凹式绿地，以增加雨水渗透量。下凹式绿地的下凹深度一般以 5 ~ 10cm 为宜。在水一方小区下凹式绿地实景如图 6 所示。

图 6 在水一方小区下凹式绿地实景

②下凹式绿地布置：在小区景观水系周围的高层楼群附近利用绿地进行雨水收集利用，分为渗透式下凹绿地、非渗透式下凹绿地、植物滤池及渗透井和渗透管几部分。共建设渗透式下凹绿地、非渗透式下凹绿地13处，面积为1400m^2。下凹式绿地剖面图如图7所示。

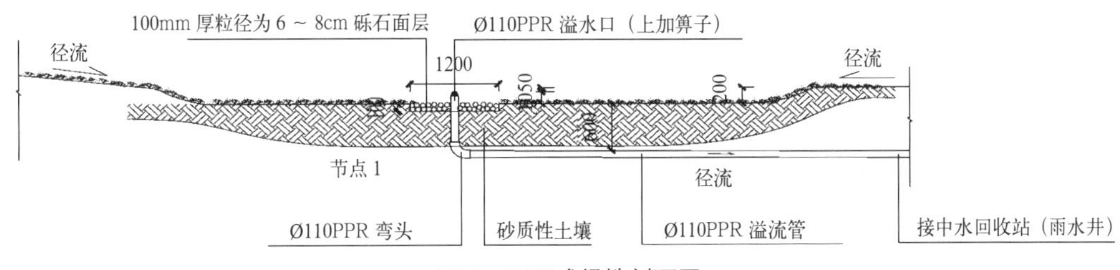

图7　下凹式绿地剖面图

③雨水直接利用——收集屋面、路面的雨水，用于补充景观水、绿化灌溉、洗车及道路浇洒。

④屋顶雨水收集系统：将建筑物的屋顶雨水利用设在外墙的雨水管进行收集，汇集至室外绿地及地下雨水收集池，收集面积为3.9万m^2。

⑤人工湖雨水收集系统：人工湖雨水小区收集系统实景如图8所示。中心为人工景观湖，面积为6500m^2，景观湖周围建筑屋面的雨水可流入景观湖。

图8　人工湖雨水收集系统实景

⑥雨水收集池：在中水站旁建设一座500m^{3}的地下雨水收集池，用于收集雨水，作为A区灌溉、景观湖、中水补充用水。

⑦利用渗水砖渗水植草砖进行雨水收集：一区室外人行道路及停车场设计为渗水砖渗水植草砖路面。其中渗水砖路面为4.57万m^2，渗水植草砖停车场3000m^2。渗水砖路面做法如图9所示，渗水路面实景如图10所示。

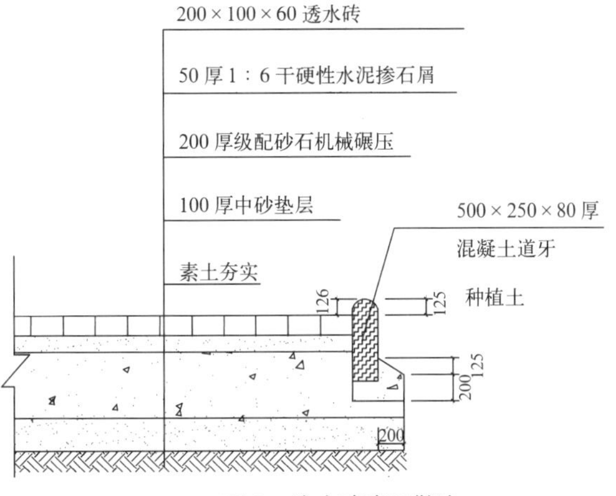

图9　渗水砖路面做法

图 10 渗水砖路面实景

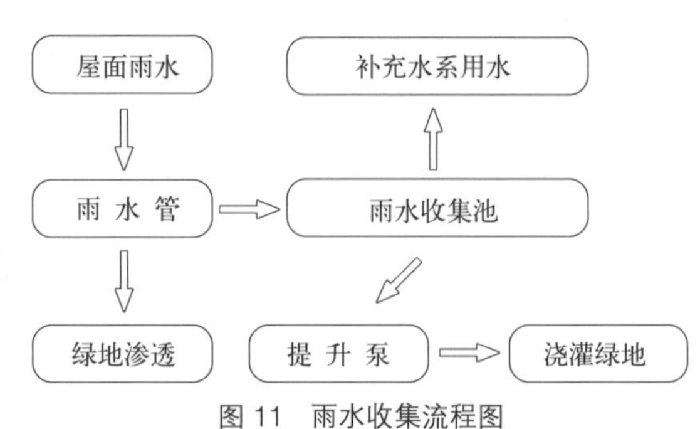

图 11 雨水收集流程图

雨水收集流程如图 11 所示。

(4) 验收

2011 年 8 月 17 日，河北省水利厅组织有关专家对在水一方小区雨水利用成果进行了验收。验收专家意见如下。

根据水土保持法律、法规及相关规定和河北省城镇水土保持雨水利用试点的要求，2011 年 7 月 27 日，河北省水利厅在秦皇岛市主持召开了河北省城镇水土保持在水一方居民小区雨水利用试点工程验收会。经验收组实地查勘、评审认为：在在水一方居民小区建设中，能够认真执行环境保护和水土保持等有关法律、法规，坚持人与自然和谐相处的理念，充分利用雨水资源，按照城镇水土保持雨水利用试点的要求，实施了各项雨水利用措施，建成下凹式绿地 1400m^2，屋顶雨水收集面积 3.9 万 m^2，雨水收集池 500m^3，铺设渗水砖路面 4.57 万 m^2，铺装渗水植草砖停车场 3000m^2。工程建成后每年集雨水利用量 1.2 万 m^3，增加雨水入渗 2.3 万 m^3，生态、经济、社会效益明显。此项试点工程设计合理，工程质量总体合格，运行情况良好，同意通过验收。

5) 中水处理系统

(1) 中水用水量确定

中水处理系统主要将小区所有的生活污水入中水站处理，达到《城市污水再生利用　城市杂用水水质》GB/T 18920—2002 标准后回用于冲厕、绿化、道路清扫、洗车等。根据在水一方小区水资源利用总体规划情况，小区绿化、道路清扫等主要使用收集处理后的雨水作为水源。中水处理后只用于冲厕。

按整个小区 11000 户，每户 2.8 人计算，共计 30800 人，人均公共绿地面积为 1.77m^2/人。依据《建筑中水设计规范》GB 50336—2002 中关于生活用水量的有关设计参数，计算居民每人每天用水量。

在水一方小区用水量平衡表见表 4。

经计算，小区中水用量为 1740m^3/d，故拟建中水站的处理水量为 2000m^3/d。

(2) 中水水源确定

根据表 4，A 区（约 12000 人）污水排水量（最高日）为 2090m^3，能够满足中水用水

在水一方小区用水量平衡表（最高日用水量） 表 4

用水部位	用水量（L/d）	总用水量（m^3/d）	新水用量（m^3/d）	中水用量（m^3/d）	其他水用量（m^3/d）	排水量（m^3/d）
淋浴	55	1694	1694	0	—	1525
盥洗	30	924	924	0	—	832
厨房	35	1078	1078	0	—	770
厕所	50	1540	0	—	—	1540
中水系统	50	—	—	1540	—	—
绿化	1.5（L/m^2）	81.77	—	—	81.77	—
道路及其他	—	547	—	—	547	492
学校及其他公建	—	250	—	200	50	200
合计	—	6114.77	3696	1740	678.77	5359

注：总用水量 = 新用水量 + 中水用量

需求，故确定 A 区污水作为小区中水处理的水源，雨水作为补充水源，并设计自来水作为备用补充水源。

（3）中水站位置及中水处理工艺

①确定了 A 区污水作为中水水源，中水站应建在 A 区污水排水下游最低点处，为了保证小区的室外环境品质，设备用房均选择在地下建设，最终确定在 A 区 1.36 号楼与 1.39 号楼中间建设中水站，中水收集池与消防水池、雨水收集池及泵房集中布置。中水站平面布置图见图 12。

②中水处理工艺确定：中水处理主要采用生物处理和物化处理相结合的方法，根据生活污水可生化性好的特点，在保证废水达到排放和回用标准的前提下，本着“两低两高”

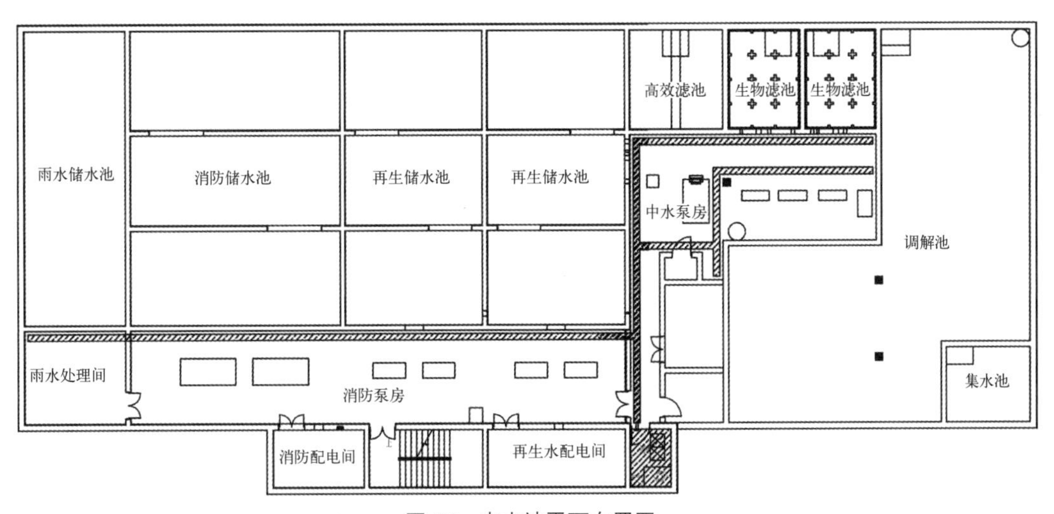

图 12　中水站平面布置图

的原则（即投资低、运行费用低、去除效率高、自动化程度高），采用先进合理的工艺，确定处理工艺流程如图 13 所示。

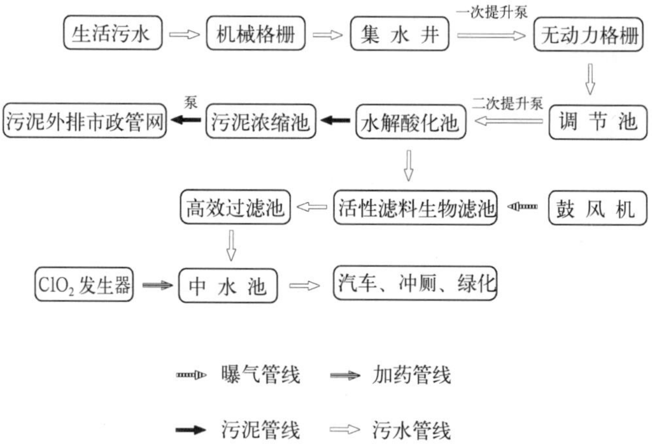

生活污水 ⇒ 机械格栅 ⇒ 集水井 ⇒（一次提升泵）⇒ 无动力格栅 ⇒ 调节池 ⇒（二次提升泵）⇒ 水解酸化池 → 污泥浓缩池 →（泵）→ 污泥外排市政管网

水解酸化池 ⇒ 活性滤料生物滤池（← 鼓风机）⇒ 高效过滤池 ⇒ 中水池（← ClO_2 发生器）⇒ 汽车、冲厕、绿化

曝气管线　加药管线　污泥管线　污水管线

图 13　中水处理工艺流程图

（4）工艺特点

本工艺采用水解（酸化）反应池替代了功能单一的初沉池。主要优点有：对 SS 去除率高；可改善污水的可生化性，有利于后续的好氧处理；同时完成对污水污泥的处理，使污泥稳定，实现污泥一元化处理，即精简了污泥消化处理工序。

本工艺所选用的活性滤料生物滤池工艺具有三高一分的特点。三高即高生物量、高生物活性和高传质速度；一分即反应器沿竖直方向分为多层，各层分别生长着占优势的微生物。因此，活性滤料生物滤池工艺具有较高的生物反应速度和处理效率。同时本工艺还具有过滤、截留悬浮颗粒的功能，不需设二沉池。

本工程采用 PLC 自动控制系统，具有自动化程度高、操作简便等特点，对污水处理过程进行全面控制。工艺组合简单，占地少，污泥产量低。

（5）理论处理效果

理论处理效果分析表见表 5。

（6）主要设备材料明细

主要设备材料明细表见表 6，中水站设备实景如图 14 所示。

理论处理效果分析表　　表 5

处理单元		水解酸化池	活性滤料生物滤池	高效过滤池＋消毒
COD_{Cr}（mg/L）	进　水 出　水 去除率	400 <280 >30%	280 <50 >82%	<50
BOD_5（mg/L）	进　水 出　水 去除率	200 <150 >25%	150 <10 >93%	<10
SS（mg/L）	进　水 出　水 去除率	220 <60 >73%	60 <10 >83%	10 <5 >50%
氨氮（mg/L）	进　水 出　水 去除率	40 <36 >10%	36 <10 >75%	<10
总大肠菌群（个 /L）	处理后的水经消毒后，总大肠菌群少于 3 个 /L			

主要设备材料明细表　　表 6

序号	设备材料名称	规格 / 型号	单位	数量
1	潜水泵	Q=40 m^3/h H=15m N=4.0kW（2 用 1 备）	台	3
2	水力筛	Q=80 m^3/h b=1.5mm	台	2
3	潜污泵	Q=10 m^3/h H=15m N=1.5kW	台	1
4	潜水搅拌机	ø260mm N=1.50kW	台	2
5	生物滤池池体	5.0m×5.0m×5.9m	套	2
6	反洗水泵	Q=162 m^3/h H=15m N=1.5kW，带自耦装置	台	1
7	罗茨鼓风机	Q=7.56 m^3/min P=0.065MPa N=15kW	台	3
8	反洗鼓风机	Q=12.25 m^3/min P=0.065MPa N=15kW	台	1
9	空压机	Q=0.67 m^3/min P=0.7MPa N=5.5kW	套	1
10	气动蝶阀	DN300 PN10，含电磁阀、电动执行器	台	10
11	超声波液位计	—	套	1
12	卧式离心泵	Q=35 m^3/h H=13m N=3.0kW	台	3
13	石英砂过滤器	ø2.4×4.0m，含石英砂、布水器	台	2
14	PAC 加药装置	Q=2.5L/min H=0.5MPa N=0.25kW 含加药泵、药剂储罐、管道混合器	套	1
15	气动蝶阀	DN100 PN10	台	8
16	NaClO 消毒装置	Q=6Lg/h N=0.25kW 含加药泵、药剂储罐	套	1
17	电气系统	GCS 抽屉式低压开关柜	套	1
18	自控系统	含西门子 S7–300PLC	套	1

图 14　中水站设备实景

（7）秦皇岛市环境保护监测站检测结果

中水处理站进、出口废水监测结果见表7。

中水处理站进、出口废水监测结果（单位：mg/L（pH值除外））　　表7

样品编号	pH	氨氮	阴离子表面活性剂	BOD_5
设施进口（2010-09-10）-1	7.27	31.33	0.977	31.3
设施进口（2010-09-10）-2	7.30	30.87	1.01	30.9
设施进口（2010-09-10）-3	7.25	29.29	0.985	29.3
设施进口（2010-09-10）-4	7.24	30.01	0.995	30.0
平均值	—	31.37	0.992	30.4
设施出口（2010-09-10）-1	7.20	1.016	未检出	1.0
设施出口（2010-09-10）-2	7.18	1.279	未检出	1.3
设施出口（2010-09-10）-3	7.22	1.200	未检出	1.2
设施出口（2010-09-10）-4	7.21	1.355	未检出	1.4
平均值	—	1.212	未检出	1.2
标准值	6～9	20	1.0	20

监测结果表明：在水一方一期项目废水总排口水质pH值监测结果范围为7.36～7.40，COD的日均浓度为157.5mg/L，SS的日均浓度为85mg/L，pH、COD、SS三项水质指标均符合《污水综合排放标准》GB 8978—1996表5-1中三级标准要求。中水处理站出口水质pH值监测结果范围为7.18～7.30，BOD_5的日均浓度为1.9mg/L，阴离子表面活性剂日均浓度为未检出，氨氮的日均浓度为1.42mg/L，PH、BOD、阴离子表面活性剂、氨氮4项水质指标均符合《城市污水再生利用　城市杂用水水质标准》GB/T 18920-2002表5-2中城市绿化标准的要求。

6）绿色节能电梯节能新技术

A区共设置110部电梯，全部选用通力KONE 3000S MiniSpace型小机房乘客电梯。通力公司秉承“节能、环保”的产品开发理念，采用当今世界先进的能源再生理论，基于双PWM控制的能量回馈原理，将电梯运行中的势能有效转化为电能以回馈电网，极大地减少对电源的谐波污染，实现能源的再生利用。

①高效节能：与传统电梯驱动系统相比，通力EcoDisc电动机因为对电能利用率高且损耗低，节能效果显著，综合节能率可达50%。

②绿色环保：消除制动电阻产生的大量热量，减少高温对电动机、控制系统等部件的影响，延长电梯设备的使用寿命。

③安全可靠：及时消除变频器直流回路中升高的电压，明显改善电梯的制动性能，提高电梯舒适感。

④安装便捷：优化安装流程，操作简单方便。

⑤清洁静音：符合国家用电标准，在不影响其他用电设备的情况下有效抑制谐波干扰。

（三）运营

1. 运营效果

1）太阳能热水系统

太阳能热水器的安装解决了各家各户热水问题，热水接到厨房和卫生间，业主使用方便。无论夏天还是冬天，打开水龙头就能使用热水。阴雨天气，业主可根据需要开启辅助电加热装置，设定出水温度，方便快捷。太阳能集热器安装角度的设置，避免了夏季过热现象的发生。

2）车库光导照明系统

1−3、1−4、1−6 号车库在投入使用后，由于安装了光导照明系统，无论是晴天还是阴雨天，车库灯白天 50% 关闭，大大节省了电费。

3）雨水收集系统

小区建成后，由于室外雨水收集系统的利用，在雨季，小区小雨路面无积水、大雨雨后无积水。夏季炎热天气小区相对湿度高于其他小区，空气新鲜。

①集水池集雨利用量：2008—2010 年海港区全年降水量分别为 532.7mm、562.7mm、691.8mm，每年小区集雨利用量为 12250m^3，其中生活杂用为 750m^3，绿地浇灌 1750m^3，补充水系 9750m^3。

②增加入渗量：透水路面、停车场及下凹式绿地增加雨水入渗量，2008、2009、2010 年入渗量分别为 10570m^3、22882m^3、28132m^3。小区入住后，按秦皇岛市近 10 年的年均降水量 587mm 计算，年均入渗量约为 23870m^3。

4）中水处理系统

中水站运行两年来，运行效果良好。截至 2011 年底，在水一方小区已入住居民 4500 余户，居民全部用中水冲厕，节约了宝贵的自来水。从节省费用来讲，每家居民每月虽然节约十几元，但这十几元的意义非常重大。现在居民环保意识较强，并知道我国是严重缺水国家。

2. 综合效益及推广分析

1）建筑节能方面

由于墙体节能采用聚苯乙烯板外保温隔热技术，屋面防水层下为聚苯乙烯保温板，并且采用了三玻两中空断桥铝门窗，建筑节能效果由传统的 50% 提高到 65%，能源消耗无论是电力还是热力，都减少 30% 左右。供热系统采用的集中式系统，具有室温控制及热量计量装置。随着国家供热体制改革的不断深入，低能耗住宅将给居民带来更多的实惠。

节煤量计算如下。

耗煤量为

$$Q = q_c \cdot a \cdot m$$

式中，q_c——耗煤量指标，kg/m^2；

a——采暖天数，d；

m——采暖面积，m^2。

秦皇岛 65% 节能居住建筑耗煤量指标 q_c 为 7.75 kg/m^2，50% 节能居住建筑耗煤量指标 q_c 为 13.43 kg/m^2；A 区实行 65% 节能的建筑面积为 243370.1m^2。

节煤量为

$$\begin{aligned}\Delta Q &= \Delta q_c . m \\ &= (13.43-7.75) \times 243370.1/1000\text{t} \\ &= 1382.34\text{t}\end{aligned}$$

CO_2 减排量为 3446.17t/a，SO_2 减排量为 103.68t/a，粉尘减排量为 940t/a。

2）太阳能热水系统

节约电量计算如下：

年总辐照量为

H = 5844.4MJ/m^2 · a；年总日照小时数 S = 2755.5h；集热器总面积 A = 1.46m^2；日产热水量 T = 80L；全年光照日平均温升 45℃；太阳能保证率为 50% ~ 68%；电发热功率按 1kWh = 860kcal，电加热系统效率按 n = 95% 计算。

利用太阳能全年得到热量为

$$Q_0 = 0.65 \times (T \cdot 45 \cdot 365)/860\text{kWh} = 993.58\text{kWh}$$

产生同样的热量全年需耗电量为

$$q = Q_0/0.95 = 1045.6\text{kWh}$$

即项目每户系统通过利用太阳能全年节约电量约 1045.6 kWh，产生同样的热量全年需耗电量 $q = Q_0/0.95$ = 1045.6kWh 电能。

A 区居民 4800 户，年节约电量 540 万 kWh（此数据为理论数据）。

节煤量为节约标准煤 1994t，CO_2 减排量为 4971.042t/a，SO_2 减排量为 149.55t/a，粉尘减排量为 1355.92t/a。

3）太阳能光导照明节电

太阳能光导照明节电表见表 8。

太阳能光导照明节电表 **表 8**

序号	车库号	面积（m^2）	光导规格	数量（套）	电光源功率（荧光灯）	数量（盏）	电装容量（kW）	年耗电量（节电量万 kWh）
1	1–3	7917.7	STG1000	20	1 × 36	404	14.5	5.3
2	1–4	9809	EVGC450	30	2 × 36	413	29.7	10.8
3	1–6	6587	EVGC450	41	2 × 36	172	12.38	4.5
合计	—	24313.7	—	91	—	989	56.58	20.6

年耗节电量按平均白天10h计算，安装光导照明后车库可关闭80%荧光灯，节电量为20.6×80%万kWh=16.48万kWh。

4）雨水利用

以年均降水量587mm为例，雨水利用工程实施以后，整个小区每年可直接利用雨水量约为33620m^3。若将雨水回用，则可替代自来水从而减少了自来水的使用量。按水价6.24元/m^3计算，则年均可直接节约水费33620×6.24元=20.98万元。

同时雨水收集还带来以下社会效益：

（1）消除雨水排放而减少的社会损失

据分析，为消除污染每投入1元可减少的环境资源损失是3元，即投入产出比为1∶3，大大减少了污染雨水排入水体，也减少了因雨水的污染而带来的水体环境的污染。以每年排污费0.9元/m^3作为每年因消除污染而投入的费用，则每年因消除污染而减少的社会损失费用为33620×0.9元=3.03万元。

（2）节省城市排水设施的运行费用

雨水利用工程实施后，每年减少向市政管网排放雨水约为53620m^3（绿地渗透约20000m^3）。这样会减轻市政管网的压力，也减少市政管网的建设维护费用。每立方米水的管网费用为0.08元，所以每年可节省城市排水设施的建设运行费为0.43万元。

（3）提高防洪标准而减少的经济损失

随着城市和住宅开发，使不透水面积大幅度增加，使洪水在较短时间内迅速形成，洪峰流量明显增加，使城市面临巨大的防洪压力，洪灾风险加大，水涝灾害损失增加。如果所有新建小区都采取雨水渗透、回用等措施可大大缓解这一矛盾，延缓洪峰径流形成的时间，削减洪峰流量，从而减小雨水管道系统的防洪压力，提高设计区域的防洪标准，减少洪灾造成的损失。

（4）改善城市生态环境带来的收益

如果雨水集蓄利用工程能在整个城市推广，有利于改善城市水环境和生态环境，能增加亲水环境，会使城市河湖周边地价增值；增进人民健康，减少医疗费用；增加旅游收入等。

（5）减少地面沉降带来的灾害

很多城市为满足用水量需要而大量超采地下水，造成了地下水枯竭、地面沉降和海水入侵等地下水环境问题。由于超采而形成的地下水漏斗有时还会改变地下水原有的流向，导致地表污水渗入地下含水层，污染了作为生活和工业主要水源的地下水。实施雨水渗透方案后，可从一定程度上缓解地下水位下降和地面沉降的问题。

5）中水利用

本工程处理水量为2000m^3/d，A区冲厕用水量为800m^3/d，中水水费1.7元/t，自来水费为3.60元/t。目前A区每天实际的日处理水量为800m^3，年节约自来水800×365t＝29.2万t，居民年节约费用55.48万元。

中水回用技术的应用改变了我国用宝贵的自来水进行冲厕的传统，提高了小区居民的节水意识，同时缓解了城市排水设施的运行负担，相应提高了城市污水处理的能力，减少了污物排放，很大程度上节约了资源，保护了环境。

3. 技术经济分析和应用推广价值

工程项目绿色建筑增量成本概算表见表 9。

在水一方项目 A 区绿色建筑增量成本核算表　　表 9

<table>
<tr><th colspan="2">项目</th><th>使用量</th><th>增量成本</th><th colspan="2">总成本（万元）</th></tr>
<tr><td colspan="2">太阳能热水</td><td>59.7 万 m²</td><td>60 元 /m²</td><td colspan="2">3582</td></tr>
<tr><td rowspan="7">雨水收集利用</td><td>下凹渗透绿地</td><td>1400m²（10 个区域）</td><td>208.23 元 /m²</td><td>29.15</td><td rowspan="7">243.05</td></tr>
<tr><td>渗透沟</td><td>1m×0.25m×1796m（3 个区域）</td><td>80 元 /m</td><td>14.4</td></tr>
<tr><td>湿地净化系统</td><td>608m²（5 个区域）</td><td>350 元 /m²</td><td>21.3</td></tr>
<tr><td>渗透井</td><td>16m³（6 个）</td><td>12000 元 / 个</td><td>7.2</td></tr>
<tr><td>蓄水池</td><td>500m³</td><td>—</td><td>20.0</td></tr>
<tr><td>渗水地面</td><td>45700m²</td><td>31 元 /m²</td><td>141.7</td></tr>
<tr><td>透水停车地面</td><td>3000m²</td><td>31 元 /m²</td><td>9.3</td></tr>
<tr><td colspan="2">太阳能光导照明</td><td>97 套</td><td></td><td colspan="2">43</td></tr>
<tr><td colspan="2">中水利用</td><td>243370.1m²</td><td>22 元 /m²</td><td colspan="2">535.5</td></tr>
<tr><td colspan="2">施工环境综合控制</td><td>—</td><td>—</td><td colspan="2">30</td></tr>
<tr><td colspan="2">总计</td><td>—</td><td>—</td><td colspan="2">4433.55</td></tr>
</table>

在水一方小区 A 区增量成本预算为 4433.55 万元，增量成本为 74.25 元 /m²，建筑节能 65% 与节能 50% 的投资比较是前者多支出 25 元 /m²，合计绿色建筑增量为 99.26 元 /m²，占整个项目土建建安和安装费用的 2.75%。

（四）总结

1）项目开发单位简介

秦皇岛五兴房地产有限公司（隶属河北五兴能源集团有限公司），作为在水一方项目的开发建设单位，致力于打造高品质住宅社区，以建设国家级绿色节能示范小区作为项目定位和设计目标，结合自身条件，引进德国先进技术，奉行“团结、求实、拼搏、创新、奉献”的企业精神，采用德国规划设计手法，融合了秦皇岛当地的建筑特色，并将绿色建筑理念始终贯彻于规划设计、项目建设到物业运行的全过程。

2）项目总结

在水一方项目的绿色建筑示范作用主要反映在如下几方面。

①在水一方示范工程项目采用多项绿色建筑技术，不仅保证了居住小区用户的需求，而且充分利用了当地的资源、能源，保护了小区的生态环境。

②从投资角度分析，通过在水一方项目绿色增量成本分析，各种新技术的应用不会给项目单位带来较大的投资，但大大提升了项目品质，提升了业主的居住环境。从技术难易程度分析，在水一方项目所采用的技术都是我国建筑领域内的成熟技术，只是在规划设计阶段需将各项技术充分结合，在选择产品阶段认真比选，在施工阶段严格施工，在运营阶段精心运行，就能达到预期效果。

在运行阶段对业主进行了不间断的跟踪回访，业主反映良好。无论是可再生能源的利用还是中水、雨水利用，业主不但享受到了绿色建筑带来的经济实惠，同时小区室外舒适环境和优美的绿化环境也给业主带来了居住享受。

项目承担单位：秦皇岛五兴房地产有限公司

开发建设单位：秦皇岛五兴房地产有限公司

设计单位：德国依德尔城市规划设计公司
北京高能筑博建筑设计有限公司
秦皇岛市建筑设计院
北京中建建筑设计院

施工单位：河北省第三建筑工程有限公司
秦皇岛市一建建筑工程有限公司
南通四建集团有限公司

绿色建筑技术咨询单位：秦皇岛五兴房地产有限公司

江苏省扬州市帝景蓝湾

——2010年12月通过住房和城乡建设部“低能耗建筑示范工程”验收

专家点评：项目根据住宅建筑自身特点以及扬州市当地气候特点、城市自然环境和人文环境，优先采用本土化适宜技术，形成一套可行实用的绿色住宅建筑技术体系。建设单位在工程绿色运营研究与实践工作中，积极、认真、务实，主要技术创新点如下：

（1）外墙外保温隔热技术、屋面保温隔热技术、中空断桥铝合金门窗节能技术的应用。

（2）自然通风、采光的全地下室阳光车库。

（3）地源热泵中央空调系统供冷、供热、生活热水三联供技术。

其中，自然通风、采光的全地下室阳光车库技术健康、实用、节能，值得大力推广；地源热泵中央空调系统供冷、供热、生活热水三联供技术适合当地气候特点，具有较好的技术使用条件，但住宅采用集中供冷的使用率不确定，计量收费管理复杂，系统经济性存在一定的不确定性，推广使用应根据具体项目因地制宜，合理设计。

项目在技术创新的基础上保证了较好的品质和合理的成本，带来了一定的经济效益和社会效益，为在当地推广低能耗建筑起到了很好的示范作用。

（一）项目概况

帝景蓝湾花园位于扬州二城核心地段——祥和路89号。项目由9幢8～11层小高层建筑组成，总建筑面积为75654m^2，其中住宅面积为51847m^2，住宅用户360户。项目于2008年2月开工建设，2009年12月建成交付，目前入住率达80%左右。帝景蓝湾花园是采用高效建筑围护结构，是集地源热泵空调系统的集中采暖、制冷、24h供应生活热水等多种绿色低碳科技于一体的低能耗建筑小区。

2010年4月经江苏省建筑节能技术中心能效测评，建筑节能率达65.54%。参考已运行数值，通过理论计算，预计项目全部投入使用后，年可节电约290万kWh，折算为一次能源，年节约标准煤约1044t，减少二氧化碳排放约2818t。

帝景蓝湾项目实景如图1所示。

图 1 帝景蓝湾项目实景

（二）建筑围护结构及地源热泵中央空调节能系统的运用

1. 低能耗的外围护结构

1）外墙

外墙采用硬质聚氨酯现场发泡保温技术，实现建筑高效节能，见表 1。外墙做法剖面图见图 2，外遮阳复合窗详图见图 3，外墙构造模型见图 4，外遮阳复合窗实景见图 5。

墙体、墙面、屋面外保温形式　　表 1

围护结构项目	做法	材料名称	厚度 (mm)	传热系数 K_m [W/(m^2·K)]	热惰性指标
屋面（自上而下）	刚防层	细石混凝土	50	0.66	2.75
	保护层	水泥砂浆	20		
	防水层	聚氨酯防水涂膜	不计入		
	找平层	水泥砂浆	20		
	保温层	硬质聚氨酯保温材料	40		
	找平层	水泥砂浆	20		
	找坡层	炉渣混凝土	不计入		
	结构层	钢筋混凝土	120		
	粉刷层	水泥石灰砂浆	20		
外墙（自外而内）	找平层	成品抗裂砂浆	10	0.732	2.906
	保温层	硬质聚氨酯保温材料	30		
	找平层	水泥砂浆	20		
	主体结构	混凝土双排孔砌块	190		
	粉刷层	水泥石灰砂浆	20		

续表

围护结构项目	做法	材料名称	厚度 (mm)	传热系数 K_m $[W/(m^2 \cdot K)]$	热惰性指标
外墙冷热桥部位（自外而内）	找平层	水泥砂浆	20	0.77	4.275
	保温层	硬质聚氨酯保温材料	30		
	找平层	水泥砂浆	20		
	结构层	混凝土柱或梁	350		
	粉刷层	水泥石灰砂浆	20		
地下室车库顶板（自上而下）	找平层	水泥砂浆	20	1.414	1.641
	结构层	钢筋混凝土板	100		
	保温层	硬质聚氨酯保温材料	15		
	找平层	水泥砂浆	20		

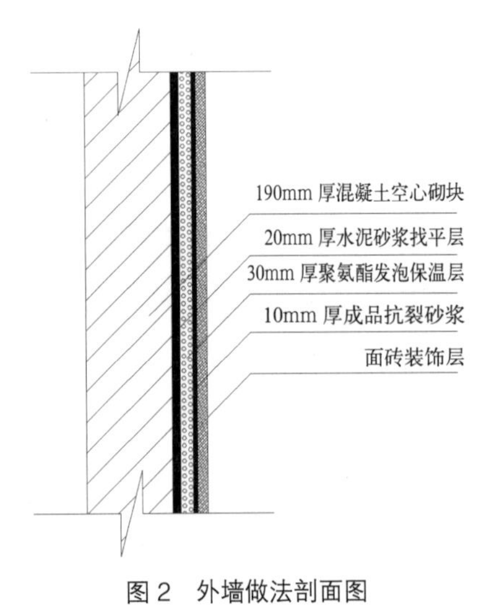

190mm 厚混凝土空心砌块
20mm 厚水泥砂浆找平层
30mm 厚聚氨酯发泡保温层
10mm 厚成品抗裂砂浆
面砖装饰层

图 2　外墙做法剖面图

12
14
3
6
13
14
4
5
2
1
10
9
11
8
7
12
1—玻璃；
2—窗框；
3—中空玻璃快速检修口；
4—隔热断桥铝合金方管；
5—微量通风器；
6—卷轴；
7—卷帘；
8—导轨；
9—镀锌板；
10—聚氨酯发泡保温层；
11—干挂花岗岩；
12—墙体；
13—扣条扣座；
14—隔热断桥铝合金方管。

图 3　外遮阳复合窗详图

2）断桥隔热、Low-E 中空玻璃加外遮阳卷帘的复合窗

窗户统一使用中空（6+12A+6）玻璃、断桥隔热铝合金型材、平开窗的结构形式。住宅东、西、北向外门窗采用 Low-E 玻璃，东、南、西向窗（阳台外窗除外）外部位均设挡板式铝合金活动遮阳百页。

2. 自然通风、采光的全地下室阳光车库

小区采用全地下室阳光车库建设理念，彻底实现人车分流。小区地下全部建为汽车、

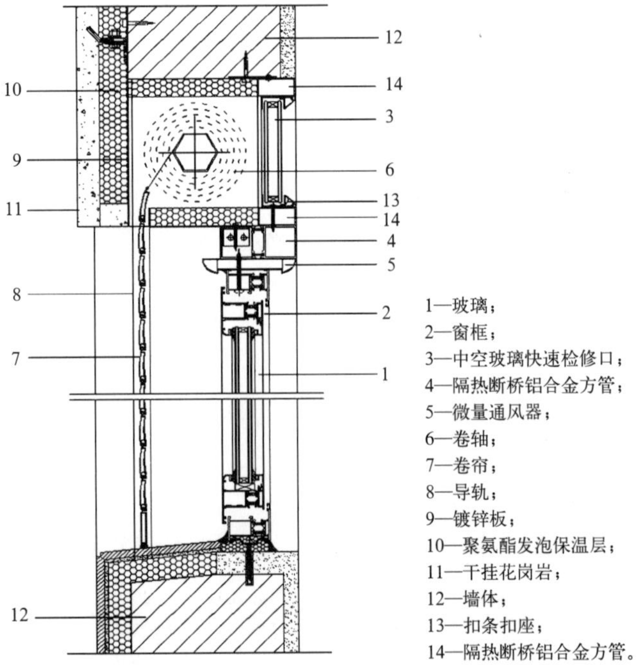

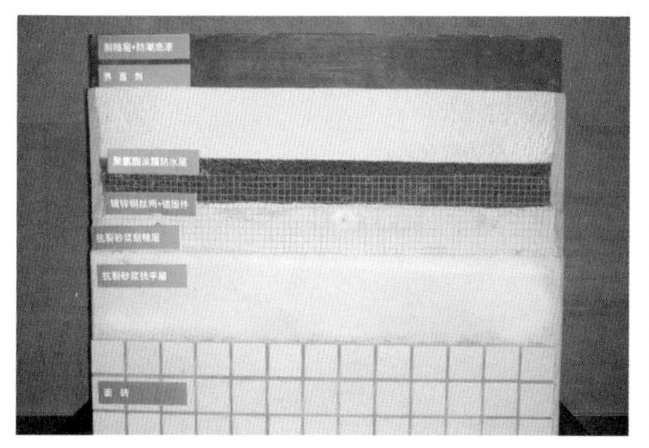

图 4　外墙构造模型

图 5　外遮阳复合窗实景

自行车、摩托车的车库，机动车辆从小区入口进入地下室，地面不停车。地下室通过一个下沉式中心广场、十个下沉式立体种植采光井，构成了一个有立体景观、全通透的阳光车库。地下室通风透气，自然采光，彻底改变了传统地下室昏暗、沉闷、空气质量差的状况。全地下室阳光车库如图 6 所示。

3. 地源热泵中央空调系统技术

①经过对 1 号楼、6 号楼建筑作了夏冬季空调负荷模拟后，综合确定单位空调面积冷负荷为 58W、热负荷为 42W。夏季空调总冷负荷为 2566kW；冬季空调总热负荷为 1858kW。小区热水负荷为 356kW。设备选用了克莱门特 PSRHH2202-D 型部分热回收主机（制冷量为 844.3kW、制热量为 909.4kW、部分热回收为 160.5kW）两台、

图 6　全地下室阳光车库

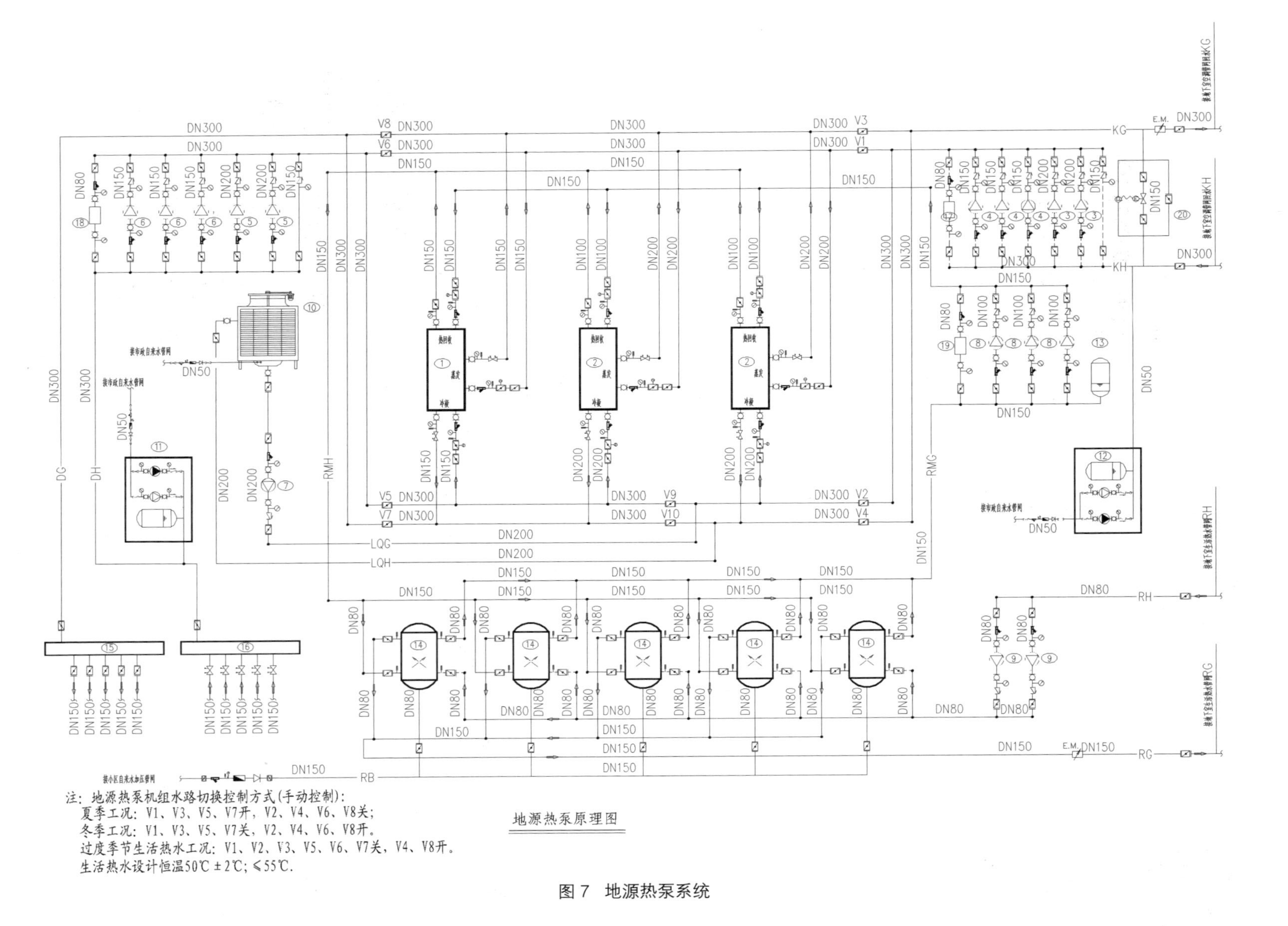
地源热泵原理图
注：地源热泵机组水路切换控制方式(手动控制)：
夏季工况：V1、V3、V5、V7开，V2、V4、V6、V8关；
冬季工况：V1、V3、V5、V7关，V2、V4、V6、V8开。
过渡季节生活热水工况：V1、V2、V3、V5、V6、V7关，V4、V8开。
生活热水设计恒温50℃±2℃；≤55℃.
KG
KH
RH
RG
RMG
RMH
LQG
LQH
DH
DG
RB
E.M.
DN300
DN200
DN150
DN100
DN80
DN50
V1
V2
V3
V4
V5
V6
V7
V8
V9
V10

图 7　地源热泵系统

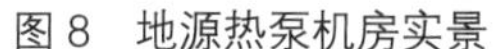

图 8　地源热泵机房实景

图 9　地板辐射采暖盘管

PSRHH1351-R-Y 型全热回收主机（制冷量为 412.7kW、制热量为 425.2kW、全部热回收为 424.9kW）一台。冬季地板辐射采暖、夏季风机盘管制冷的同时附带生产清洁的生活热水；冬季和春秋季节利用 PSRHH1351-R-Y 机组直接制备生活热水。机组理论能效 COP 大于 4.8、EER 大于 4.6；选用格兰富水泵，空调泵 ER 值为 0.0192，地源循环泵的 ER 值为 0.0219。地源热泵系统如图 7 所示，地源热泵机房实景如图 8 所示。

②通过土层热特性测试，在综合考虑土层散热能力、工程投资、现场场地等多种因素后，本着节约土地的原则，结合建筑结构设计要求，确定利用地下室非主楼区基础区域进行钻孔埋管；采用垂直并联双 U 形埋管形式，以同程方式从建筑物南北两侧汇总进入热泵机房的地源管实施方案。设计闭式并联双 U 地源回路 520 个，地源井深 55m，采用辅助冷却塔，夏季调峰，同时解决土层热平衡问题。

③空调水系统为单级泵变水量系统，二管制，系统管网采用加厚橡塑保温，在管井和地下室内明装敷设。空调管路水平、垂直同程布管，以保持环路水力稳定，流量分配均匀。每栋楼入口设动态平衡阀，可以在设计参数变化范围内动态调节主管水量，避免因部分末端负荷变化，而影响其他末端设备的正常使用。

④末端形式：冬季低温水地板辐射采暖（供水温度仅要求为 35℃）；夏季采用风机盘管制冷。风盘和地热盘管均采用温度控制器联动电动二通阀控制。地板辐射采暖盘管如图 9 所示。

⑤夏季在供冷的同时，利用热回收技术附带制取生活热水；其他季节利用地源热泵机组生产生活热水。

⑥采用现代计算机 PLC 控制技术，结合末端温度控制器、变频设备，自动测控机组运行，调节运行参数，优化运营工况。

⑦采用测量精度达 EN1434 二级表标准的德国荷德鲁美特公司超声波能量表进行分户计量收费。机房出口设总表，每户设分表；采用基本费加使用费相结合的收费管理模式，鼓励使用，减少浪费，实现用户多用多付费、少用少付费。使用户经济利益与节能要求一致，从根本上实现系统主动节能。

⑧费用目标：按实际运行制冷和采暖平均使用费不超过 0.12 元 /($m^2 \cdot d$)，如以 $100m^2$ 住宅为例，以全年 7 个月采暖制冷期（210d）计算，全年使用费用不超过 2520 元。

（三）项目建成系统投运情况

帝景蓝湾项目于 2009 年 12 月 31 日正式向业主交付。地源热泵空调系统在 2009 年冬和 2010 年夏两个季节进行了试运行，设备运行转换正常。系统于 2010 年冬正式向小区业主提供服务。物业公司在对系统进行日常使用维护的同时，进行了相关基础资料的整理收集工作。

1. 对空调季节室外温度进行测量计录

2011 年夏季制冷期（2011.5.13 ~ 2011.10.10）室外最高温度为 31℃，最低温度为 16℃，日平均温度为 24.8℃。2011 年冬季采暖期（2011.11.30 ~ 2012.3.30）室外最高温度为 20℃，最低温度为 −5℃，日平均温度为 1.3℃。

空调季节室外温度分布：2011 年夏季（制冷期）室外温度分布图见图 10，2011 年冬季（采暖期）室外温度分布图见图 11。

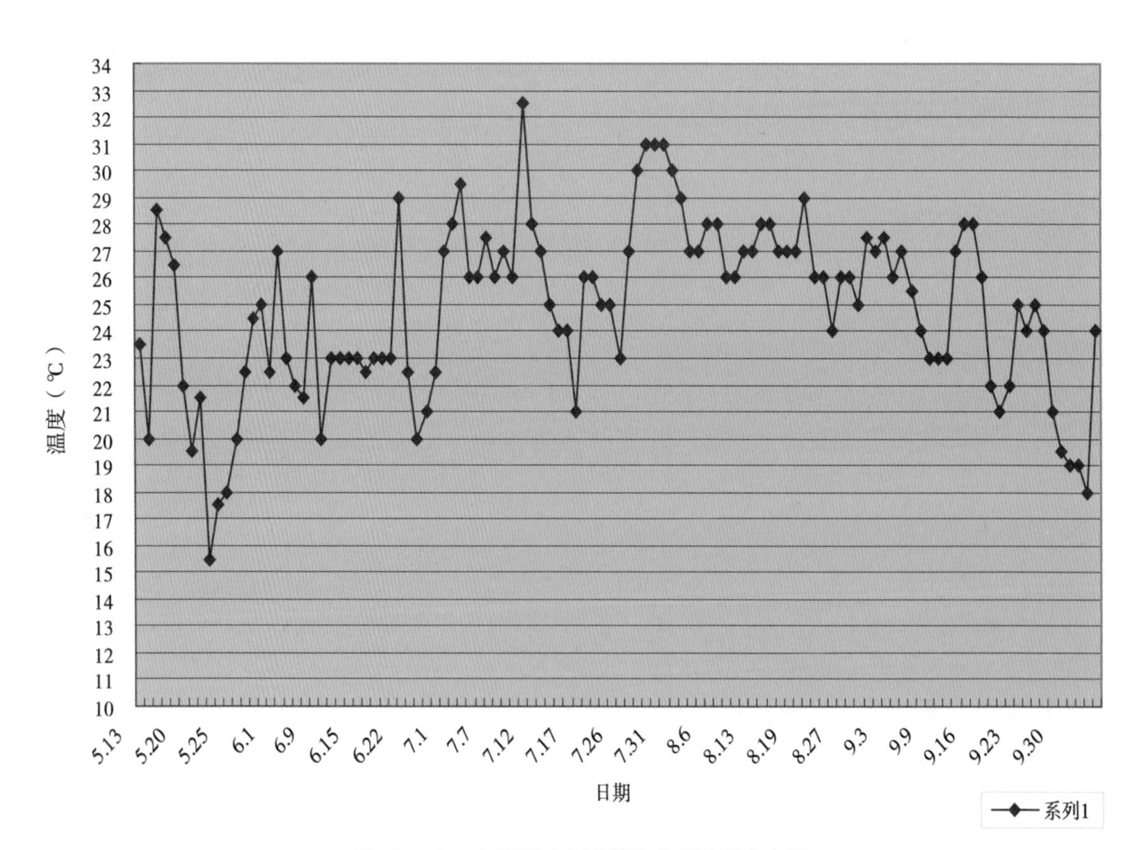

图 10　2011 年夏季（制冷期）室外温度分布图

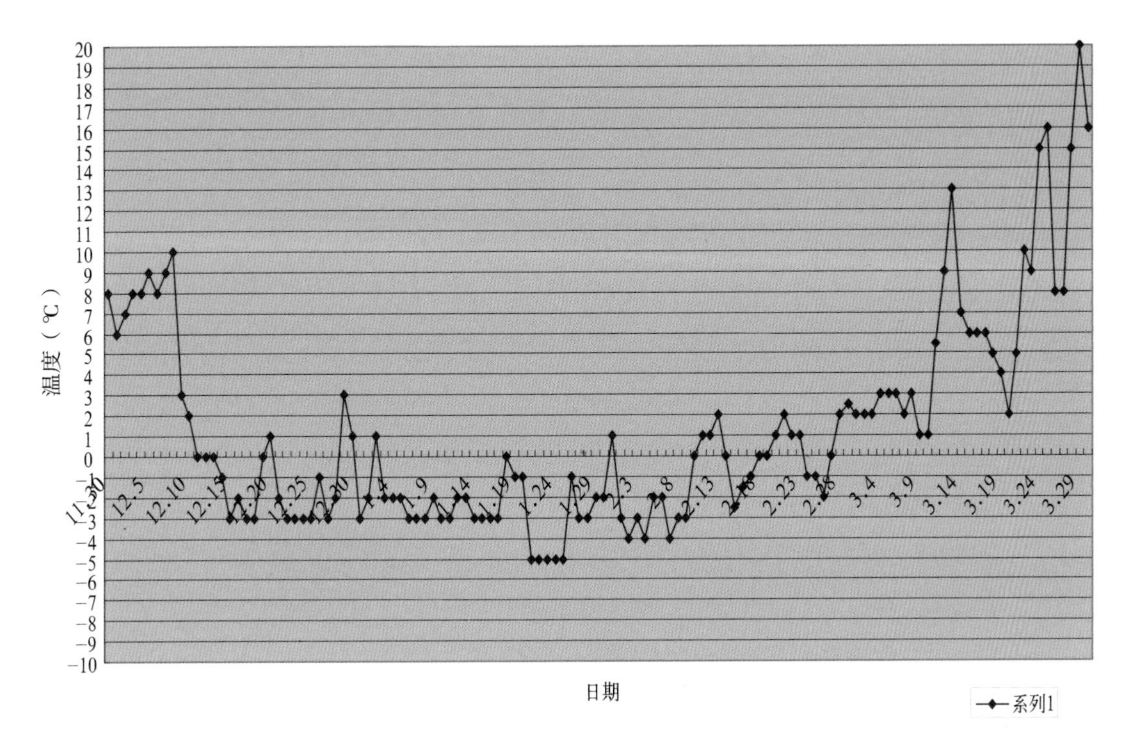

图 11　2011 年冬季（采暖期）室外温度分布图

2. 对 6 号楼 703 室空置户进行制冷、采暖期空调数据跟踪采集

6 号楼 703 室，建筑面积为 165m²。2011 年夏季：采用风机盘管制冷，室内设定温度为 25℃，制冷期为 140d，累计耗冷量为 7920kWh，折合单位能耗为 14.3W/m²；2011 年冬季：采用地板辐射采暖，室内设定温度为 22℃，采暖期为 120d，累计耗热量为 16763kWh，折合单位能耗为 35.3W/m²。

3. 采用分户能量表

在用户收费管理的同时，利用分户能量表，对帝景蓝湾小区 2010 年冬季采暖负荷进行统计归纳。

（1）对帝景蓝湾小区 2010 年冬季 1 号楼采暖负荷进行对比分析

帝景蓝湾小区 2010 年冬季 1 号楼采暖负荷一览表见表 2。

帝景蓝湾小区 2010 年冬季 1 号楼采暖负荷一览表　　表 2

序号	房号	开通日期	开通读数	停用度数	使用功耗（kWh）	面积（m²）	实用天数（d）	热负荷指标（W/m²）
1	1-102	2010.11.30	7630	15085	7455	133.19	110	21.20
2	1-105	2010.12.12	1462	8752	7290	131.96	98	23.49
3	1-205	2010.11.30	4085	10037	5952	133.15	110	16.93
4	1-303	2010.11.30	5125	15982	10857	133.19	110	30.88
5	1-305	2010.12.04	8434	18094	9660	133.15	106	28.52
6	1-402	2011.01.08	4926	9629	4703	133.19	71	20.72

续表

序号	房号	开通日期	开通读数	停用度数	使用功耗 (kWh)	面积 (m^2)	实用天数 (d)	热负荷指标 (W/m^2)
7	1-501	2010.11.30	3126	14509	11383	133.15	110	32.38
8	1-503	2010.12.04	1404	12875	11471	133.19	106	33.85
9	1-505	2011.01.11	9955	13295	3340	133.15	69	15.15
10	1-601	2010.12.18	7098	11197	4099	133.15	92	13.94
11	1-602	2010.12.14	2744	12021	9277	133.19	96	30.23
12	1-605	2010.12.21	799	5534	4735	133.15	89	16.65
13	1-703	2010.11.30	8137	16226	8089	133.19	110	23.00
14	1-705	2011.01.09	4361	16738	12377	133.15	70	55.33
15	1-803	2011.01.01	8416	13340	4924	124.15	78	21.19
16	1-805	2010.12.06	5240	13282	8042	124.11	104	25.96

注：采暖天数为110d。

数据分析：去除明显偏差值55.33，去除最高采暖负荷值33.85，去除最低采暖负荷值13.94，加权求平均。2010年冬1号楼平均采暖负荷值为23.56 W /m^2。

（2）对帝景蓝湾小区2010年冬季6号楼采暖负荷进行对比分析

帝景蓝湾小区 2010年冬季6号楼采暖负荷一览表见表3。

帝景蓝湾小区2010年冬季6号楼采暖负荷一览表 **表3**

序号	房号	开通日期	开通读数	停用读数	使用功耗 (kWh)	面积 (m^2)	实用天数 (d)	热负荷指标 (W/m^2)
1	6-203	2010.12.23	2309	7608	5299	164.6	87	15.42
2	6-205	2010.11.30	3416	14007	10591	119.86	110	33.47
3	6-302	2010.12.05	9314	15991	6677	165.04	105	16.05
4	6-303	2010.12.01	2609	10866	8257	165.04	109	19.12
5	6-402	2010.11.30	10997	18891	7894	165.04	110	18.12
6	6-403	2010.12.01	6864	17510	10646	165.04	109	24.66
7	6-501	2010.12.21	3067	16861	13794	209.92	89	30.76
8	6-502	2010.12.15	2601	6756	4155	165.04	95	11.04
9	6-503	2010.12.22	4600	5399	799	165.04	88	2.29
10	6-701	2010.11.30	3319	15704	12385	209.92	110	22.35
11	6-701	2010.12.04	14903	28810	13907	119.68	106	45.68
12	6-702	2010.12.08	1119	11697	10578	165.04	102	26.18
13	6-902	2010.11.30	3632	14586	10954	263.38	110	15.75
14	6-905	2010.11.30	10978	27766	16788	183.35	110	34.68
15	6-1002	2010.12.14	4784	13432	8648	98.7	96	38.03

注：采暖天数为110d。

数据分析：去除明显偏差值2.29，去除最高采暖负荷值45.68，去除最低采暖负荷值11.04，加权求平均。2010年冬6号楼平均采暖负荷值为24.55W/m^2。

4. 2010年供热消耗负荷

通对帝景蓝湾小区2010年冬季187户采暖户供热消耗负荷进行比选、平均，基本确定2010年采暖负荷平均值约为24.05W/m^2。

5. 2011年冬季采暖负荷

在用户收费管理的同时，利用分户能量表，对帝景蓝湾项目2011年冬季采暖负荷进行统计归纳。

（1）对帝景蓝湾小区2011年冬季1号楼采暖负荷进行对比分析

帝景蓝湾小区2011年冬季1号楼采暖负荷一览表见表4。

帝景蓝湾小区2011年冬季1号楼采暖负荷一览表 表4

序号	房号	开通日期	开通读数	停用度数	使用功耗（kWh）	面积（m^2）	实用天数（d）	热负荷指标（W/m^2）
1	1-102	11.11.30	15086	21726	6640	132.19	120	17.44
2	1-103	11.12.01	3291	8343	5052	132.19	119	13.38
3	1-105	11.11.30	9152	14768	5616	131.96	120	14.78
4	1-201	11.12.16	7708	9459	1751	133.15	104	5.27
5	1-205	11.11.30	10039	14097	4058	133.15	120	10.58
6	1-303	11.11.30	15985	26515	10530	133.19	120	27.45
7	1-305	11.11.30	18094	27480	9386	133.15	120	24.48
8	1-501	11.12.7	14510	24673	10163	133.15	113	28.14
9	1-503	11.12.1	12875	19493	6618	133.19	119	17.40
10	1-505	11.11.30	13295	18843	5548	133.15	120	14.47
11	1-601	11.12.10	11197	16364	5167	133.15	110	14.70
12	1-602	11.12.07	12021	19250	7229	133.19	113	20.01
13	1-603	11.11.30	937	8097	7160	133.19	120	18.67
14	1-605	11.12.01	5536	8477	2941	133.15	119	7.73
15	1-703	11.12.06	16227	21769	5542	133.19	114	15.21
16	1-705	11.12.01	16789	24534	7745	133.15	119	20.37
17	1-803	11.12.15	13340	18116	4776	124.15	105	15.27
18	1-805	12.01.01	13282	14713	1431	124.11	90	5.34

注：采暖天数为120d。

数据分析：去除明显偏差值 5.27、7.73、5.34，去除最高采暖负荷值 28.14，去除最低采暖负荷值 10.58，加权求平均。2011 年冬 1 号楼平均采暖负荷值为 17.97W/m²。

（2）对帝景蓝湾小区 2011 年冬季 6 号楼采暖负荷进行对比分析

帝景蓝湾小区 2011 年冬季 6 号楼采暖负荷一览表见表 5。

帝景蓝湾小区 2011 年冬季 6 号楼采暖负荷一览表　　表 5

序号	房号	开通日期	开通读数	停用读数	使用功耗 (kWh)	面积 (m²)	实用天数 (d)	热负荷指标 (W/m²)
1	6-201	11.12.03	2493	13619	11126	119.68	117	33.11
2	6-202	11.12.01	8996	15866	6870	164.6	119	14.61
3	6-203	11.12.10	7607	18332	10725	164.6	110	24.68
4	6-205	11.12.04	14007	23834	9827	119.86	116	29.45
5	6-302	12.1.22	15991	22866	6875	165.04	67	25.91
6	6-303	11.12.04	10866	15430	4564	165.04	116	9.93
7	6-402	11.12.02	18905	24911	6006	165.04	118	12.85
8	6-403	11.12.06	17510	27089	9579	165.04	114	21.21
9	6-501	11.11.30	16861	32410	15549	209.92	120	25.72
10	6-502	11.12.03	6756	9206	2450	165.04	117	5.29
11	6-503	11.12.04	5399	6030	631	165.04	116	1.37
12	6-603	11.11.30	1533	4278	2745	165.04	120	5.78
13	6-701	11.12.01	15704	29784	14080	209.92	119	23.49
14	6-702	11.12.01	11699	17738	6039	165.04	119	12.81
15	6-703	11.11.30	1308	18071	16763	165.04	120	35.27
16	6-803	12.01.04	7843	9402	1559	165.04	85	4.63
17	6-901	11.11.30	28811	40690	11879	184.31	120	22.38
18	6-902	11.12.08	14587	25257	10670	263.38	112	15.07
19	6-903	11.12.01	1031	5935	4904	164.6	119	10.43
20	6-905	11.12.03	27766	42089	14323	183.35	117	27.82
21	6-1002	11.12.01	13433	22272	8839	98.7	119	31.36
22	6-1003	11.12.18	2780	9406	6626	98.78	102	27.40

注：采暖天数为 120d。

数据分析：去除明显偏差值 9.93、5.29、1.37、5.78、4.63，去除最高采暖负荷值 35.27，去除最低采暖负荷值 10.43，加权求平均。2011 年冬 6 号楼平均采暖负荷值为 22.39W/m²。

6. 2011 年采暖负荷平均值

通过对帝景蓝湾小区 2011 年冬季 229 户采暖户供热消耗负荷进行比选平均，基本确定 2011 年采暖负荷平均值约为 22.37W/m²。

7. 地源热泵空调系统运行经济数据核算

帝景蓝湾小区地源热泵空调系统费效一览表见表6。

帝景蓝湾小区地源热泵系统费效一览表　　表6

设备运行时段	空调形式	使用户数	机组耗电量(kWh)	系统耗电量(kWh)	产生能量(kWh)	机组能效	系统能效	热能效单价(元)	m^2/天单价(元)
2010年冬(110天)	供暖	187户	460578	573630	2063572	4.48	3.6	0.212	0.114
2011年夏(140天)	制冷	208户	197874	289413	563060	3.1	2.1	0.488	0.085
2011年冬(120天)	供暖	229户	558052	723564	2756780	4.94	3.81	0.19	0.085

8. 项目技术经济性分析

(1) 节能专项投资计算

帝景蓝湾小区项目总投资为3.3亿元。其中，地源热泵空调系统投资2000万元；外围护保温系统投资1370万元。其中，外遮阳系统158万元，硬质聚氨酯发泡855万元，断桥隔热、LOW-E中空玻璃357万元。项目验收时的情景如图12所示。

图12　住房和城乡建设部建筑节能与科技司组织项目验收

(2) 项目增量成本计算

与常规分体空调及普通住宅进行投资比较，本示范项目节能投资增项成本为1446万元，具体比较结果见表7。

增量成本折合单位面积增加值为278.9元/m^2，其中空调系统增加约138元/m^2。

(3) 节能量计算

根据实际运行数据，地源热泵空调系统夏季按系统能效比为2.1，冬季按系统能效比为3.7取值。每年夏季制冷120d、全天14h使用；冬季采暖100d、全天24h使用。对应

成本增量对照表（单元：万元）　　表7

项目名称		示范方案	常规方案	增量成本
空调冷热源及末端		2000	1285	715
外围护保温系统	外墙保温	855	408	447
	组合窗系统	357	231	126
	外遮阳系统	158	0	158
合计		3370	1924	1446

普通住宅常规分体空调（夏季系统能效比为 2.3、冬季按系统能效比为 1.9），每年可节电 290 万 kWh；年运行费用可节省 160 万元。折算为一次能源年节约标准煤 1044t，减少二氧化碳排放 2818t。通过加强管理，还可进一步提升系统能效，节约量会更大。帝景蓝湾小区地源热泵空调运行费用见表 8，普通建筑常规分体空调费用见表 9。

帝景蓝湾小区年地源热泵空调运行费用表　　表 8

	单位负荷 (W/m²)	空调总负荷 (kWh)	耗电量 (kWh)	电费 (元)
夏季	38	3309912	1576149	866882
冬季	30	3732984	1008915	554903
总计			2585064	1421785

注：按现实际运行数据：夏季系统能效 2.1，冬季系统能效比 3.7，100% 使用量计算。

普通建筑常规分体空调费用表　　表 9

	单位负荷 (W/m²)	空调总负荷 (kWh)	耗电量 (kWh)	电费 (元)
夏季	62	5400383	2347993	1291396
冬季	48	5972774	3143565	1728961
总计			5491558	3020357

注：按夏季系统能效比为 2.3，冬季系统能效比为 1.9，100% 使用量，电费为 0.55 元 /kWh 计算。

帝景蓝湾小区实景如图 13 所示。

图 13　帝景蓝湾小区实景

（四）结论

①扬州地处长江中下游，属夏热冬冷地区，夏季温度高达31℃以上，冬季温度低达−5℃以下，全年空调采暖期将近210多天。区域具有丰富的地热和地下水资源，具备发展水源热泵和土层源热泵的条件。

②建筑系统综合节能首先是建筑要节能，采取高效的建筑外围护结构，可有效降低建筑能耗。扬州地区，按65%标准建设的节能建筑，冬季采用地板辐射采暖的住宅平均热负荷指标为：24～30W/m^2。冷负荷指标受外界环境温度影响较大，可对应热负荷指标进行推导。

③地板辐射采暖作为冬季采暖的一种形式，具有较高的舒适度。因其辐射供热特点是供热需求稳定，有利于机组及系统高效运行。

④分户计量能实现主动节能，有利于减少浪费。在使用过程中应有有效的使用计费规则与之对应，否则，因业主一味节约用能（夏季模式）会带来系统能效的大幅降低。

⑤由于受到室外环境温度变化及人们日常生活用能习惯影响，会导致夏季消耗总冷负荷小于冬季总热负荷的情况出现，与常规总冷负荷大于总热负荷有反差，物业管理时应加强对土层温度变化的监测，对土层热平衡预先有预案。

⑥帝景蓝湾小区地源热泵空调系统比普通建筑常规分体空调年运行节电290万kWh，节省费用160万元，折算为一次能源，年节约标准煤1044t，减少二氧化碳排放2818t。

以一户套内面积为100m^2为例，帝景蓝湾小区使用地源热泵空调系统夏季每天比普通建筑常规分体空调节电12.41kWh，冬季每天节电41.17kWh,全年可节电5606.2kWh(每年夏季制冷120d、全天14h使用，冬季采暖100d、全天24h使用)，每户每年可节省费用约3083.41元，且舒适度更高。

⑦节能建筑相对于普通建筑，每年用能时间越长，相对节能量就越多，则节约产生的经济效益就越大。因建筑节能增加的投资，回收期将缩短。这对于未来通过提高建筑综合节能标准，倡导合理用能，减少能源浪费具有很大指导意义。

⑧帝景蓝湾小区地源热泵系统通过近两年的实际运行证明，已初步达到建设之初的既定目标。将该技术全面使用于扬州金域蓝湾（21万m^2）、扬州华鼎星（50万m^2）、扬州芳甸（8万m^2）、江都帝景蓝湾（10.5万m^2）、仪征（32.2万m^2）共6个项目。可以通过研究、探索，精心管理，进一步优化运营工况，提升系统效率，节约更多费用，让地源热泵这一绿色低碳技术，造福全体业主。该项目的成功，进一步带动扬州及周边地区低能耗建筑的发展。

项目承担单位：恒通建设集团

开发建设单位：恒通建设集团

设计单位：扬州建筑设计研究院有限公司

施工单位：扬州裕元建设有限公司

低能耗建筑技术咨询单位：扬州大学、南京丰盛能源有限公司

江苏省南京市西堤国际

——2011 年 12 月通过住房和城乡建设部“绿色建筑示范工程”验收

专家点评：银城西堤国际小区规模大，总建筑面积高达 62.1 万 m^2，全部为高层住宅（11+1、18+1 层）；起步早：自 2004 年始就致力于创建夏热冬冷地区自然和谐共生、健康宜居生活的大型绿色居住区。

项目在策划和实施过程中，有效地采取了对规划设计、施工和运营管理全过程的绿色目标控制与保障。以规划设计为引领，采用本土化材料、成熟设备和适宜技术进行夏热冬冷地区住宅的建筑设计、系统集成和工程实践。总体规划充分结合用地特色和人文资源形成交通规划、景观规划、公共配套设施等多重功能性的整合。各单体建筑充分利用地势条件和当地的主导风向，正南北布局，被动节能设计为先，满足采光、通风、日照等要求。在本土化乡土植被应用与养护管理制度的有效实施，3300m^2 铝合金手动控制活动卷帘外遮阳设施的应用示范，2000m^2 外墙采用蒸压粉煤灰加气混凝土砌块墙体自保温，江苏省住宅 65% 节能体系的规模化应用，468 套住宅采用成品房一次性装修交付模式实现土建与装修一体化，雨水的收集与景观水循环处理系统相结合的规模化应用等方面具有一定的创新性和推广示范价值。以施工控制为重点，通过试行《银城地产绿色施工技术标准》来指导施工企业的现场工作，制定并落实绿色施工专项技术方案。以运营管理为保障，物业公司专业人员提前全程参与总体方案、规划设计到施工图等各个设计阶段，提出管理意见和使用要求，并在建造过程中跟踪落实。投入运行后通过“三节”计量管理、智能化安全防范、小区垃圾管理、园林维养和设备系统的运行管理等制度实施和日常运营记录总结、改进等，向业主提供全天 24h 的规范服务。

项目系统地达到减少自然资源消耗，维持环境生态多样性；营造具有良好居住舒适度和生活品质的健康、安全、绿色的社区综合目标。

（一）项目概况

1. 项目基本信息

银城西堤国际项目位于南京河西新城 CBD 新区奥体板块核心居住区，新城区以商务、体育、文化、科技园、中高档居住区等功能定位为主，享有滨江风貌特色的休闲游览环境。

用地周边有地铁交通、中小学校、社区商业和超市、城市公园等基础配套设施，为居民日常生活提供良好的便利条件，为银城西堤国际项目所在的新城区中心位置提供一个具有人文生活气息、自然和谐、适宜居住的现代城市住区环境。

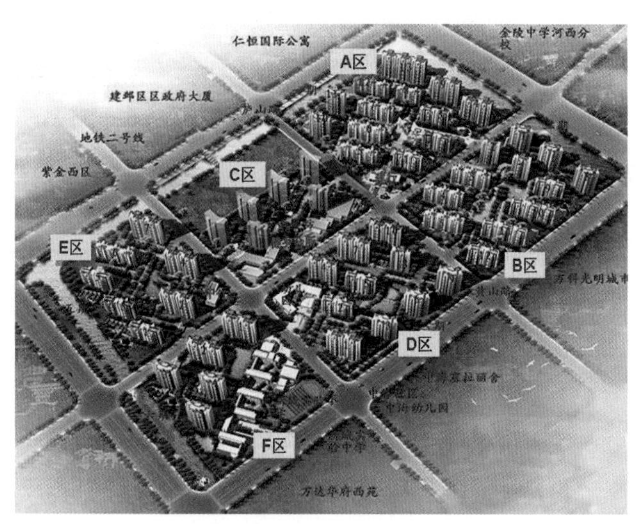

图 1　银城西堤国际小区鸟瞰

项目规划用地面积为 28.8hm^2，总建筑面积为 62.1 万 m^2。城市规划的南北向的恒山路、东西向的牡丹江大街和新安江大街，将项目自然划分为 6 个相对独立的片区，如图 1 所示。

银城西堤国际小区由 53 栋纯高层(11+1 层和 18+1 层两种)剪力墙结构的住宅建筑组成，小区配套建设社区商业、健身中心等公共建筑组群以及一所 9 班幼儿园。政府教育部门同时配建 36 班小学一所。项目建设从 2004 年 10 月 1 日开工，按 A、B、D、E、F、C 片区滚动开发交付，到 2010 年 6 月 15 日全部交付完成。各片区的建筑规模和主要功能见表 1。

银城西堤国际小区各区建筑规模和主要功能　　表 1

片区	占地面积（万 m^2）	地上建筑面积（万 m^2）	地下建筑面积（万 m^2）	主要建筑功能
A 区	6.7	12.7	2.9	住宅、商业
B 区	6.0	10.6	2.5	住宅、商业
C 区	4.1	6.2	1.5	住宅、商业、健身中心
D 区	5.6	9.6	2.0	住宅、幼儿园
E 区	4.4	7.2	1.7	住宅、商业
F 区	2.0	4.3	0.9	住宅

银城西堤国际小区的主要技术经济指标如表 2 所示。

银城西堤国际小区主要技术经济指标　　表 2

项目内容	单位	数量	项目内容	单位	数量
规划用地面积	万 m^2	28.8	容积率	—	1.75
总建筑面积	万 m^2	62.1	建筑占地面积	万 m^2	4.9
地上总建筑面积	万 m^2	50.6	建筑密度	—	17.2%
住宅总建筑面积	万 m^2	48.4	绿地面积	万 m^2	13.7
公建总建筑面积	万 m^2	1.8	绿地率	—	47.6%
幼儿园总建筑面积	万 m^2	0.4	总户数	户	3966
地下总建筑面积	万 m^2	11.5	居住人口	人	12692

2. 项目示范目标

绿色建筑是一种生活智慧，是创建与自然和谐共生、与环境协调平衡的居住模式，是为社会可持续发展而主动变化的积极行为。通过产品的内在特性来充分节约能源、有效利用资源，并为绿色生活方式提供有利条件来实现环境保护是绿色建筑的根本目的。

银城西堤国际小区在项目策划和开发过程中，根据既有和现行国家和当地政府规定要求，通过产学研相结合的模式，以被动式节能策略、绿色建筑“四节一环保”和建筑全生命周期运营管理为基础，进行相关成套技术在夏热冬冷地区住宅的建筑设计、系统集成和应用推广，同时根据增量成本的测算和评估指导绿色建筑规模化开发应用实践。在绿色建筑发展和实践的过程中，系统地达到减少自然资源消耗、维持环境生态多样性；营造具有良好居住舒适度和生活品质的健康、安全、绿色的社区；以及提升社会生产力和可持续发展的综合目标。

项目以《绿色建筑评价标准》GB/T 50378—2006 中 6 大指标体系 76 个子项（住宅建筑）的满足程度为评估考查指标，以适用和适宜的成套技术的实施完成和项目竣工交付为示范工程项目的成果，以项目运行效果作为成果的验证和总结。2011 年 12 月，在住房和城乡建设部组织的绿色建筑示范工程验收会上，验收委员会在听取项目实施汇报、审阅验收资料和项目现场实地考察后通过验收。

3. 项目资源环境影响

银城西堤国际项目在总体规划中分析和利用项目区域地位、用地特色和潜在资源，结合人文资源和规划条件形成特有的规划理念和设计方针。通过交通规划、景观规划、公共配套设施等多重功能性的整合，建立以人为本的住区环境。

在具体设计过程中结合气候特征和地形地貌，以被动式节能设计优先的策略作为绿色建筑的基础，注重住区在适应区域环境的同时对自然气候潜能的利用，营造住区小气候，形成健康舒适的室外环境。在不用或少用机械设备的条件下，依靠加强建筑物的自然通风、采光性能和保温隔热性能来提高室内热环境质量，满足人们健康舒适的需求。

利用邻里关系和交通流向相互整合的规划方式，以中心花园向宅间辐射的大园林、小庭院、多层次的空间模式，合理布局各建筑单体。南北朝向住宅由北往南从高到低铺开、充分满足采光通风需求，丰富建筑空间的层次感、视线通透开畅。总体规划有利于形成楼栋通风走廊，春夏季节有效导入南部自然季风，秋冬季节有效阻挡冬季寒风侵入。

在技术应用上采用风、热环境计算机仿真模拟辅助设计，优化住宅小区的建筑布局，并结合景观园林设计改善小区风环境、热环境、光环境及声环境。在住区生活配套中，规划建设教育基础设施、住区商业和健身中心等生活文化设施，方便住区居民就近日常生活出行。

银城西堤国际小区以现代城市生活住区为特点，经当地环保部门通过对项目的大气环境、水环境、声环境和固体废物等方面的影响分析，得出项目开发符合国家及地方的相关产业政策、符合城市发展规划和环境规划、生活污水实现总量控制和达标排放、地区环境质量不变的环境影响评估结论。

（二）技术和实施

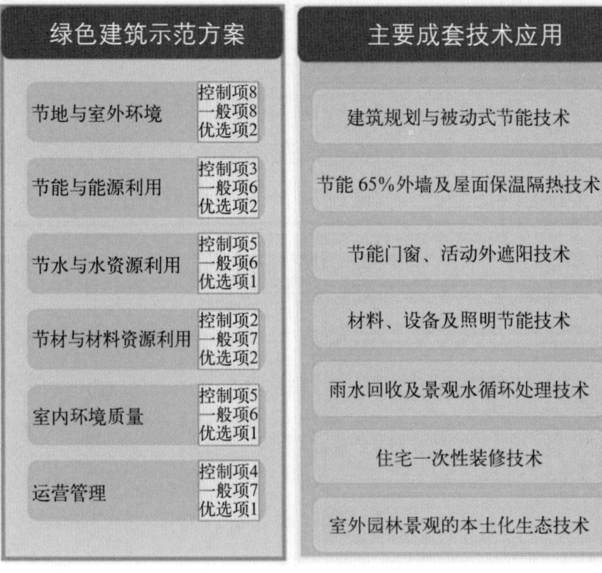

图 2　绿色建筑示范方案及成套技术应用

绿色建筑涉及建筑全生命周期。银城西堤国际住宅小区秉承银城地产一贯坚持绿色建筑开发的建设理念，整合规划建筑、园林景观、室内装修、设备管线、结构施工、运营管理等多学科、多专业，综合运用外围护结构保温隔热技术、建筑遮阳技术、雨水回收利用等多项先进节能技术，最大限度地节约资源、保护环境、减少污染，为业主提供健康、适用和高效的使用空间，实现建筑与自然的和谐共生。

技术体系和具体实施一方面根据绿色建筑评价标准形成示范方案，满足所有控制项的要求，根据项目所在区位和条件实施一般项和优选项，并达到绿色建筑二星级的项数要求；另一方面通过适用、适宜的成套技术的应用，结合设计、施工、运营 3 个环节，确保产品性能和效果的实现，如图 2 所示。

1. 总体技术

1）节地与室外环境

（1）场地和规划

银城西堤国际项目为政府规划的二类居住用地，用地条件较好，地势平坦，原有市政基础设施比较齐全。场地无洪灾、泥石流及含氡土层的威胁，建筑场地安全范围内无电磁辐射危害和火、爆、有毒物质等危险源。

小区规划设计充分利用场地地形条件，合理布局。住宅建筑全部为南北朝向布置，形成组团式分布，各组团围绕中心花园，形成北密南疏和中心开敞的规划布局。小区出入口采用人车分流的形式，且充分利用公共交通网络，多路公交线路均在小区出入口 500m 范围内。

小区规划设计公共服务配套设施并与小区同步建设，配建有幼儿园、小型商业区和健身会所，以方便居民生活的需要。

（2）室外环境

银城西堤国际小区住宅全部为高层住宅（11+1、18+1 层），各单体建筑充分利用地势条件和自然季风，合理设计建筑体形、朝向、楼距，使住宅获得良好的日照、采光和自然通风条件。

小区住宅建筑日照间距在满足规划要求的基础上，通过动态日照分析，达到设计日照时间最大化，综合考虑采光、通风、消防、视觉等因素，保证最小日照间距大于 1∶1.35。底层住户在冬季大寒日满窗日照不少于 2h。

对于项目的室外环境，东南大学建筑学院根据《江苏省绿色建筑评价标准》DGJ32/TJ 76—2009、《绿色建筑评价标准》GB/T 50378—2006 等标准的要求，利用 FLOVENT 计算流体动力学（CFD）模拟分析软件对规划环境进行模拟分析。

模拟分析的基本条件设定为：夏季选择 35℃为住区热岛强度的基准温度，平均风速为 2m/s；冬季平均风速为 2.8m/s；过渡季为 2.4m/s；采用项目所在地的盛行风向。模拟结果为：小区夏季平均热岛强度不超过 1.5℃，冬季室外风速不超过 5m/s；夏季和过渡季室外风环境良好，不存在过多的漩涡和死角，有利于提供良好的室外舒适度和室内自然通风。银城西堤国际小区 A 区冬季室外风环境及夏季热岛强度模拟分析图如图 3 所示。

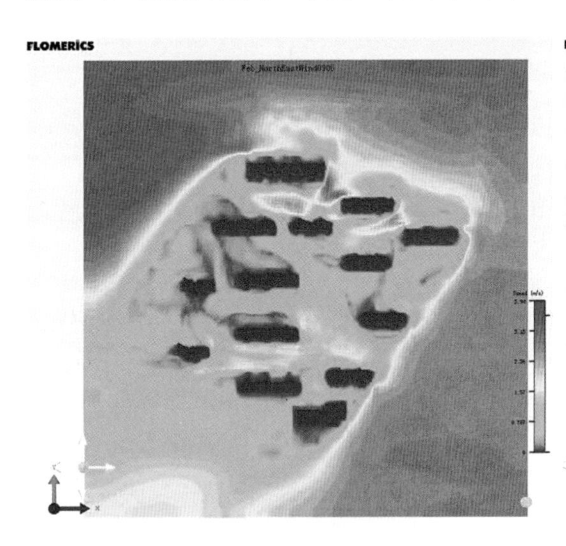

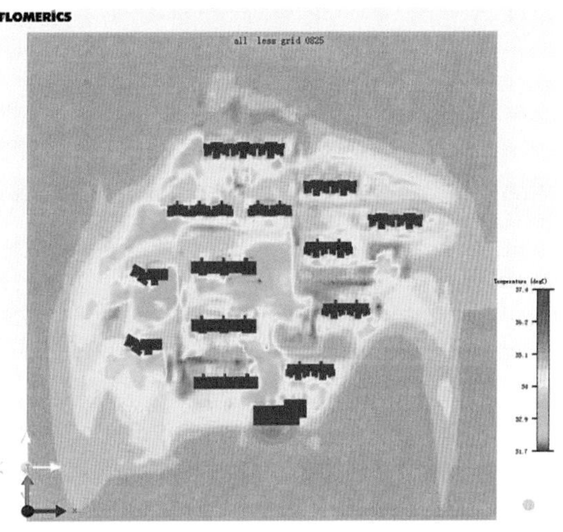

图 3 银城西堤国际小区 A 区冬季室外风环境及夏季热岛强度模拟分析图

项目的园林景观以满足居民室外生活功能和休闲观赏等要求和效果为主，结合适应当地气候和土层条件的乡土植物的种植，实现新开发居住环境生态补偿的目的。同时，按照银城地产集团景观品质要求，小区内乔木种植每 100m^2 绿地上不少于 5 株。

小区非机动车道路、地面停车场和大多数硬质铺地采用透水地面，并与小区雨水收集处理系统相连通，收集的雨水回用到景观水景和绿化灌溉养护。银城西堤国际小区景观设计指标见表 3。

银城西堤国际小区景观设计指标 **表 3**

项目内容	单位	数量	项目内容	单位	数量
小区绿地面积	万 m^2	13.7	人均公共绿地面积	m^2	2.1
绿地率	%	47.6	中心集中水景面积	万 m^2	1.5
公共绿地面积	万 m^2	2.67	室外透水地面面积比	%	52.3

(3) 节地

银城西堤国际项目为高层住宅建筑，人均居住用地指标为 14.2m^2，满足规范要求。各片区均合理开发利用地下空间，节约土地资源，用做地下自行车库、汽车库、设备用房及业主仓储用房。银城西堤国际项目共开发地下建筑 11.5 万 m^2。

(4) 施工

通过试行《银城地产绿色施工技术标准》来指导施工企业的现场工作，在强调绿色施工应遵循可持续发展原则的基础上制定绿色施工专项技术方案。施工单位在施工前成立以项目经理为组长的绿色施工领导小组，制定详细的绿色施工技术措施。通过扬尘控制、噪声与振动控制、光污染控制、水污染控制、土层保护、建筑垃圾控制以及地下设施、文物和资源保护等来保护环境，减少施工对周围环境的影响。银城西堤国际小区以优良的施工质量，2008 年被江苏省住建厅授予“江苏省住宅工程质量分户验收示范小区”。同年，在江苏省住建厅召开的全省建筑节能工作大会将银城西堤国际小区作为考察现场。

2）节能与能源利用

(1) 建筑围护结构热工设计

围护结构热工性能要求是居住建筑节能设计标准的最主要内容。包括外墙、屋顶、地面的传热系数，外窗的传热系数和遮阳系数，窗墙面积比以及建筑体形系数。银城西堤国际小区建筑热工设计达到 65% 节能标准要求。

项目在建筑围护体系上首先合理设计建筑体形，各栋建筑的体形系数都能满足规范规定的夏热冬冷地区体形系数要求。建筑外墙采用 30mm 厚欧文斯科宁惠围外墙外保温系统，屋顶采用 40mm 厚挤塑聚苯板倒置式保温隔热系统，架空楼板以及阳台、飘窗等容易产生冷热桥部位采用挤塑板外保温系统来保温隔热，外门窗采用断热铝合金型材、5+12A+5 中空玻璃窗，采用铝合金活动外遮阳卷帘设施。典型建筑相关热工性能指标见表 4。

典型建筑围护结构热工指标 表 4

围护结构部位	西堤国际	
	传热系数 K [W / (m^2 · K)]	热惰性指标 D
外墙	0.83	3.25
屋面	0.56	3.86
门窗	≤ 3.1	

(2) 高效能设备和系统

充分利用自来水管网水压，合理分区供水。采用 1 ~ 5 层直接供水，6 ~ 11 层、12 ~ 18 层采用变频恒压供水设备供水。

采用高效节能变压器。供配电系统采用 SCB11 干式变压器，同时配置无功补偿设备。

配电系统合理，三相负荷尽可能平衡，减少线路损耗。

电梯采用小机房设计和小型化永磁无齿同步曳引机的节能环保电梯。

（3）节能高效照明

小区住宅公共部位设置触摸式延时开关。有自然光的公共区域设置定时或光电控制。地下车库采用高效节能灯（T5荧光灯管及高效电子镇流器）和分区、分时段自带控制装置。非人防区开采光窗，充分利用自然光线，达到白天不开灯自然采光的目的。景观灯采用程序控制器自动控制，部分景观照明采用LED灯。

3）节水与水资源利用

（1）制定水系统综合利用方案

项目根据当地城市用水定额进行用水量估算及水量平衡，统筹、综合给排水系统设计、非传统水源利用。

（2）给排水系统

给水系统采用变频恒压供水设备，充分利用自来水管网水压，高层建筑合理分区供水。在满足住户用水水压的前提下，充分利用自来水的供水压力，达到节能节水双重功效。在小区内部按照不同功能用途分别设置用水计量仪表。

排水系统采用雨污水分流方式，小区内部不设污水化粪池，生活污水通过市政污水管道接入城市污水集中处理系统。

（3）使用节水器具和设备

在一次性装修住宅建筑中，合理选用陶瓷阀芯水龙头、3L/6L两挡节水型虹吸式排水坐便器、节水洗衣机等节水器具和设备。

（4）非传统水源利用

采用雨水回收及景观水循环处理系统，收集储存雨水、检测水质安全。对景观水进行循环处理，在满足景观补充水量基础上，提供小区内部分绿化用水和洗车用水。非传统水源利用率超过10%。

绿化用水灌溉一方面通过甄选植物种类、不种植耗水量大的树种、减少草坪面积来节约绿化用水量。另一方面使用经处理的雨水作为绿化用水水源，根据用水量平衡计算，正常年份可以满足全年绿化用水量。

4）节材与材料资源利用

（1）节材

高层建筑采用预应力预制管桩桩基础，主体结构施工采用100%预拌商品混凝土，基础和地下建筑采用高性能混凝土、主要钢筋采用HRB400级高性能钢筋。地下车库采用双层立体机械车位，车位按1 ∶ 1标准配置。

在银城西堤国际项目中进行蒸压粉煤灰加气混凝土砌块自保温墙体在外墙上的应用研究，对面积近2000m^2的外墙进行试用。银城西堤国际项目住宅及公建隔墙均采用蒸压粉煤灰加气混凝土砌块。

（2）材料资源利用

项目所使用的钢筋、混凝土及砌块等主要建材均为当地生产。建筑设计造型要素简约，无大量装饰性构件。

在银城西堤国际小区一次性装修的住宅建筑中，土建与装修工程统一设计，统一施工。既减少了材料资源消耗，又保证了结构安全性。装修材料和设备的选用注重节能、环保和绿色。

5）室内环境质量

（1）住宅空间设计

在充分满足建筑功能的前提下，对建筑空间进行合理分隔，以改善室内日照，满足自然通风、采光及热环境要求。厨房、餐厅等辅助房间布置在北侧，形成北侧寒冷空气缓冲区，以保证主要居室的舒适温度。室内自然通风良好，设计中考虑通风开口之间的相对位置，形成“穿堂风”。

（2）住宅隔声减噪措施

小区合理配置植物群落，隔声降噪，营建安静舒适的整体环境。建筑外窗采用5+12A+5中空玻璃，空气隔声性能达到4级以上。电梯间与住宅相邻的隔墙采用轻钢龙骨纸面石膏板隔声墙，减少振动，降低噪声。

江苏省建筑工程质量检测中心有限公司对银城西堤国际住宅建筑围护结构进行现场隔声检测，结果是：卧室、起居室在关窗状态下的噪声白天为44dB，夜间为34dB。楼板的空气声计权隔声量为50dB；分户墙的空气声计权隔声量为47dB；楼板的计权标准化撞击声声压级为70dB；沿街外窗的空气声计权隔声量为31dB。均满足隔声标准的要求。

（3）住宅室内环境

银城西堤国际小区的C区采用可调节手动铝合金卷帘外遮阳系统，防止夏季太阳辐射透过窗户玻璃直接进入室内。在保证外立面效果与小区总体风格协调的基础上，起到很好的保温隔热效果。

银城西堤国际小区的E、F区实施住宅成品房一次性装修，在工程施工和装修一体化过程中，所有建筑材料和装修材料均进行进场检验。在一次性装修住宅交付以前，进行建筑工程及室内装修工程的室内环境质量验收的各项检测工作，确保满足国家标准规定，保障居住者的生命健康。

江苏省建筑节能技术中心采用Ecotect v5.20辅助生态设计软件，对银城西堤国际小区典型户型建筑室内采光系数与采光照度的情况进行了模拟分析，得到如下结论：银城西堤国际小区典型户型建筑门窗的存在改善了室内的自然采光，建筑体形、朝向、楼距和窗墙面积比设计较为合理，使住宅获得了良好的自然采光水平；建筑室内没有非常明显的明暗对比，避免了眩光的产生；建筑室内的整体采光效果较为理想，采光系数与室内照度的相对分布关系基本一致；室内大多数部位的采光系数在1.5%～8%之间，采光照度在50～350Lx之间，其自然采光水平符合各相关标准的要求。

东南大学建筑学院采用 FLOVENT 计算流体动力学（CFD）模拟分析软件对银城西堤国际小区典型户型室内自然通风进行模拟分析，其结果是户型室内自然通风良好，如图 4 所示。

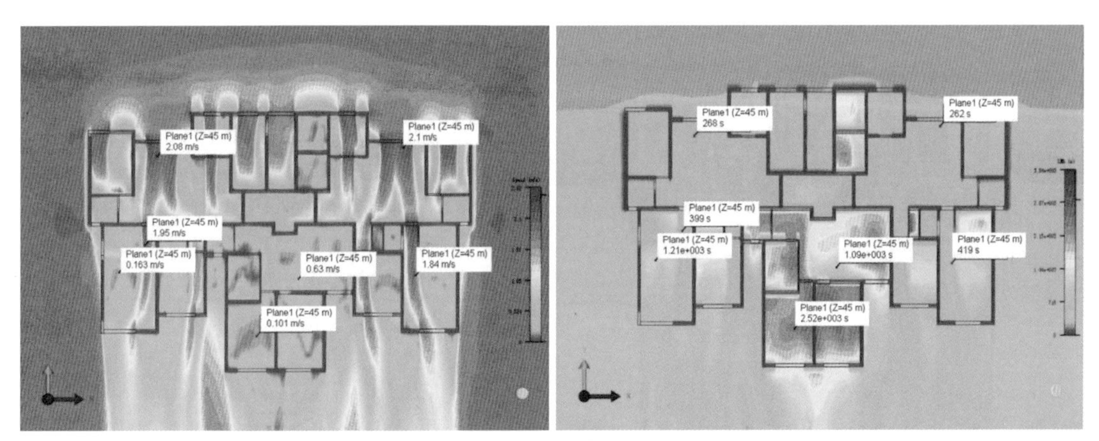

图 4　银城西堤国际小区典型户型过渡季节室内风场及 LMA 值图

6）运营管理

（1）物业管理

物业管理公司选择的是通过 ISO9001 ：2000 标准质量管理体系和 ISO14001 环境管理体系认证并获国家一级资质认证的银城物业。物业公司从总体方案、规划设计到施工图等建筑设计的各个阶段，相关专业人员均提前全程参与，并提出管理和使用意见。在建筑和园林设计中，包括道路、出入口、门禁、停车、物业管理用房等小区各项设计均满足物业管理要求，以便于营造绿色建筑运营管理的基础、创建和谐的人居环境。

（2）三节管理

为节约资源保护环境，切实做好节能、节水与节材等物业服务管理工作，银城物业根据小区建筑及配套设施设备，精心制定了多项确保小区有效运营的管理制度，向业主提供全天 24h 的规范服务。

水、电、燃气分户、分类计量与收费。每户均设置水表、电表和燃气表，公共区域设置水表、电表，按照谁使用谁付费的原则，实行计量管理，以此来促进小区利益相关者的共同节能行为。

银城物业通过建立年度工作计划和预算的方式，来规范物业运行的水电消耗和维保耗材管理，做好相关管理文档分类和日常管理记录，并与年度绩效考核挂钩。

（3）环境管理

对小区绿化景观的养护和管理制定了相关的管理制度，对乔木、灌木、草坪定期或及时修整，对绿化养护采用用水计量管理。在绿化养护过程中严格控制化学用品的使用，重点关注本土植物和抗病虫害树木的养护，提高无公害绿化防治的效果。小区道路、水景、楼栋公共部位等执行日常保洁服务标准。

对小区垃圾处理制定相关管理规定，垃圾每日清运与城市垃圾处理系统相对接；小区内部由保洁人员每天按时按点集中收集，分别将生活垃圾和建筑垃圾运送到不同的集散地；在每栋楼前不影响美观又能方便住户的地方设置生活垃圾分类回收箱，对垃圾处理使用的相关容器、工具的摆放地点和清洗也有明确的管理要求。

（4）智能化系统

小区智能化安防系统先进、可靠，通过相关验收。小区为保证智能化设施的正常使用，发挥其在物业管理、治安防范和便利生活等方面的重要作用，实施使用管理规定对住户装修、入住前后智能化系统的安装和使用以及注意事项等作出了明确规定和要求。银城西堤国际小区智能化系统示意如图 5 所示。

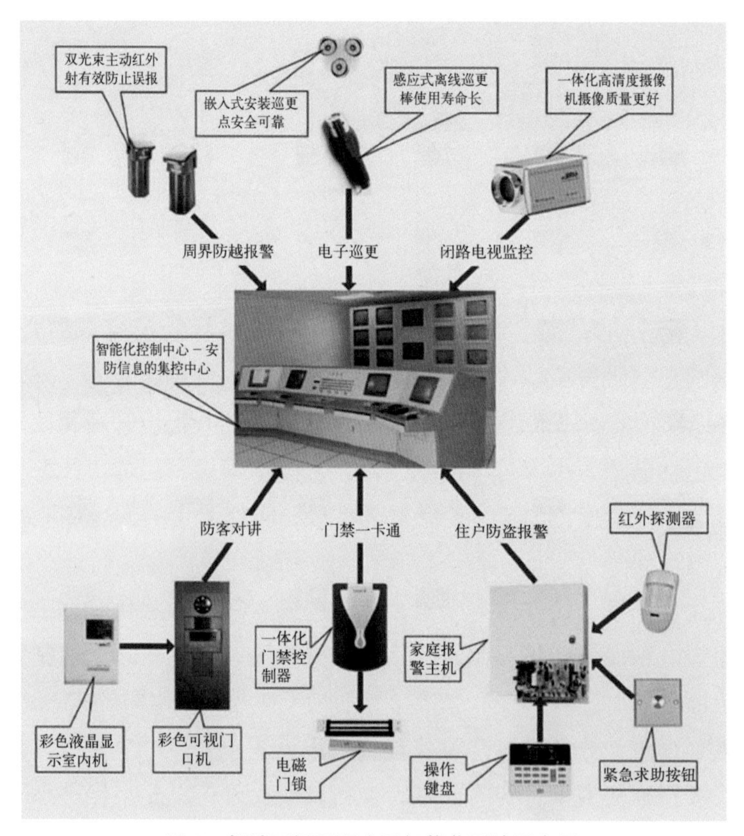

图 5　银城西堤国际小区智能化系统示意图

小区智能化系统由 3 大系统和 14 个子系统组成。

安全防范系统：包括周界防越报警子系统、闭路电视监控子系统、电子巡更子系统、智能家居子系统（含门禁、对讲、防盗）、消防报警子系统等。

信息管理系统：包括公共背景音乐子系统、电子显示屏子系统、停车管理子系统、公共设备监控子系统等。

信息网络系统：包括电话网络子系统、宽带网络子系统、有线电视网络子系统等。

（5）设立具有资质的设备管线系统的维保队伍

小区的雨水收集处理系统的运行管理、日常记录、系统维护均由设备维保队伍进行，并为雨水收集系统的改善和技术改进提供具体的建议。

设备维保队伍运行维护的主要工作范围为电梯运行维护、智能化系统维护、机械停车设备维护、生活和消防供水设备管线维护、地下室通风系统维护、雨污排水系统维护、景观管线系统维护等。超过资质范围和技术要求高的维修工作由专业机构完成。

2. 关键技术

1）建筑规划与被动式节能技术

被动式节能技术在建筑规划中的应用是基于项目所在区域的气候条件和周边地形环境条件，通过建筑规划的空间塑造与自然资源利用最大化相结合的方式，借助现代计算机模拟技术，对小区日照、采光、风、热、声等环境影响进行优化配置，形成适宜的住区小气候环境和室外活动舒适度，并有利于单体建筑减少能耗的工作模式。交通组织实行人车分流，机动车辆在主入口附近经车道直接进入地下车库。

银城西堤国际小区整体用地被城市路网分割为 6 块，6 个片区各自形成小围合空间，通过折线形路网及水景完成其各自空间的串联组合。依据现有地形及周边道路走向，住宅建筑采用和城市道路成 40° 夹角布置，布局全部为南北朝向。各片区均采用围绕中心花园的院落布置形式，形成北密南疏和中心开敞的规划布局，住宅建筑长轴和夏季东南风成 30° ～ 45° 夹角。同时，通过动态日照对各单体建筑的影响分析，综合考虑采光、通风、消防、视觉等因素，保证最小日照间距大于 1 ： 1.35，达到设计日照时间最大化的规划要求。各片区主要出入口采用集中成组相对布置，形成小区既独立又传承的整体关系，减轻对公共资源占用和影响的频率。并采用现代简洁的建筑风格形成具有现代城市生活住区的项目特点。

银城西堤国际小区处在夏热冬冷地区，建筑单体设计以客户生活方式、市场需求为基本条件，结合被动式节能设计对建筑围护体系热工性能的要求，通过户型功能设计、立面风格设计与绿色建筑对环境和技术应用的结合，形成以人为本和持续发展的建筑设计模式。

2）节能 65% 的外保温系统

（1）外墙外保温系统

建筑外墙均采用 30mm 厚欧文斯科宁惠围外墙外保温系统，屋顶均采用 40mm 厚挤塑聚苯板倒置式保温隔热系统，架空楼板以及阳台、飘窗等容易产生冷热桥部位均采用挤塑板外保温系统。

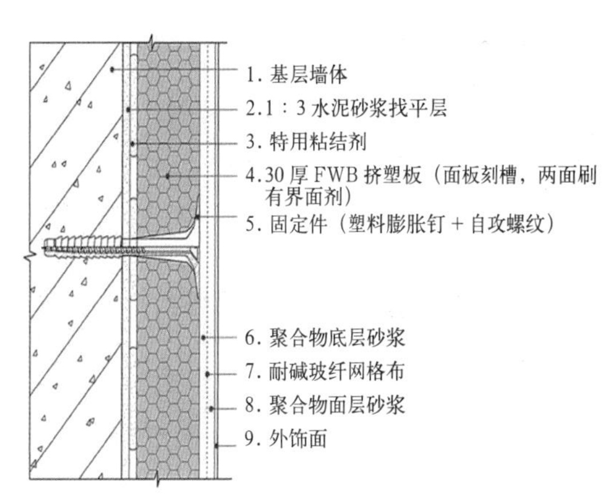

图 6　外墙外保温构造示意图

惠围外墙外保温系统构造体系，如图 6 所示，其以外墙专用挤塑板（FWB）为保温材料，采用粘钉结合方式将挤塑板固定在墙体外表面上，以耐碱玻纤网格布、增强聚合物砂浆作为保护层，使用面砖饰面。

（2）倒置式屋面保温隔热系统

屋面采用 40mm 厚挤塑聚苯板倒置式保温隔热系统，使屋面防水层免受温差、紫外线和外界撞击的破坏，延长了防水层使用寿命。倒置式屋面保温隔热系统构造体系，以挤塑板为保温材料，将挤塑板置于屋面防水层之上，采用粘贴或干铺的方式施工，表面浇筑细石混凝土，其构造图示如图 7 所示。

银城地产从 2000 年南京聚福园小区开始就和欧文斯科宁公司合作，采用惠围外墙外保温系统及屋面保温隔热系统。在该项技术的应用中，结合项目具体情况，和生产单位一起不断进行研究，改进外保温系统的粘结力和抗拉能力，提高了系统规模应用的水平和安全性。

外保温系统有效解决了外墙的冷热桥问题，相比内保温系统增加室内使用面积，同时对外墙有保护作用，延长了建筑的使用寿命。屋面采用保温隔热系统，提高了顶层住户的居住舒适度。外墙及层面保温隔热系统现场施工实景如图 8 所示。

该技术应用在银城西堤国际小区，项目外墙实

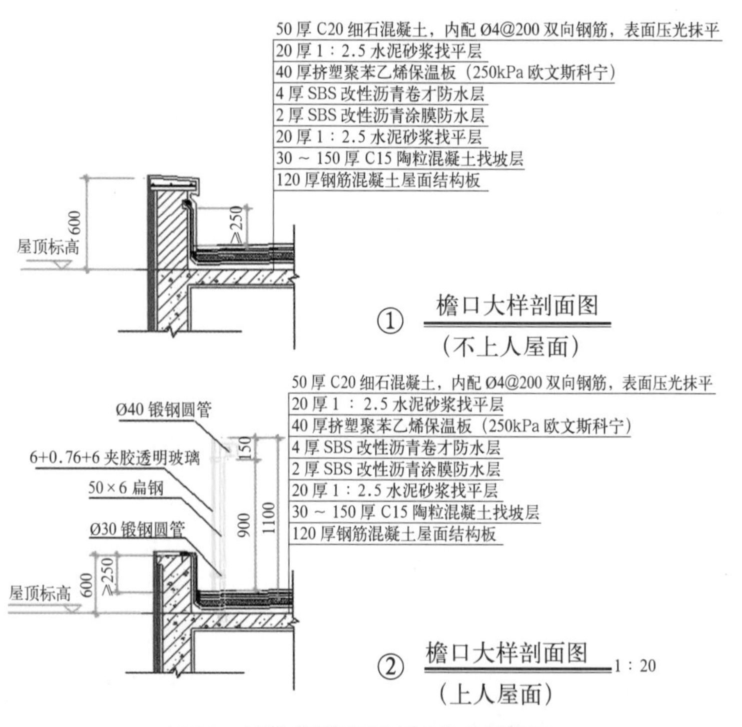

图 7　倒置式保温隔热屋面构造示意图

图 8　外墙及屋面保温隔热系统现场施工实景

施面积为 26 万 m^2、屋面实施面积为 4.9 万 m^2。

2007 年 1 月，由江苏省建筑节能技术中心对银城西堤国际小区 A 区 125 栋住宅楼进行建筑外围护系统的热工测试，如图 9 所示。测试结果为外墙传热系数值为 0.82，屋面传热系数值为 0.6。测试得出“该建筑围护结构传热系数值已达到按现行标准推算的节能 65% 时的围护结构传热系数要求”的结论。

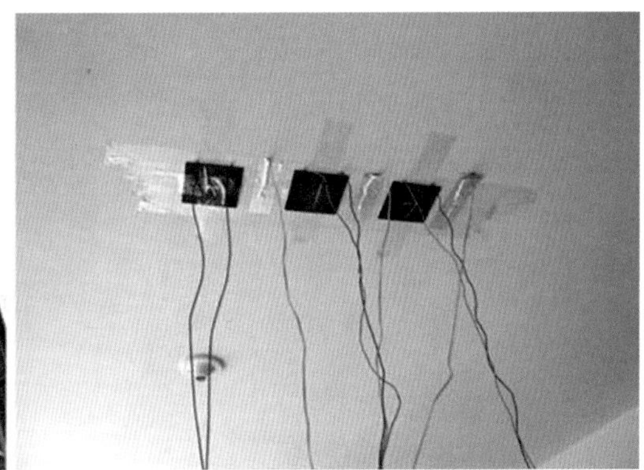

图 9　银城西堤国际小区 A 区建筑外围护系统热工测试实景图

3）节能门窗、活动外遮阳技术

（1）节能外门窗

外门窗是影响室内热环境质量和决定建筑能耗的主要因素，夏热冬冷地区以被动式建筑自然舒适度为门窗形式的选择取向，适当提高南向窗面积，窗户开启面积大于 30%，满足户内过渡季组织自然通风、夏季形成穿堂风、冬季被动采暖的要求。

门窗组成采用断热铝合金型材、5+12A+5 中空玻璃窗。断热型材由 PA66 隔热条将内、外两部分金属材料通过特殊工艺连在一起，阻隔了门窗框料的热通道，具有良好的保温性能。根据门窗测试报告，其传热系数在 3.1 以下。

门窗型材采用“双等压腔”密闭工艺技术、高强隔热条和优质密封胶条配合，以及 5+12A+5 中空玻璃组合成一体。外门窗抗风压性能好，其整窗气密性达到 4 级以上，水密性能达到 3 级以上，整窗空气隔声性能达到 4 级以上。

应用在银城西堤国际小区的节能门窗实施面积为 6.5 万 m^2。

（2）活动外遮阳设施

遮阳设施是夏热冬冷地区满足建筑室内环境夏季要求的重要措施之一，在保证外立面效果与小区总体风格协调一致的基础上，能够将太阳辐射直接阻挡在室外，可以减小由阳光直接进入室内而产生的空调负荷，节能效果比较好。

铝合金活动卷帘外遮阳系统由帘片、导轨、卷轴组成。帘片材质为铝合金，中部填充不含碳氨氟化物的聚氨酯。导轨安装于窗洞两侧，帘片在两导轨间运行，传动轴位于窗洞上侧。帘片通过弹簧片与传动轴连为一体一起旋转，达到开启和关闭的效果。帘片最下边和导轨两边有防尘、防风密封条。帘片及罩壳颜色采用甲方确认的银灰色，轨道与U形铝固定框颜色一致，如图10所示。

项目采用的铝合金活动卷帘外遮阳系统具有可靠、耐久和美观特点，活动卷帘帘片铝型材厚度为0.3mm，内部填充聚氨酯，增强了型材的刚度，导轨将帘片固定于窗洞平面，避免了帘片在风荷载作用下产生位移导致的损坏。铝型材本身坚固耐久，其表面漆膜厚度达到25 ~ 30μm，具有耐磨、抗敲打、抗紫外线、抵御化学物质腐蚀的优点。型材表面漆膜可处理成多种不同颜色和效果，与建筑外立面风格相协调。

图10　银城西堤国际小区建筑外窗及遮阳应用实景图

银城西堤国际小区C区采用铝合金手动控制活动卷帘外遮阳设施，实施面积为3300m^2。

4）雨水回收及景观水循环处理

雨水汇集过程为自然重力流汇方式，雨水收集的来源主要为项目内的屋面、水面、路面和绿地4条途径。基本设计思想是利用地下雨水收集处理池结合景观水体溢流空间储存雨水，采用沉砂—曝气—粗滤—精滤—出水的处理工艺获得较好的出水水质，为小区绿化用水、景观用水等提供非传统水资源利用。雨水收集时道路初期雨水通过设计作为弃水，避免阳台排水进入室外雨水系统，减少因阳台洗衣排水中带来的NH3-N、TP成分，保持收集雨水的基本水质。雨水收集、处理、利用示意如图11所示。

银城西堤国际项目设置5个储水总容积为850m^{3}的调节池，以及总面积为15000m^{2}景观水面。利用景观溢流水位空间（200 ~ 400mm）作为主要储水空间，采用景观水面储水降低了储水工程造价，同时提高地下集水池的利用率。

水处理系统运行工艺经沉砂—曝气—粗滤—精滤—出水等过程，获得满足检测标准要求的出水水质，应用在小区绿化养护、景观用水循环和补水等物业服务管理中，达到降低

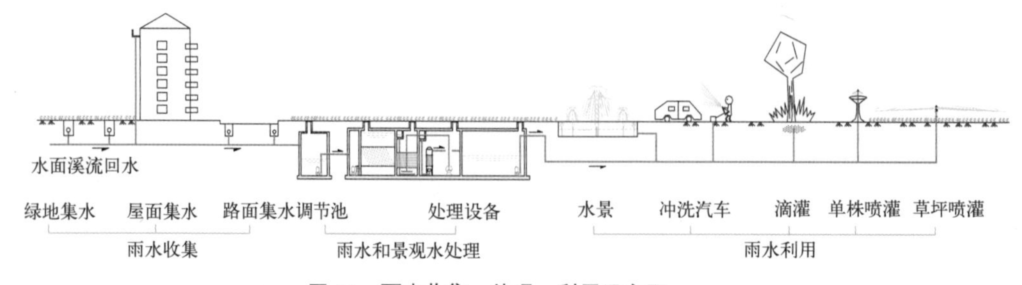

图11　雨水收集、处理、利用示意图

运行维护费用，节约水资源的效果。雨水处理系统有 3 种工作模式，兼有雨水和景观用水循环处理双重功能。景观水景需要补水时，提升调节池中储存的雨水进行处理并输送到景观水池；平常只进行景观水的循环处理，保证水景效果和水质；绿化用水时，直接启动专用绿化泵，经处理后的雨水直接进入绿化管网。

小区内雨水水量平衡为屋面、水面、路面收集雨水的径流系数 ψ_1 取值为 0.9，绿地的径流系数 ψ_2 取值为 0.15，综合径流系数 ψ 取值为 0.555。通过计算银城西堤国际项目基地内年均降水量 Q_1 为 315072m^3，每年可收集雨水量 Q_2 为 174865m^3，每年回用的雨水量为 84597m^3，如图 12 所示。雨水回收处理设备如图 13 所示，小区水景实景如图 14 所示。

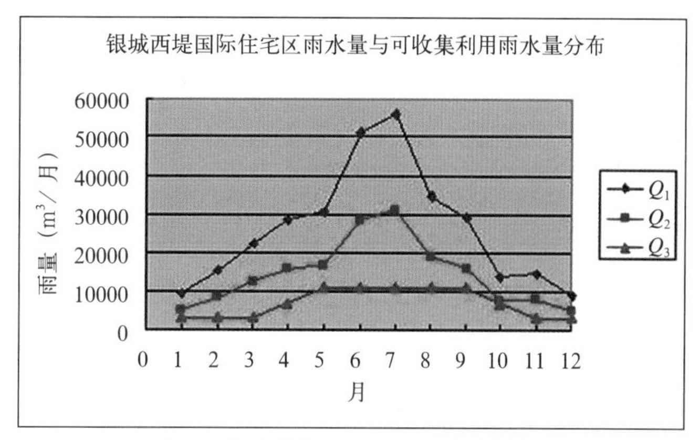

图 12　雨水收集 Q_1-Q_2-Q_3 关系曲线图

图 13　雨水回收处理设备

图 14　银城西堤国际水景实景

南京地区全年降雨量和可收集雨水量均多于用水量，仅在10月份二者数值接近，因此，除极端气候条件外，均可满足景观水补水量和绿化需水量，回用雨水平衡可靠。考虑夏季极端气候情况，经处理的储存水量可以调蓄满足12d的景观水景蒸发补水和绿化维养用水需求。

5）成品房一次性装修

银城西堤国际项目住宅一次性装修成品房室内设计在进行建筑方案设计时直接介入，根据市场调研和销售意向确定户型功能、配给、装修风格，进行设备管线的配给和家用部品件、设备的选用。整体装修风格有深、浅两种色系风格，既能满足业主的部分个性化需求，又同时兼顾产品的批量化、规模化。银城西堤国际项目成品房一次性装修样板房实景如图15所示。

图15 银城西堤国际项目成品房一次性装修样板房实景

成品房一次性装修技术特点主要有通过批量实现项目运作集成化、依靠标准化和模块化设计促进产品工业化，整合产业链供应体系，通过市场机制建立材料、部品采购集团化，强化施工工艺、流程和验收标准，实现装修施工模块、标准化。达到一次性装修成品房质量可控、提高生产效率、减少资源浪费、产品绿色健康、推动住宅产业持续发展的目标。

成品房一次性装修施工管理首先确定土建施工与装修施工的交接界面、约定接受标准。土建施工时，室内分隔、功能布局、水、电、智能化等按装修设计进行，避免二次改造造成的极大浪费；标准参考装修施工标准，减少标准不同的差异造成的质量整改。装修施工队伍接受总承包单位的工程施工协调管理，各司其职，确保产品总体的质量、进度和安全，实现统一交付的要求。

成品房一次性装修，统一交付及客户维护管理由银城地产客服部牵头，土建和装修施工企业、物业公司等多方共同参与，制定装修交付详细流程和标准，有效地完成向业主交付的工作。业主入住后的产品维护以地产客服部为第一责任人，作为客户和产品维护管理体系的有力保障。

银城西堤国际小区E区108套成品房、F区360套成品房采用一次性装修交付模式。C区432套完成成品房已全部进行了室内设计，因2008年市场因素的影响，装修工程最后未能实施。银城西堤国际项目成品房一次性装修交付标准实景如图16所示。

6）室外园林景观的本土化生态技术

银城西堤国际小区园林景观方案与项目规划基本同步进行，在中心景观区与宅间庭院景观结合的模式下，进行室外生活各种功能区域、设施和景点的设置，通过水景溪流、室

图 16　银城西堤国际项目成品房一次性装修交付标准实景

外交往空间、架空层活动空间、成人健身区、儿童游乐场地、景观小品、亭阁雕塑等营造怡情休闲、健康和逸的人文生活环境。在植物配置上以适应当地气候和土层条件的乡土植物为主，从生态学的角度引种浆果类、种子类植物，吸引鸟类在此栖息、繁衍，减少植物病虫害，构建良好生态环境。通过乔、灌、草的合理配置形成复层混合型的总体绿化格局，生活体验为四季有景见绿，功能效果为遮挡风尘、净化空气、遮阳降噪。

小区中央景观沿中心水景布局，并与宅间组团通过绿化相互渗透，形成大绿化、小庭院、多层次的园林空间，小区非机动车道路和大多数硬质铺地采用透水地面，通过绿地、集中水面和透水地面改善小区室外环境温湿度，提高建筑物的室内热舒适度，营建良好的小区微小气候环境，如图 17 所示。

通过合理配置乔、灌、藤、草，构建良好生态环境。植物配置考虑业主入住后的生长态势和空间，采用常绿与落叶、速生与慢生相结合的方式。建筑物南向以落叶乔木为主，

图 17　银城西堤国际小区景观环境实景

保证建筑室内冬季采光，建筑物西面则以常绿乔木为主，起到夏季遮阳降温的效果。乔、灌、藤、草等多种植物进行合理搭配，达到遮挡风沙、净化空气、遮阳降噪的效果。

种植适应当地气候和土层条件的乡土植物体现地域特点，选用引鸟植物为物种多样化创造条件，如图 18 所示。主要选种的有榔榆、朴树、榉树、枫香、垂丝海棠、合欢、乌桕、香樟、广玉兰、银杏、桂花、女贞、含笑、枇杷、紫薇、垂柳、樱花、梅花、苦楝、栾树、鸡爪槭、杨梅、毛鹃、石榴、冬青、海桐、火棘等。

通过地形的高低、大小、比例、尺度、外观形态等方面的变化创造出丰富的地表特征，适当的微地形处理，塑造出更多精、巧的层次和空间，使建筑、地形与绿化景观自然地融为一体。同时改善植物种植条件，提供干、湿及阴、阳、缓、陡等多样性环境，如图 19 所示。

项目各区设置儿童游乐和成人健身活动区，为住户提供可参与的功能性活动空间。儿童游乐选用芬兰乐普森原装进口游具，主要结构采用 LAPP 松（北极拉普松）芯木和层压板制作，设计中考虑到不同年龄层次儿童的需要，选择了综合游具以及华尔兹、秋千、跷跷板等各个类型的游具，全方位提供了安全、健康、自然、环保的游乐场所，如图 20 所示。

图 18　银城西堤国际植物配置实景

图 19　银城西堤国际小区景观实景

图 20　银城西堤国际儿童游具实景

（三）运营

1. 运营效果

银城地产在项目实施过程中，以被动式节能策略为基础，坚持人与自然持续共生和资源高效利用，以节能生态、绿色环保、智能便捷为目标，以及“关注健康生活、提高生活品质”的理念，寻求自然、建筑和人三者之间的和谐统一，使居住更加健康、舒适、安全、经济。应用和提炼了适用和适宜的成套技术体系，提出了绿色建筑在实施过程中，要从全生命周期体系角度出发，不仅关注绿色建筑的规划设计阶段，还要关注对施工管理阶段和运营管理阶段的有效控制和结果。

银城西堤国际小区在项目开发过程中，通过系统目标的确定和资源应用的组织计划，实施产品开发过程的有效控制和管理，为业主提供符合品质要求的产品。在实施过程中，以规划设计为引领、营造符合绿色建筑标准、具有区域文化和景观特色、提高业主生活品质和方式的产品设计；以项目施工过程为管理重点、制定详细的绿色施工技术措施、减少施工对周围环境的影响、注重产品质量控制、材料性能测试从而确保产品的可靠性和安全性。

银城西堤国际项目多次作为当地分户验收、优质结构示范工程，配合主管部门提供现场观摩交流。银城地产也多次被评为工程质量管理先进单位。

小区在 2010 年完成交付后，银城物业为小区物业管理提供服务。物业公司预先参与到小区规划建筑设计的各个阶段，提出管理意见和使用要求，并在建造过程中跟踪落实。在项目交付后的运行过程中，银城物业制定了较为完善的节约资源、保护环境、设备系统维护保养的物业管理制度，并通过考核保证相关制度的切实实施。通过“三节”计量管理、智能化安全防范、小区垃圾管理、园林维养和设备系统的运行管理等，向业主提供全天 24h 的规范服务。同时对小区系统运营数据和结果做好日常基础记录，为运行结果的总结和分析提供支持。项目交付后，业主对小区的物业管理都有较高的评价。

银城地产集团多年来聘请具有国际知名度的民意调查和管理咨询机构盖洛普公司，对银城开发的住宅小区业主进行调查研究。根据盖洛普咨询机构 2011 年的调查报告，通过对不同项目共 1452 户业主的调查，与产品整体相关的主要方面已接近或处于行业标杆水平，项目后期服务还有继续努力提升的空间，如图 21 所示。

银城西堤国际小区（样本数 430）2011 年客户调研的产品和服务的反馈数据如图 22 所示。

客户对产品总体认知

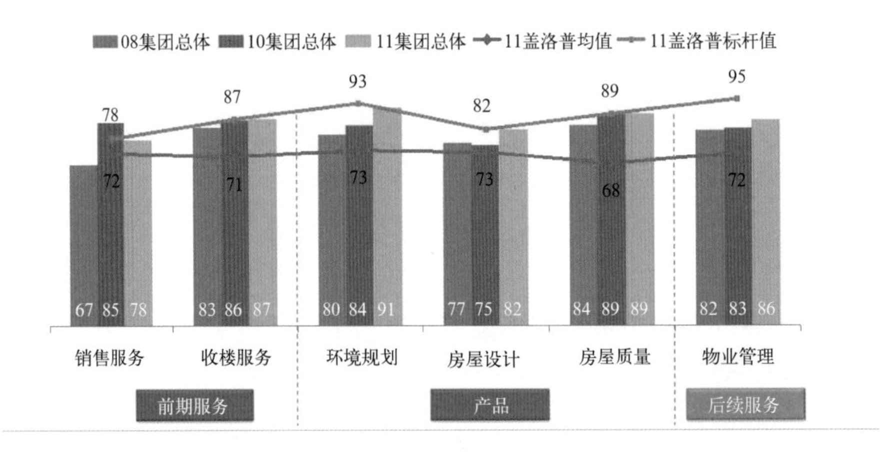

GALLUP CONSULTING 88

图 21　2011 年客户对银城产品总体认知

南京西堤国际2011年客户调研

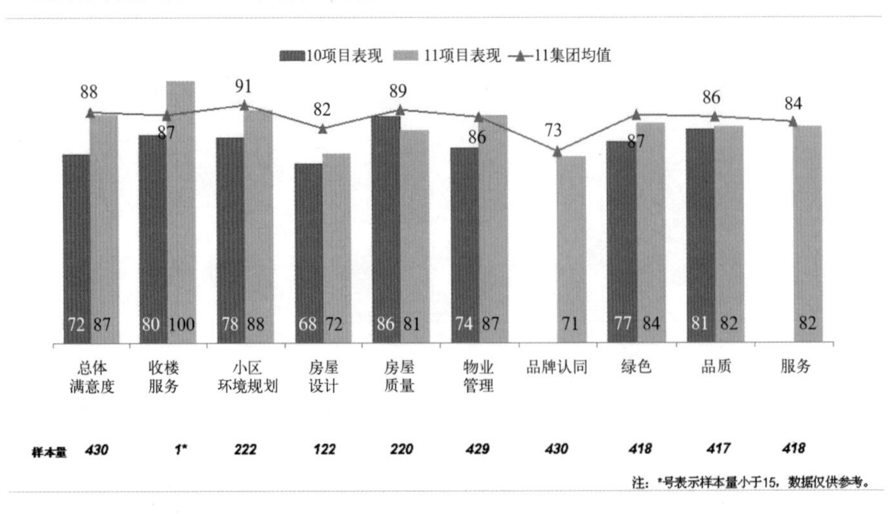

GALLUP CONSULTING 89

图 22　银城西堤国际项目 2011 年客户调研数据反馈

2. 综合效益及推广分析

1）综合效益

银城西堤国际项目采用绿色建筑可持续发展的设计理念，采用适宜的、耐久的绿色建筑技术，并通过区域性示范应用完善相关的设计方法和技术集成，形成适合江苏地区应用的绿色建筑设计方法和一整套适宜的绿色建筑技术。

在项目的开发过程中充分体现了绿色建筑“四节一环保”的核心内涵，展示了科学发展、健康发展、可持续发展的理念。绿色建筑不仅要求建筑的高质量、高品质，也是建设领域建设“两型社会”、发展节能省地环保型建筑的有效形式。绿色建筑的兴起，反映了当今世界建筑领域和建筑环境发展上的一个重大变化，将有助于人们更新观念、开阔视野。

项目的开发建设，符合当地城市建设和发展的要求，满足刚需和改善客户的住房需求，能够引领房产市场绿色建筑可持续发展的方向。示范项目的建设完成，不仅在小区内部改善了居住建筑热环境、提高了居住舒适度、为构建和谐社区建立良好的基础，而且也维护和保持项目周边自然资源和生态环境。

按照江苏省 2009 年相关标准计算，银城西堤国际小区每年可节约用电量 223.56 万 kWh，年节约电费为 178.4 万元，折合标准煤为 737.75t，减少 CO_2 排放 1932.9t。

银城西堤国际项目的实践经验和相关技术成果也应用在国家、省市多个课题研究项目之中，为地方标准的编制提供了可靠的依据。绿色建筑的实践为项目赢得相关荣誉，银城西堤国际项目于 2009 年 11 月荣获江苏省首届绿色建筑创新奖，于 2011 年 8 月荣获二星级绿色建筑标识证书。

2）推广分析

银城西堤国际小区的规划设计较好地适应了当地气候特点、城市自然环境和人文环境，空间布局合理，结构清晰，住宅户型较好地满足了现代居住生活需求，技术经济指标符合国家有关技术规范要求。

按照国家绿色建筑评价标准的要求，以被动式节能设计、计算机模拟技术分析与成套应用技术相结合，直接提升了示范工程的建筑功能、延长建筑寿命、提高舒适度、改善人居环境惠及民生，同时能带动绿色产业的发展。

实施过程中将应用需求和技术研发支撑相结合、将建设实施资源与材料部品供应资源相整合、将物业运行服务与业主长期生活相融合、将绿色建筑从单栋推向规模化开发，为“扩内需、保增长”和“两型社会”建设作出了积极贡献，对社会建设和持续发展、人居生活和自然和谐共生有良好的指导作用。

在项目设计、工程施工、运行管理等阶段，组织分工明确、计划合理，为项目的实施提供了组织保证。采用本土化材料、成熟设备和适宜技术，以及低成本运营管理，对绿色建筑技术推广和发展有较好的示范作用。

3. 技术经济分析和应用推广价值

1）技术经济分析

按照 65% 节能标准进行项目建设需要增加一定的投资成本。在测算中主要考虑外墙保温、屋面保温、自保温墙体、外窗、外遮阳设施、雨水回收及景观水循环处理系统以及园林等方面。

银城西堤国际项目在外墙保温、屋面保温、自保温墙体、外窗、外遮阳设施、雨水回收及景观水循环处理系统以及园林各项目总共增加造价 7166 万元，见表 5，按地上建筑面积 50.6 万 m^2 计，每平方米增加造价约 142 元。

西堤国际项目增量成本　　表 5

项目	面积（万 m^2）	增加投资（元 /m^2）	小计（万元）
外墙保温隔热	26.0	125	3250
屋面保温隔热	4.9	56	274.4
自保温墙体	0.2	15	3
外窗	6.5	250	1625
外遮阳	0.33	800	264
雨水回收及景观水处理	—	—	750
园林	—	—	1000
合计	—	—	7166

2）应用推广价值

银城西堤国际小区绿色建筑的实践已经取得了较好的经济、社会和环境效益。

项目结合当地的主导风向，住宅正南北布局，应用被动节能建筑的设计方法，满足采光、通风、日照等要求，在本土化乡土植被应用与养护管理制度的有效实施、建筑可调节外遮阳技术的应用示范、雨水的收集与景观水循环处理系统相结合的规模化应用等方面具有一定的创新性。

项目在蒸压粉煤灰加气混凝土砌块墙体自保温与江苏省住宅 65% 节能体系的规模化应用；住宅土建与装修一体化；涵盖项目规划设计、施工和运营管理的绿色目标全过程控制与保障等研究和实施成果具有推广示范价值。

（四）总结

从银城西堤国际项目的实践过程来看，节约能源、降低消耗是绿色建筑的技术核心，也是保持绿色健康生活行为、减少环境负荷的基本条件。因此，绿色建筑的理念和内涵已经从以节能为基础拓展为走向“四节”、“两境”、“全寿命周期”的综合概念。绿色建筑的深入发展，始终要围绕国情，紧紧扣住节能这一主题，促进节能技术、测试方式、运行结果的不断改进、提升和创新。

绿色建筑技术需要从当地的现实情况出发，结合地域和气候的不同特点，使绿色建筑技术和社会发展、生活方式相并进；重视与自然环境、居民工作生活模式相结合，形成人、建筑、自然三者的有机统一。

绿色建筑技术要真正有效地服务于建筑，必须将绿色建筑技术作为一个有机的整体。促进各种技术与建筑、建筑部件的整体集成、同生命周期，如墙体结构自保温一体化、保温装饰一体化、门窗遮阳保温隔热一体化等。

绿色建筑设计应侧重于被动式设计，加强建筑室内外的沟通，最大限度地利用自然环境的潜能，改善室内环境，减少空调、采暖设备的使用时间。在被动式设计的基础上，大力开展可再生能源的应用和实践。

绿色建筑建设应面向全生命周期，整体地看待各种绿色建筑相关技术给建筑整体性能带来的影响；统筹考虑能源消耗最少、资源利用最佳、环境负荷最小、经济合理等原则；绿色建筑并不是各种技术的堆砌，应根据项目实际采用适宜的绿色建筑技术并易于推广。

项目承担单位：银城地产集团股份有限公司

开发建设单位：银城地产集团股份有限公司

设计单位：南京城镇建筑设计咨询有限公司

施工单位：江苏通州四建集团有限公司、江苏顺通建设工程有限公司

绿色建筑技术咨询单位：江苏省建筑科学研究院有限公司、南京工业大学环境学院、东南大学建筑学院

广东省佛山市城市动力联盟大楼

——2011 年 12 月通过住房和城乡建设部“绿色建筑示范工程”验收

专家点评： 城市动力联盟大楼项目针对华南地区的地域特点，采用适宜技术，遵循被动技术优先、主动技术优化的原则，总结出一套符合当地自然与气候特点的绿色建筑技术体系及低成本应用模式，使一系列与建筑空间、造型相辅相成且经济可行的绿色建筑技术得到很好的应用，例如，结合建筑空间布局的自然通风技术，与建筑造型一体化的外遮阳技术，建筑采光与功能布局相辅相成技术，多空间、多层次绿化技术，建筑能耗监测技术等。

自然通风、建筑遮阳、天然采光是华南地区重要的绿色节能手段之一，对节约建筑能耗、改善室内环境和舒适度有着重要的意义。该项目在建筑空间形态及组合上，采用了富有岭南民居建筑空间特色的 4 种不同的庭院空间结构，通过这 4 种不同的建筑空间形态与组合，强化室内自然通风效果，实现节能和提高舒适度的目的。该项目在建筑的不同立面采取了富有岭南建筑特色的垂直百叶遮阳、水平百叶遮阳、水平垂直综合遮阳、混凝土花格窗结合铝穿孔板遮阳、屋面绿化及架空屋面遮阳、玻璃遮阳 6 种遮阳技术，并与建筑造型完美地结合在一起，在节约能源、改善室内光环境和提高夏季室内热舒适性的同时，丰富了建筑物的立面艺术效果。该项目设置采光庭院、采光井和采光天窗来改善室内空间的天然采光效果，减少了大量的人工照明，这些采光措施集成了天然采光、自然通风、景观视野等多种功能，同时为使用者提供了舒适优美的办公环境。

城市动力联盟大楼采用的具有很强的地域性和经济性特点的被动式适宜技术，使得该项目成为低建造成本、低运营成本的绿色建筑典范。

（一）项目概况

1. 项目概况

城市动力联盟大楼项目位于华南地区的中部，珠江三角洲腹地的佛山市南海区广佛 CBD 中心千灯湖板块，属广东金融高新区 C 区，毗邻广佛地铁千灯湖站，交通十分便利。建筑位于夏西国际商务区西北角，西临中海万锦豪园，北临岭南水乡三圣河，环境优美。项目总投资为 3574 万元，总用地面积为 4497m^2，总建筑面积为 21511m^2，是一座宽为156m、进深为29m、高6层的多层公共建筑。大楼分为东侧的设计院办公区和西侧的SOHU商业办公区两部分。2007年8月立项，2009年6月建成并投入使用。

作为项目的投资者、设计者和使用者，广东南海国际建筑设计有限公司将打造佛山地区首个国家级绿色生态节能示范工程作为项目定位和设计目标，结合自身条件，综合国内外先进生态技术，采用"形式极简，内容极丰"的极简主义设计手法，融合了岭南建筑的精髓，并将节地、节能、节水、节材、环保的绿色建筑理念始终贯彻于设计和建设的全过程，力求使城市动力联盟大楼成为国家级的绿色建筑示范工程。图1为城市动力联盟项目实景图。

图1　城市动力联盟实景

2. 自然条件

佛山市南海区在地理位置上属于广东省西南部，在热工分区上属于夏热冬暖地区。该地区为亚热带湿润季风气候（湿热型气候），气候特征表现为夏季炎热漫长，冬季温和短促；长年高温、高湿，气温的年较差和日较差都小；太阳辐射强烈，雨量充沛。该地区建筑的能耗主要是夏季用于降温制冷的能耗，建筑节能设计以夏季隔热为主，冬季基本不考虑采暖。

3. 主要绿色建筑技术

- 多空间组合式自然通风技术
- 综合遮阳与结构造型完美相结合的技术
- 建筑采光与功能布局相辅相成技术
- 多空间、多层次景观绿化技术
- 可再生能源建筑一体化技术
- 屋面雨水收集与利用技术

• 绿色建筑运行监测与演示系统

4. 主要技术指标

• 建筑综合节能率为 62.4%

• 太阳能光伏并网系统转换效率为 12.51%，2011 年年实际发电量为 70798.6kWh，约占建筑总用电量的 10%

• 太阳能＋空气源集中供热水系统日供热水量为 10t，太阳能保证率为 45.76%，所供热水量占建筑热水消耗量的 100%

• 2011 年实际非传统水利用率为 10.7%

• 可再循环材料使用率为 10.1%

• 以废弃物为原料生产的建筑材料用量占同类材料总用量的 94%

• 室外透水地面面积比为 48.48%

（二）技术及实施

1. 总体技术

项目针对华南地区所特有的气候与建筑形式，以传统设计手法与高科技分析手段相结合、中国优秀传统建筑文化理念与现代科技文明理念相结合为原则，通过技术系统的集成分析、比选优化，采用了多种领域、多种学科、多种手段的分析和研究方法，将定性分析与定量研究相结合，仿真模拟与工程设计相结合，理论研究与实践应用相结合，总结出一套符合华南地区自然与气候特点的绿色建筑技术体系及其低成本应用模式，使一系列与建筑空间，造型相辅相成且经济可行的绿色建筑技术得到应用。主要有：结合建筑空间布局的自然通风技术，与建筑造型一体化的外遮阳技术，建筑采光与功能布局相辅相成技术，多空间、多层次绿化技术，太阳能光热，光电与建筑一体化应用技术，屋面雨水收集与回用技术，建筑能耗监测技术，双排孔内插聚苯板混凝土空心砌块外墙和 SUN-E 玻璃节能门窗技术，空调与照明节能技术，节水技术，透水地面技术，优化结构体系设计，采用可再循环利用的材料，舒适的空调末端，无障碍设施以及智能化信息网络系统等。这些技术先进合理、经济适用、可操作性强。

2. 关键技术

1）自然通风技术研究与应用

自然通风是一种具有很大潜力的通风方式，具有节能、改善室内热舒适性和提高室内空气品质的优点，是人类历史上长期赖以调节室内环境的原始手段。在空调技术得以普及，机械通风广泛应用的今天，在节约能源、保持良好的室内空气品质的双重压力下，自然通风技术越来越得到全球的重视，成为绿色建筑的主要技术之一。

根据华南地区的气候特点，加强自然通风是该地区建筑节能、提高室内舒适性的主要手段之一。

（1）项目的周边环境

项目东侧与南侧均为相距 16m 的 2 ～ 4 层商业建筑，北面距河涌 30m，西面面临规划中的平一路。建筑南北朝向，与此地区的夏季主导风向——东南风相吻合，周边为多层建筑，不会对项目造成遮挡，对组织自然通风十分有利，图 2 为项目周边规划图。

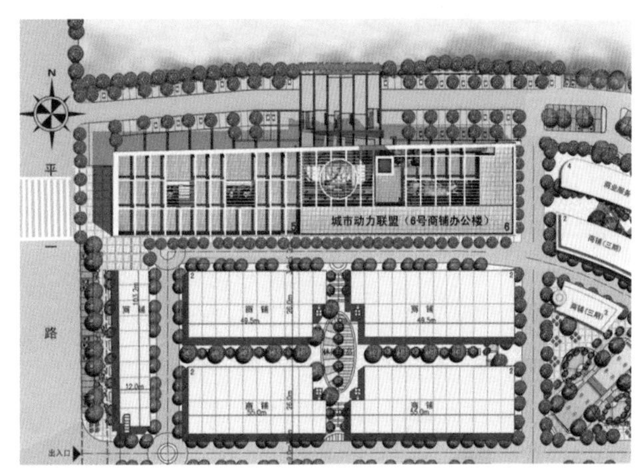

图 2　项目周边规划图

（2）多空间组合式自然通风技术

多空间组合式自然通风技术主要从分析研究华南地区的自然条件与气候特点入手，根据建筑周围环境、主导风向，通过不同形式的建筑布局与空间组合来组织和诱导自然通风。它主要利用风压、热压以及风压与热压相结合来达到自然通风的效果。

在建筑空间形态及组合上，有意识地采用了富有岭南民居建筑空间特色的 4 种不同的庭院空间结构来创造室内穿堂风，强化室内自然通风效果，实现节能和提高舒适度的目的。并通过计算机模拟软件 CFD 对空间形态及组合对室内通风的影响进行量化分析，最终确定了方案并得以实施。图 3 为典型楼层的平面图、空间形态及组合关系示意图。

• 单纯的直通式空间，如图 3（*b*）中框 2 所示。

• 错位的直通式空间与内走道的组合，如图 3（*b*）中框 1 所示。

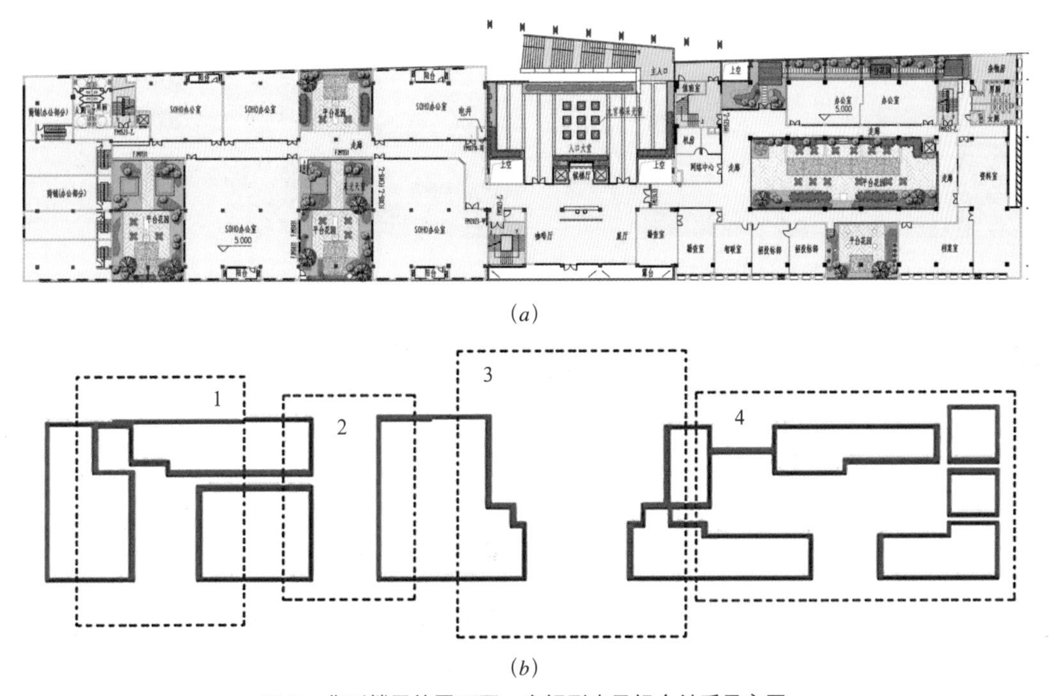

（*a*）

（*b*）

图 3　典型楼层的平面图、空间形态及组合关系示意图

• 入口小出口大的大堂式空间，如图 3（*b*）中框 3 所示。

• 内庭院式空间，如图 3（*b*）中框 4 所示。

①单纯的直通式空间：对改善室内自然通风有两方面好处。一是直接形成穿堂风；二是利用“文丘里”效应，抽吸周边空间的空气。因为直通式空间前后均为开敞的室外，空气进入直通式空间后，风速明显提高，风压下降，表现为负压抽吸效果，所以单纯的直通式空间是改善内走道通风效果的较好措施之一。直通式空间如图 4 所示。

②错位的直通式空间：对改善室内自然通风主要表现在利用错位处的墙壁（导风墙）降低风速，提高风压。因此，错位的直通式空间必须和其他开敞的空间组合使用，使得正压能将风挤压出去，形成自然通风。可选择开敞的卫生间和内走道，从而提高通风效果。

③大堂式空间：主要表现为穿堂风效果。入口小出口大的大堂式空间与内走道等空间配合使用，利用入口到出口的突然变化形成挡风墙，改善内走道通风效果。入口大堂空间如图 5 所示。

④内庭院式空间：这种空间形式是庭院空间大，出入口小的空间组合，形成了风压和热压共同作用的自然通风效果。夏季若结合室内房间的开窗方向（开向夏季主导风向）及南北对流窗的处理，将对通风起到很好的促进作用；冬季若将北向的外窗关闭，内庭院将产生热缓冲的作用。内庭院式空间如图 6 所示。

图 4　直通式空间

图 5　入口大堂空间

图 6　内庭院式空间

⑤办公大楼拔风塔的设计具有明显的热压拔风作用，对改善建筑通风起到一定作用。

（3）室内风环境模拟分析

通过计算机模拟软件，对空间形态及组合对室内通风的影响进行量化分析，结果表明：单纯的直通式空间、错位的直通式空间、大堂式空间和内庭院式空间这 4 种不同的建筑空间形态与组合，在华南地区对夏季室内自然通风都起到很好的强化作用。在具体设计和应用时结合了可开闭的外窗设置（开向夏季主导风向的平开窗、走道旁房间的高低窗等），不仅在夏季和过渡季节使室内空间能充分利用自然通风从而减少建筑能耗，而且还很好地解决了冬季防风的问题。

2）与建筑结构造型完美结合的遮阳技术研究与应用

项目属于夏热冬暖地区，大多为热带和亚热带的季风海洋气候，气候特征表现为夏季炎热漫长，冬季温和短促；长年高温高湿，气温的年较差和日较差都小；太阳辐射强烈，太阳高度角大，日照时间长，太阳辐射强烈。

建筑遮阳是华南地区重要的绿色节能手段之一，对节约建筑能耗、改善室内光环境和夏季室内热舒适度有着重要的意义。

项目通过对华南地区不同季节太阳高度角、方位角的分析研究，在东、南、西、北向及屋面上采取了富有岭南建筑特色的垂直百叶遮阳、水平百叶遮阳、水平垂直综合遮阳、混凝土花格窗结合铝穿孔板遮阳、屋面绿化及架空屋面遮阳、玻璃遮阳 6 种遮阳技术，并与建筑造型完美地结合在一起，既达到了节约建筑能耗、改善室内光环境和提高夏季室内热舒适度的目的，又丰富了建筑物的立面艺术效果。

（1）东向固定垂直百叶遮阳

带偏角的垂直遮阳具有显著的遮阳效果，准确分析垂直遮阳的倾角以达到夏季遮阳冬季透光的目的。

①垂直百叶的倾角分析。对于东西向外窗和屋面，带偏角的垂直遮阳具有显著的遮阳效果，准确分析垂直遮阳的倾角有助于实现夏季遮阳，冬季透光的目的。冬至和夏至太阳光和垂直遮阳百叶的角度关系如图 7 所示。

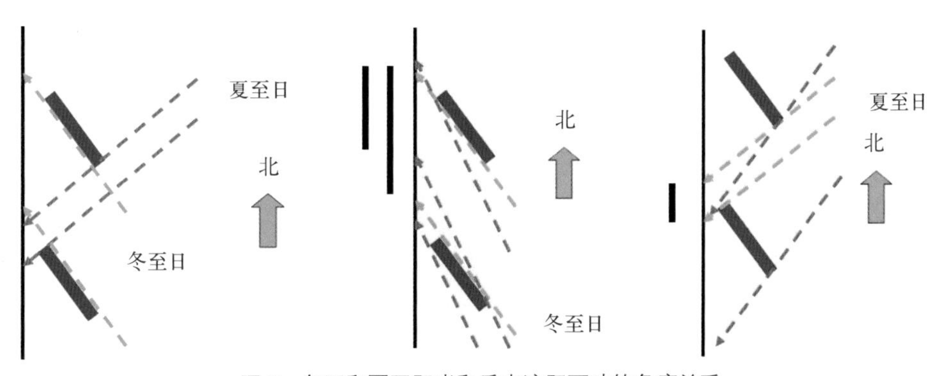

图 7　冬至和夏至阳光和垂直遮阳百叶的角度关系

计算原则：垂直百叶的间距取决于夏季需要的临界透光率，也就是说保证何时的透光率不超过临界值；垂直百叶的倾角取决于冬季需要的最大透光率，也就是说保证何时的透光率为接近100%。

通过计算可以得到不同透光率下的百叶特征尺寸 D/L，见表1。

不同透光率下的垂直百叶特征尺寸 D/L　　表1

N	5%	10%	15%	20%	25%	30%
D/L	0.80	0.84	0.89	0.95	1.01	1.08

从表1可以看出，为保证12：00以前的透光率小于0.25，D/L 应小于等于1.0。如图8所示为 $D=L$ 关系图。

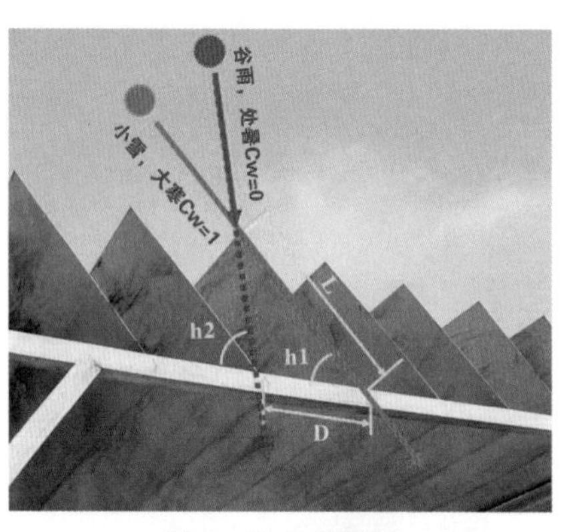

图8　D–L 关系图

②东向固定垂直百叶的外遮阳系数分析。根据 D/L 值的分析结果，设计取百叶宽度 A=1000mm，百叶间距 B=1000mm，外遮阳特征值 $x=A/B=1$；根据《〈公共建筑节能设计标准〉广东省实施细则》DBJ15—51—2007附录A外遮阳系数的简化计算方法表A.0.1，东向固定垂直百叶的拟合系数 a=0.02，b=−0.70，则有：

$$SD = ax \times x + bx + 1$$

$$x = A/B$$

计算得到外遮阳系数 SD = 0.32。

③东向固定垂直百叶外遮阳设计。其设计取值如下：

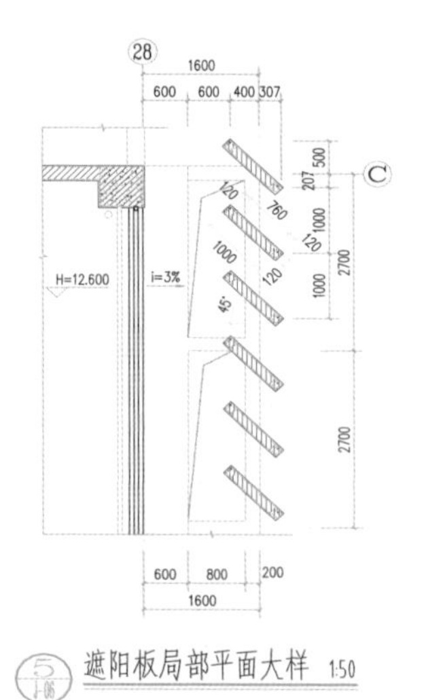

图9　东向固定垂直百叶遮阳大样与实景

- 百叶倾角为 45°。
- 百叶间距为 1000mm。
- 百叶长度为 1000mm。
- 百叶特征尺寸为 D/L=1.0。
- 夏季透光率为 25%。
- 冬季透光率为 100%。

朝东南方向的垂直百叶除了满足夏季遮阳、冬季透光的功能外，由于其方向正迎着本地夏季主导风向，因此还起到了很好的导风的作用，可谓一举两得。东向固定垂直百叶遮阳大样与实景如图 9 所示。

（2）西向混凝土花格外加穿孔板外遮阳

①西向混凝土花格外加穿孔板的外遮阳系数分析。根据《〈公共建筑节能设计标准〉广东省实施细则》DBJ15—51—2007 附录 A 外遮阳系数的简化计算方法表 A.0.3，混凝土花格挡板遮阳的透射比为 0.5，西向不透光的挡板特征值 $x = A/B = 1$；根据《〈公共建筑节能设计标准〉广东省实施细则》DBJ15—51—2007 附录 A 外遮阳系数的简化计算方法表 A.0.1，西向不透光的挡板的拟合系数 $a = 0.00$，$b = -0.96$，则有：

$$SD^* = ax \times x + bx + 1$$

$$x = A/B$$

计算得到西向不透光的挡板外遮阳系数为 0.04，根据公式 A.0.3 有：

$$SD = 1-（1-SD^*）（1-\eta^*）$$

计算得到外遮阳系数 $SD = 0.52$。

②西向混凝土花格外加穿孔板外遮阳设计

在西向外飘 2m 的阳台外结合立面的设计，采取了混凝土花格外加穿孔板外遮阳措施，很好地解决了西晒的问题。西向混凝土花格外加穿孔板外遮阳效果与实景如图 10 所示。

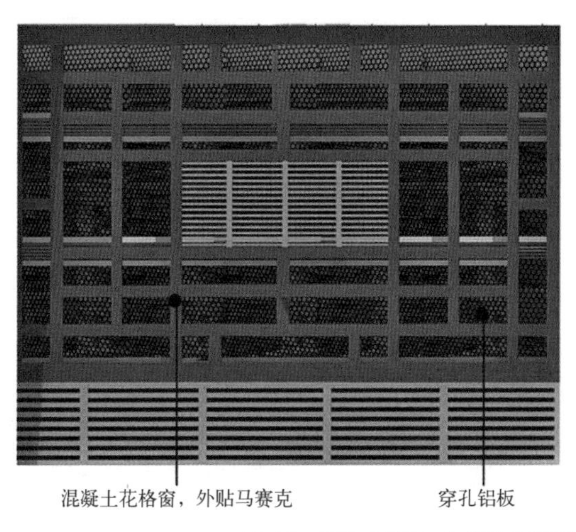

图 10 西向混凝土花格外加穿孔板外遮阳效果与实景

（3）屋面水平百叶遮阳

与垂直遮阳相同，分析屋面水平板不同透光率下的百叶特征尺寸 D/L，也能获得相同的效果。

①屋面百叶的倾角分析。按照同样的方法分析屋面水平板不同透光率下的百叶特征尺寸 D/L，如图 11 所示。

通过计算同样可以得到屋面水平板不同透光率下的百叶特征尺寸 D/L 如表 2 所示。

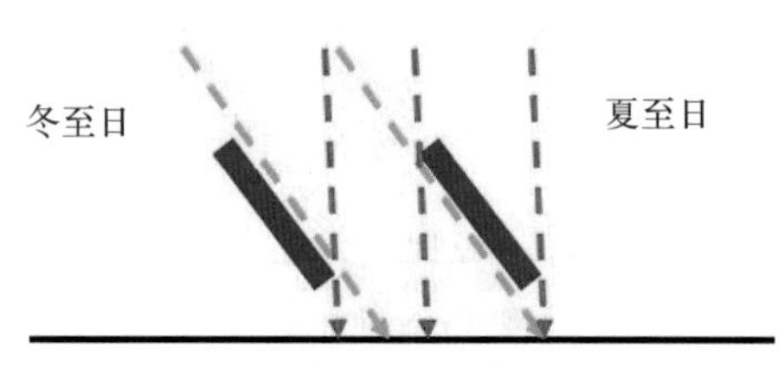

图 11　冬至和夏至阳光和水平遮阳百叶的角度关系

不同透光率下的水平百叶特征尺寸 D/L　　表 2

N	5%	10%	15%	20%	25%	30%
D/L	0.77	0.81	0.86	0.91	0.97	1.04

从表 2 可以看出，为保证 12 ： 00 以前的透光率小于 0.25，D/L 应小于等于 0.97。

② 屋面固定水平百叶遮阳设计。

设计取值如下 ：

- 百叶倾角为 50°。
- 百叶间距为 370mm。
- 百叶长度为 350mm。
- 百叶特征尺寸为 D/L=1.04。
- 夏季透光率为 30%。
- 冬季透光率为 100%。

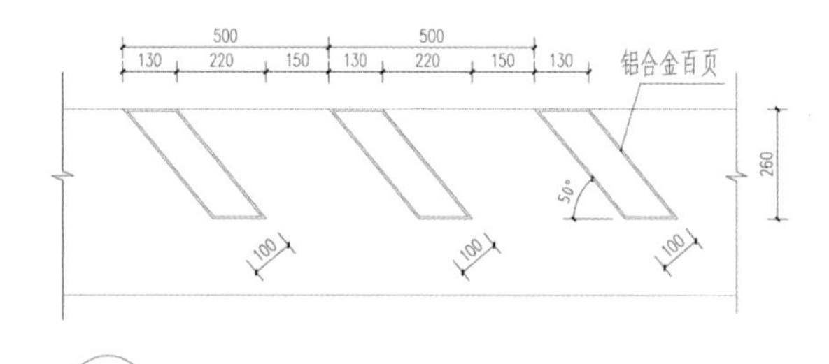

图 12　屋面固定水平百叶遮阳大样

考虑到各层平台花园的绿化需要一定的阳光，因此将屋面水平遮阳的角度和间距适当加大，使夏季有 30% 的透光率，保证植物成活。屋面固定水平百叶遮阳大样如图 12 所示。

（4）南向水平垂直综合遮阳

在低纬度的夏热冬暖地区，夏季太阳高、度角大，对于南窗来说水平遮阳与垂直遮阳相结合可以达到很好的遮阳效果。南向采取外窗内凹 800mm 的方式结合 SUN-E 玻璃遮阳。南向综合大样与实景如图 13 所示。

（5）屋面绿化及架空屋面遮阳

屋顶花园是一种十分有效的屋面隔热方式，可以采用覆土厚度小、耐寒耐高温的佛甲草为主，局部堆坡种植小乔木、灌木、地被植物，形成较为丰富的复层绿化形式。同时利用屋顶构架种植紫藤、叶子花等藤本植物，营造立体化的景观效果。一方面提高建筑屋面的热阻系数，减少夏季热辐射 ；另一方面，也通过竖向的绿化使整个屋顶花园的空间显得更加丰富，为人们提供了休闲娱乐的好去处，还美化了建筑的第 5 立面。屋面绿化及架空屋面遮阳实景如图 14 所示。

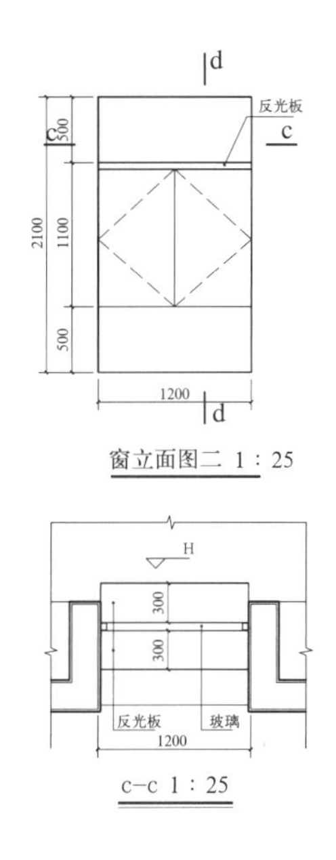

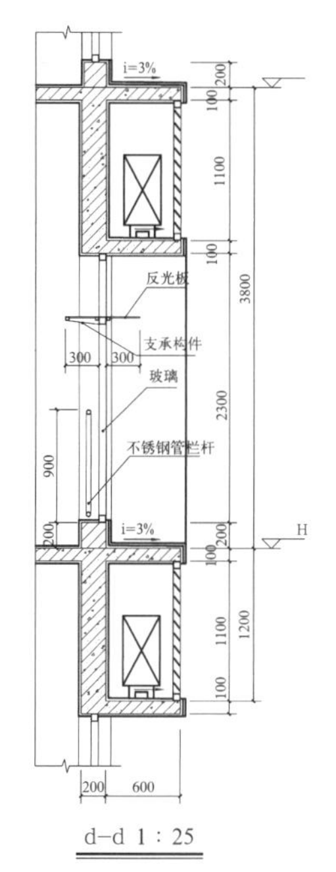

图 13　南向综合遮阳大样与实景

图 14　屋面绿化及架空屋面遮阳实景

此外，本项目还结合架空的太阳能光电板和集热板与建筑一体化设计，形成架空通风屋面，也起到了很好的遮阳隔热的目的。

（6）玻璃自遮阳

结合华南地区的气候特点和玻璃外窗经济性的特点进行分析，选用了普通铝合金＋单片 SUN–E 玻璃窗和普通铝合金＋普通单片玻璃窗进行对比，分析结果如表 3 所示。

外窗遮阳系数对比　　　　表 3

外窗做法	传热系数（W/m²·K）	遮阳系数	可见光透过率
普通铝合金＋单片 SUN–E 玻璃	4.7	0.47	0.61
普通铝合金＋普通单片玻璃	6.3	0.80	0.77

可见，玻璃自身的遮阳性能对节能的影响很大，在综合考虑建筑围护结构节能性的前提下，采用单片的节能型玻璃比中空玻璃的经济性要好，灵活性更强。

城市动力联盟大楼项目运用了以上 6 种遮阳技术，并将其与建筑的外观造型完美地结合在一起，成为建筑不可分割的一部分，既达到了节约建筑能耗、改善室内光环境和提高夏季室内热舒适度的目的，又丰富了建筑物的立面艺术效果。综合遮阳与建筑的完美结合是本项目节能设计的关键技术之一。

3）室内自然采光技术研究与应用

天然光是一种无污染的绿色能源，具有可再生、持久性好等特点。在建筑中合理采用天然光，使其与人工照明搭配得宜，可以减少传统照明能耗，达到节能环保的目的，也是人们生理、心理的双重需要，是绿色建筑的一个重要组成部分。

(1）建筑采光与功能布局相辅相成技术

项目采用最简单、最经济的手段来达到建筑自然采光的目的。在建筑方案设计时，就将平面布局、结构与构造措施紧密地联系在一起。从分析研究华南地区的自然条件与气候特点入手，综合考虑使用功能、园林景观、自然通风、建筑采光遮阳和岭南文化等多方面的因素，使这些技术起到相辅相成的作用。

采光庭院、采光井和采光天窗是采用的主要采光措施。在自用办公区域采用小进深和双面采光来改善室内自然采光环境，对于 SOHO 办公区进深较大的空间则采用三面采光的方式，大大地提高了办公空间的自然采光效果，从而减少了大量的人工照明，从而达到节电的目的。

①采光庭院

为改善室内的自然采光，大楼设置多个采光庭院，如图 15、图 16 所示。

从图中可见，这些采光庭院与自然通风空间相同，它们综合了自然采光、自然通风、绿化景观等多种功能，为使用者提供了舒适优美的办公环境。庭院将办公空间的采光面由一个面延展成 2 ~ 3 个面，大大地提高了室内的有效自然采光效果。

②采光井和采光天窗

a. 大楼在首层中部车库的顶部设置采光井，既可采光也可通风，可开启的通风面积达到 $2m^2$，从而提高车库的自然采光效果。车库采光实景如图 17 所示。

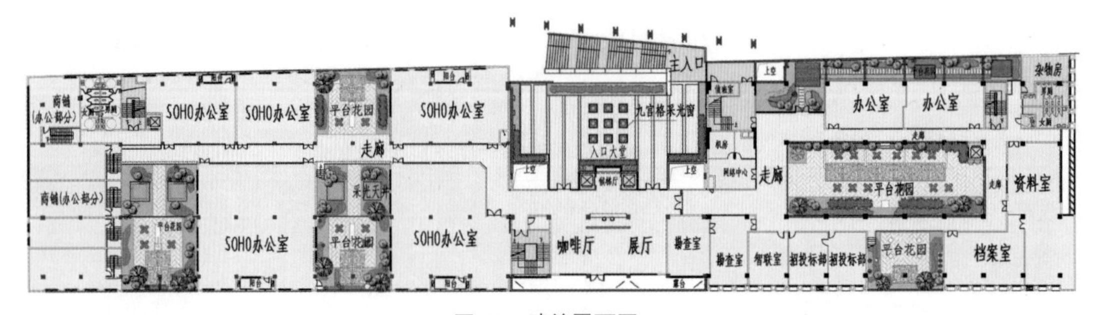

图 15　建筑平面图

图 16　庭院采光实景照片

图 17　车库采光井实景

b. 在 2 层主入口大厅处设了两个采光天井，为 1 层电梯厅与餐厅提供采光通风，使二十多米进深的楼宇中部也能自然采光。大厅采光实景如图 18 所示。

图 18　大厅采光井实景

c. 在首层员工餐厅顶部设 9 个采光装饰格（采光天窗），增强自然采光效果。餐厅采光实景如图 19 所示。

图 19　餐厅采光窗实景

（2）采光效果分析

采用 Ecotect 分析本大楼设计院自用办公区域的室内自然采光效果，结论如表 4 所示。

从模拟分析可以看出，自用办公区域采光效果良好，充分改善了室内自然采光环境，为创造办公舒适环境提供了保障。自用办公部分 2、3 层及 4、5 层平面采光系数分布如图 20、图 21 所示。

表 4

满足要求的面积（m^2）	该部分办公总面积（m^2）	满足采光要求的面积比例
2815	3319	84.8%

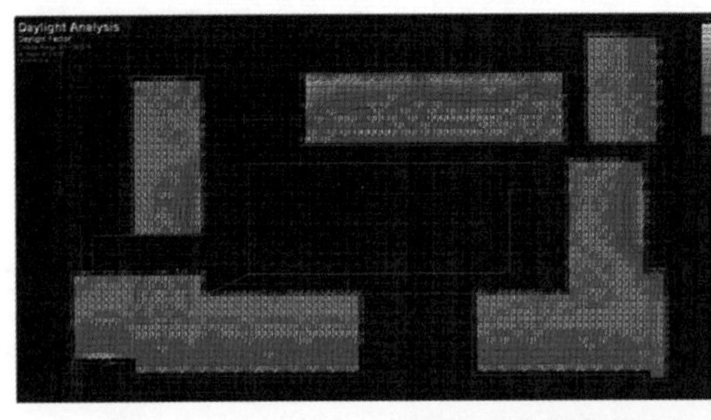

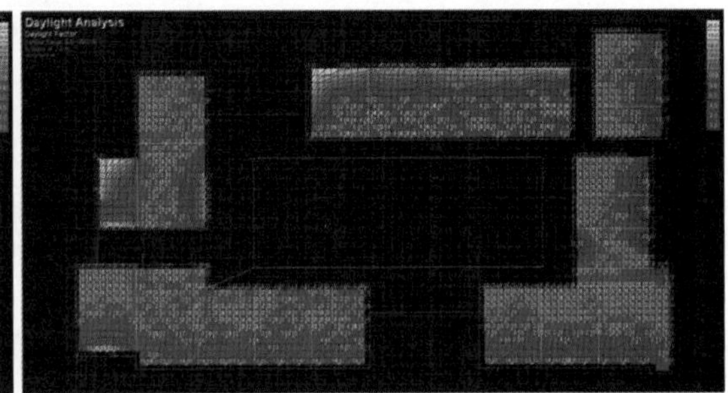

图 20　自用办公部分 2、3 层平面采光系数分布

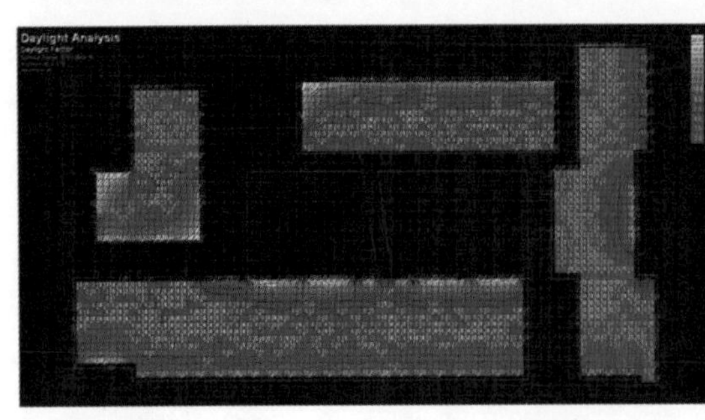

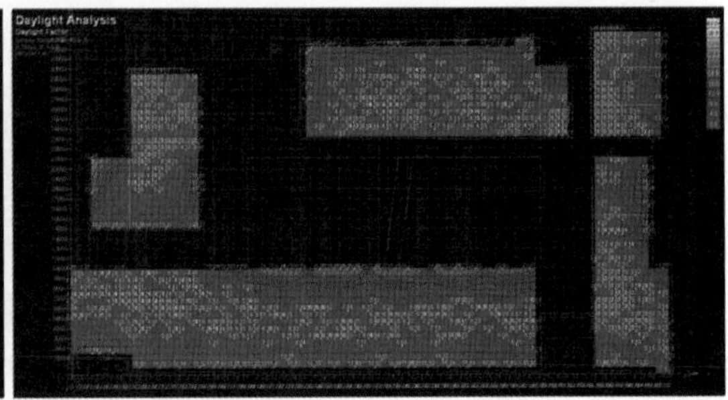

图 21　自用办公部分 4、5 层平面采光系数分布

4）多空间多层次景观绿化技术应用

绿化是城市环境建设的重要内容，是改善生态环境和提高生活质量的重要手段。绿化系统不仅可以调节建筑的室内外环境，改善建筑环境的空气质量、水质量和声环境，还能

遮挡阳光、降低温度，实现建筑节能，降低能耗的目的。因此，绿化系统在维系绿色建筑生态系统的平衡，改善建筑生态环境方面起着主导和不可替代的作用。

城市动力联盟大楼的绿化系统分为建筑室外场地的绿化系统和建筑自身的绿化系统两部分。

①室外绿化系统：是指建筑室外广场和周边的绿化，要求在城市规划和生态规划的指导下，对室外场地进行植物功能分析，选择适宜的植物系统配置，来满足室外场地的不同功能要求。

②自身的绿化系统：由平台庭院绿化、屋顶绿化、垂直绿化、室内绿化等多个系统组成，是多空间、多层次的绿化系统。

与建筑室外绿化相结合的这种多空间、多层次的绿化体系是城市化进程的必然趋势，也是本项目绿色植物生态系统的重要组成部分。

城市动力联盟大楼贯彻"以人为本"的设计理念，充分利用室外广场、屋面以及兼顾通风采光的多层建筑庭院空间，将绿色植物和阳光引入室内空间，营造出舒适宜人的科研办公环境。在植物配置方面体现出了华南地区植物资源的丰富程度和特色植物景观等方面的特点，选择适宜当地气候和土层条件的乡土植物，以保证绿化植物的本地特色。同时采用包含乔、灌木的覆层绿化。

（1）广场绿化

在建筑北侧 4000m^2 的主入口广场中，绿化停车、水景、照壁、河边绿带、绿篱等共同组成了一幅丰富多彩的画面。广场在树种选择方面基本以本地的树种为主，同时配合灌木、地被，形成层次丰富、自然群落式的绿化景观。广场绿化实景如图 22 所示。

图 22　广场绿化实景

（2）内庭院绿化

为了改善建筑内部环境，配合建筑自然通风采光，降低建筑能耗，大楼在首层中部、2 层、4 层均设置了庭院绿化。鉴于日照的考虑，内庭的植物，基本采用耐阴的植物为主。植物种类鉴于覆土原因，以浅根的小乔木、竹类、小灌木、地被类植物为主。庭院绿化实景如图 23 所示。

（3）屋顶绿化

在大楼 6 层 2300m^2 的可绿化屋面中，实际绿化面积达 1200m^2。采用屋顶农场的理念，旨在倡导环保绿色健康生活。所选植物以覆土厚度小的本地蔬菜，耐寒耐高温及隔热效果

图 23　庭院绿化实景

好的佛甲草，局部堆坡种植小乔木、灌木、地被植物和攀藤类植物，形成较为丰富的复层绿化形式。并在佛山地区首先研制成功了以下自有技术：植生袋快速种植技术、佛甲草屋顶绿化技术、生物有机沤肥技术、自动微灌系统、雨水生物净化技术等多种绿色屋顶及菜园生产的实用技术。屋面绿化实景如图 24 所示。

图 24　屋面绿化实景

5）可再生能源利用技术研究与应用

（1）概述

广东省佛山地区年日照时间为1500～2100h，年辐射总量为4200～5000MJ/(m^2·a)，标准年水平面太阳辐射总量约为1255kWh/m^2。南海区的太阳能资源在我国属中等地区，有一定的利用条件，宜优先利用太阳能资源。

项目在可再生能源应用上作了大胆尝试，分别建立了如下系统：

- 系统一：额定输出功率为61.5kW的太阳能光伏并网系统。
- 系统二：在拔风塔顶部安装2台各600W的小型风力发电装置。
- 系统三：在室外公共区域安装16盏30W的太阳能路灯，通过智能控制系统进行节能控制，为室外停车场夜间照明供电。
- 系统四：太阳能＋空气源热泵集中供热水系统，日供热水量10t。

（2）太阳能光伏发电技术建筑一体化应用

①系统简介。为了充分利用可再生能源新技术，本项目根据气候条件，采用太阳能光伏发电技术，将太阳能电池组件与建筑整体有机结合，通过合理布置太阳能光电板的位置，做到美观、协调，与建筑一体化，同时又能充分发挥并最大化提高光伏发电技术在建筑上的能源贡献率。系统设计如下：

- 总安装容量为61.5kW。
- 系统效率为大于12%。
- 并网形式为用户端并网。

②系统原理。本系统中要控制光伏系统的供电负荷大于光伏系统的装机容量，同时，考虑到夜间不能发电及雨天时光伏系统的低发电效率。光伏并网系统原理如图25所示。

日间，在太阳照射下，太阳能电池方阵产生直流电经过逆变器转换为交流电，并入大厦照明配电网的低压配电端。夜晚，光伏系统不产生电能，系统处于待机状态。

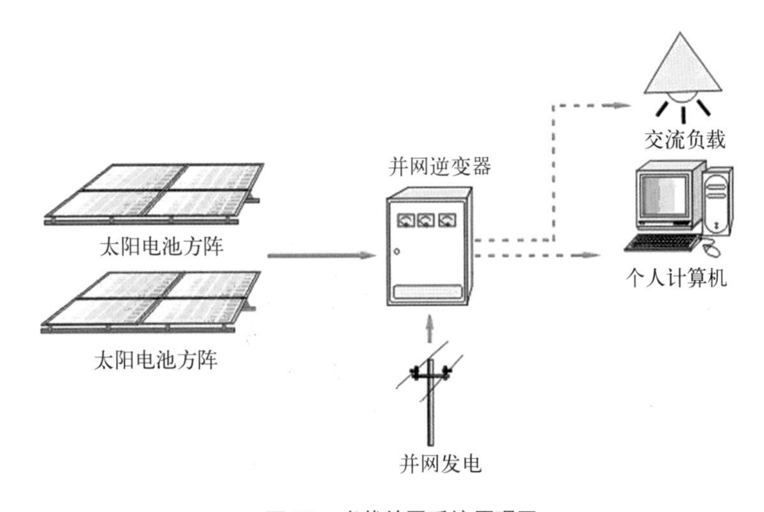

图25　光伏并网系统原理图

图 26　太阳能电池板与逆变器实景

根据负荷分析和耗电计算，城市动力联盟大楼的用电负荷远大于设计的光伏系统的装机容量，光伏系统发出的电能完全能被用电负荷消化掉，不会向市电馈电。与此同时，当光伏系统不能满足负载的需求时，由市电自动补充所需的电能。太阳能电池板与逆变器实景如图 26 所示。

③系统组成。整个光伏系统的组成主要包括太阳电池组件、并网逆变器、光伏专用汇线盒、直流配电柜、交流配电柜、电缆连接线、组件安装支架及数据采集与实时监控系统。

④第三方测评结论。2010 年 3 月，受住房和城乡建设部委托，深圳市建筑科学研究院对本项目的太阳能光伏系统进行了形式检查和性能检验。结论如下：

- 示范容量、类型、规模与申报书一致。申报的光伏组件为单晶硅，实际采用了光电转换效率更高的 HIT 光伏组件。
- 光电系统转换效率为 12.51%。

（3）风力发电供电技术应用

拔风塔高 45m，塔顶平均风速有利于风力发电，经风环境模拟计算，拔风塔顶基本无紊流现象，对于风机长时间安全、稳定、有效运行非常有利。

选用小型风力发电机 HY-600，系统安装了蓄电池，通过自动切换，智能控制光感定时的方式，为拔风塔夜间照明提供电力。风力发电原理和实景如图 27 所示。

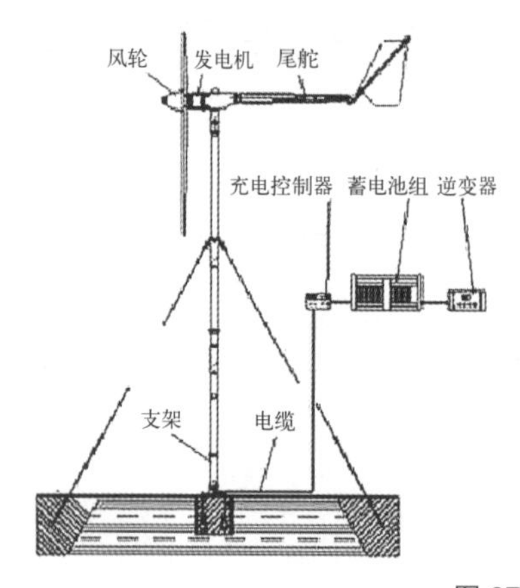

图 27　风力发电原理和实景

(4) 太阳能光伏路灯应用

为了满足夜间停车的照明需要及景观照明的整体效果，在停车场安装了太阳能路灯，白天充电，晚上放电来实现停车广场照明，路灯每天工作 8h，蓄电池可保证连续 4 个阴雨天气路灯的正常使用。太阳能光伏路灯实景如图 28 所示。具体说明如下：

图 28　太阳能光伏路灯

- 数量：16 支。
- 功率：每支 30W，总装机容量 0.48kW。
- 灯具：LED 直流高效节能灯具。
- 控制系统:开／关采用智能光感定时控制。

(5) 太阳能＋空气源热泵集中供热水技术应用

①系统简介。为了满足职工对生活热水的需求，在办公楼东侧屋顶上安装了太阳能＋热泵集中热水系统。太阳能集热板以架空屋面方式安装于大楼东侧屋面。

本项目在建筑设计阶段已将太阳能热水系统的布置，以及对建筑增加的负荷充分进行了考虑。因此对于项目范围内太阳能系统要求的最大化利用太阳能日照辐射量，以及系统设备要求的结构负荷能力均能满足，包括系统管网布置都得到很好的规划。

- 设计供热水量：55℃生活热水，10T/d。
- 太阳能集热器：$120m^2$，平板型太阳能集热板。
- 太阳能保证率：大于 40%。
- 安装形式：建筑一体化安装。
- 辅助热源泵：1 台，额定制热量为 36.1kW，COP 大于 3.5。
- 供水形式：全天候恒温供水。
- 控制形式：全自动控制。
- 太阳能＋空气源热泵集中供热水系统可满足大楼生活热水消耗量的 100%。

②系统原理。太阳能＋空气源热泵集中供热水系统原理如图 29 所示。

③主要设备性能参数。

a. 集热器的主要性能指标：平板型太阳能集热器管板

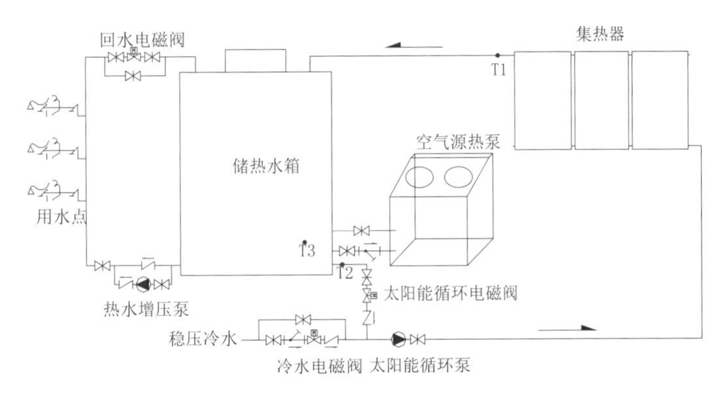

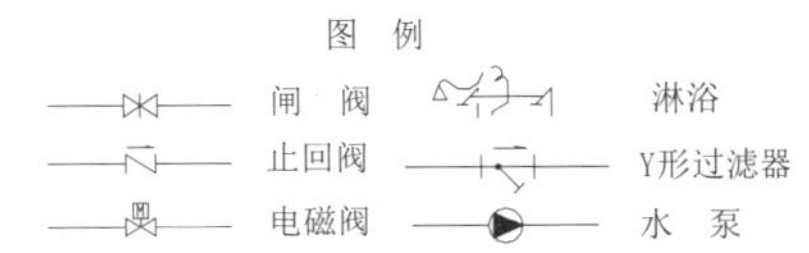

图 29　太阳能＋空气源热泵集中供热水系统原理图

式结构，可承压（≤ 0.6MPa），耐空晒，水在铜管内加热，质量稳定可靠。高吸收率：$\alpha_s \geqslant 92\%$；低发射率：$\varepsilon_h \leqslant 10\%$；日平均热效率 $\eta_d \geqslant 50\%$。

b. 热泵热水器主要参数：热水机组在20℃气温和20℃进水温度条件下，加热60℃热水的能效比（COP）≥ 3.5，高效柔性低噪声的涡旋式压缩机，有足够的显示和保护系统，有压缩机的高低压显示及保护。

④第三方测评结论。2010年3月，受住房和城乡建设部委托，深圳市建筑科学研究院对本项目的太阳能光热系统进行了形式检查和性能检验。结论如下：

• 示范容量、类型、规模与申报书一致。
• 全年太阳能保证率为45.76%。
• 太阳能光热系统设备实景如图30所示。

图30 太阳能光热系统设备实景

6）水资源规划和综合利用技术应用

本项目在方案、规划阶段就制定了合理的水系统规划方案，统筹、综合利用各种水资源，采取了诸多有效的技术措施，其中包括屋面雨水集蓄利用；给排水管道采用防渗漏的优质管材、管件；卫生间采用节水效果良好的节水器具；屋顶绿化及室外园林采用自动喷灌等节水型喷灌溉方式。通过这些建筑节水措施从技术上保证节水工作收到实效，从而使本工程获得较大的节水效益。

屋面雨水收集与回用技术应用。

项目结合自身实际情况合理规划设计了雨水收集再利用系统，为2500m^{2}的景观绿化提供浇灌用水。

（1）雨水的控制

天然雨水的有机物污染少，硬度低，但由于平时的自然尘降，降落到屋面所形成的初期雨水还具有一定的污染性，在多数情况下，污染物集中在初期的数毫米雨量中。故控制初期雨水可有效地控制每场降雨径流中的大部分污染物，项目初期雨水控制方法采用自控式弃流装置。

自控弃流装置具有自动切换雨水弃流管道和收集管道雨水的功能并具有控制和调节弃流间隔时间的功能，雨季频繁时可自动延长初期雨水弃流间隔时间，可通过法兰直接与管道连接，安装方便，设备体积小，节省空间。

弃流量按 3mm 初期径流厚度计算，平面汇水面积为 1000m^2。自控弃流装置可调节、监测连续两场降雨间隔时间，不会出现降雨间隔时间短时出现弃流过多的情况。

（2）雨水的储存

本工程的绿化面积约为 2500m^2，根据绿化用水水表实测，2011 年 5 ～ 9 月（雨期），绿化实际总用水量约为 613m^3。

经计算，在本地区本项目年平均可利用雨水量为 1410m^3，佛山的降雨量主要集中在 5 ～ 9 月，所以雨期的降水量能满足绿化浇洒的要求。

（3）屋面雨水水质处理流程

佛山地区雨期降雨较频繁，故收集的雨水水质较好，且本次设计的雨水回用系统的用水项目只为绿化浇洒，对水质要求较低；另外降雨随机性较大，回收水源不稳定，为避免雨水的水质净化设施的经常性闲置，所以采用较为简单的处理工艺流程如图 31 所示。

目前，本项目的雨水收集利用系统运行正常，运行费用低，使用效果令人满意。雨水收集系统实景如图 32 所示。

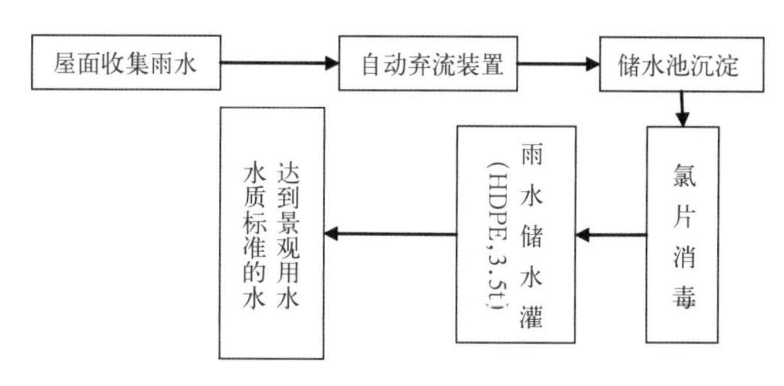

图 31　雨水处理工艺流程图

图 32　雨水收集系统实景

7）绿色建筑运行监测系统和演示技术应用

项目在广东地区首创，采用了一套全面的绿色建筑运行监测系统，可实时、动态、远程、全面地监测与项目绿色建筑相关的系统运行状态、实时数据，对高效地收集、掌握、全面地分析和研究绿色建筑的运行数据具有十分现实的意义，是实现运行节能和推广绿色建筑的重要手段和宣传窗口。

（1）功能介绍

绿色建筑运行监测系统可实时采集绿色建筑的关键指标，主要包括如下功能模块：

- 建筑能耗运行监测模块。
- 太阳能光伏发电系统运行监测模块。

- 太阳能光热系统运行模块。
- 室内外环境数据监测模块。
- 数据统计和分析模块。
- 节能减排和宣传模块。

可实现的主要功能如下：

- 与绿色建筑相关数据的采集、存储和计算，如图 33 所示。

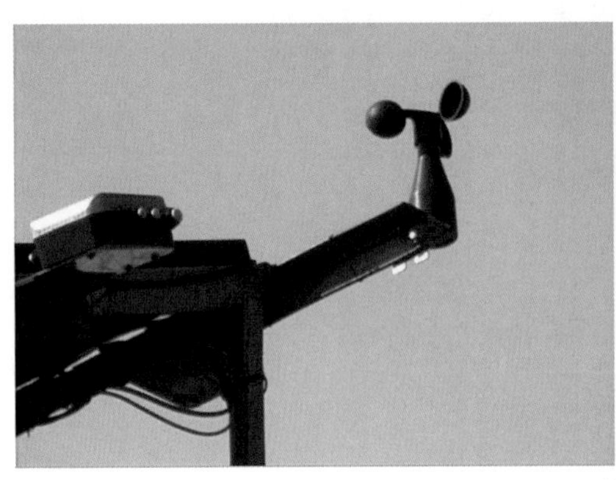

图 33　数据采集设备实景

- 实时数据和节能减排指标的演示。
- 能耗数据分析、查询、报警和审计。
- 绿色建筑技术介绍和模拟演示。
- GPRS 数据发送功能（住房和城乡建部可再生能源应用示范项目监测数据中心）。
- 具备远程 Web 发布、远程软件升级和维护功能。

（2）系统原理图

绿色建筑运行监测系统原理如图 34 所示。

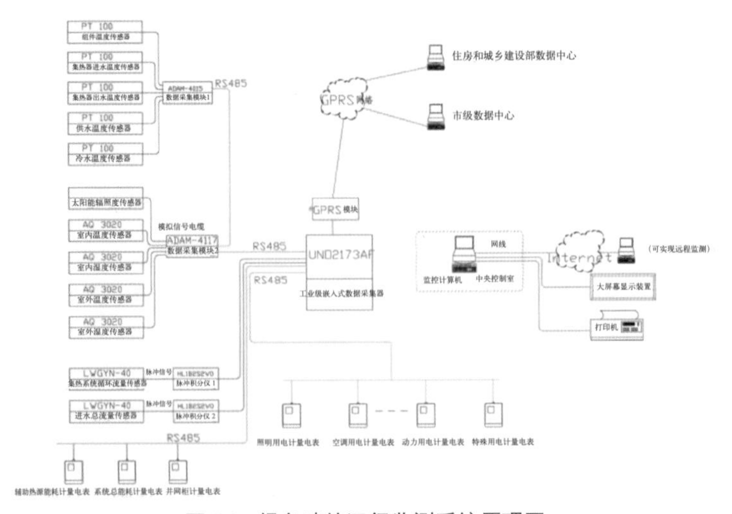

图 34　绿色建筑运行监测系统原理图

(3) 部分演示界面介绍

部分演示界面如图 35 ～图 38 所示。

图 35　节能减排界面

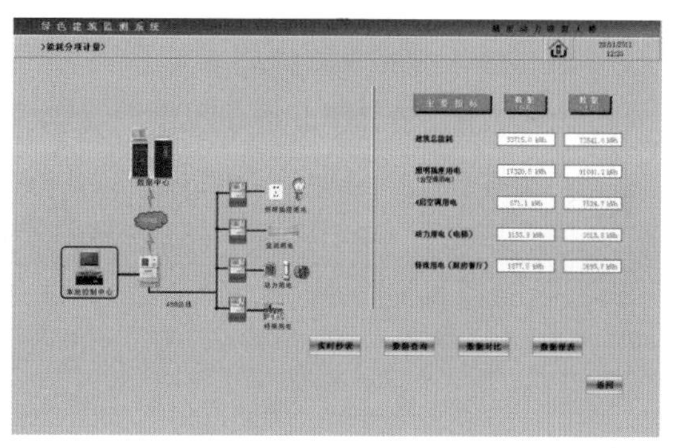

图 36　建筑能耗分项计量界面

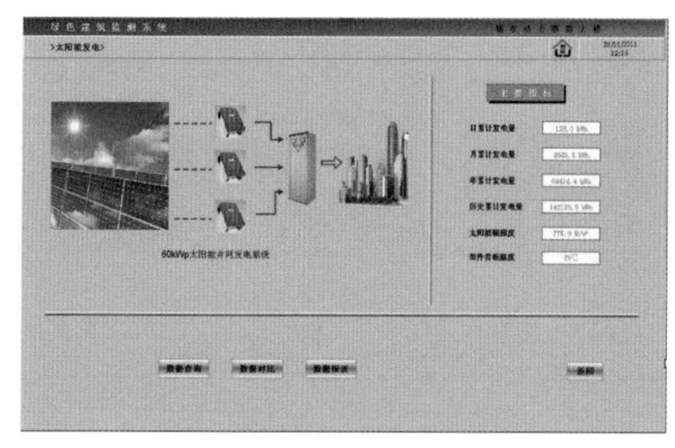

图 37　太阳能光伏发电系统运行界面

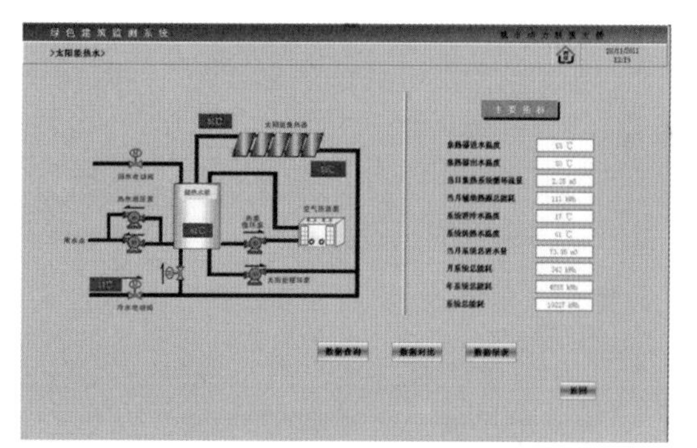

图 38　太阳能热水系统运行界面

（三）运营

1. 运营效果

1）实际运行数据分析

（1）建筑电耗指标

① 2010 年建筑总能耗指标。

a. 建筑能耗总量指标。2010 年建筑总耗电量为 482420.9kWh，单位面积电耗为 30.15kWh/(m^2 · 年）(按实际使用面积计算)。

b. 太阳能发电量使用比例。2010 年太阳能光伏发电量为 56027.6kWh，占建筑总耗电量的百分比为 56027.6 ÷ 482420.9 = 11.6%。

② 2011 年建筑总能耗指标。2010 年末西区办公楼大部分入住后，入住率超过 90%，随着办公人数的增加，其能耗相对增加，此后将趋于正常水平。

a. 建筑能耗总量指标。2011 年建筑总耗电量为 690533.9kWh，楼单位面积电耗量为 32.1kWh/(m^2 · 年)。

b. 本年度太阳能发电量使用比例。2011 年太阳能光伏发电量为 70798.6kWh，占建筑总耗电量的百分比为 70798.6÷690533.9＝10.25%。

（2）建筑水耗指标

① 2010 年建筑年耗水总量指标。2010 年建筑总用水量为 8555m^3，耗水总量指标为 0.40t/(m^2·年)。其中，全年绿化用水量为 1652.9m^3，雨水收集量为 1245.6m^3。

② 2011 年建筑年耗水总量指标。2011 年建筑年耗水总量为 14938.8m^3，水耗指标为 0.69t/(m^2·年)。其中，全年绿化用水量为 1865m^3，雨水收集量为 1320m^3。

（3）建筑能耗指标结论

2011 年，随着办公大楼大部分入驻后，各项指标趋于稳定，根据前面各项数据分析结果，可以得出如下能耗指标结论：

①年单位面积能耗量。总耗电量为 30 ～ 33 kWh/(m^2·年)。

②年单位面积水耗指标。建筑年耗水总量指标为 0.40 ～ 0.69t/(m^2·年)。

③太阳能发电量。年发电量为 60000 ～ 70000kWh，占建筑总用电量的 8% 以上。

2）第三方测评

① 2010 年 3 月，受国家住房和城乡建设部委托，深圳市建筑科学研究院对国家可再生能源建筑应用示范项目——城市动力联盟大楼项目的可再生能源系统进行了测评，结论如下：

- 全年太阳能保证率 45.76%。
- 光电系统转换效率 12.51%。

② 2010 年 11 月，广东省建筑科学研究院对城市动力联盟大楼项目进行了建筑能源审计，审计结论如下：

- 建筑年耗电总量指标为 19.34kWh/m^2。
- 年单位运行时间能耗总量为 47.49kWh/h。
- 水耗指标为 0.57t/(m^2·年)。

2. 综合效益及推广分析

1）社会经济效益

项目通过采用建筑围护结构节能措施、自然通风、自然采光、遮阳、空调和照明节能以及可再生能源应用等措施，使建筑的综合能耗达到了较低的水平。根据能耗分析计算数据和实测值推断，本项目的年节电量如下：

参照建筑总能耗：1803821kWh。

根据实测数据，从 2010 年、2011 年实际用电量推测，项目满负荷运行后的建筑年总用电量约为 690000kWh，比参照建筑每年节约电量为：

1803821 ～ 690000kWh＝1113821kWh/ 年

项目采用的 61.5kW 太阳能光伏发电系统及 0.48kW 的太阳能路灯系统，年发电量 2010 年、2011 年实际用电量实测约为 69000kWh。可再生能源发电量约占建筑总用电量的10%。

在考虑可再生能源对节能贡献的情况下，城市动力联盟大楼项目每年总节电量为：

1113821kWh + 69000kWh=1182821kWh/年

按每度电1元计算，每年可节约118万元。

项目针对华南地区所特有的气候与建筑形式，通过对绿色建筑系统技术的研究与实际应用，经过两年多的运营和各种测试评价，各项指标均处于良好水平并获得了预期效果。项目的成功运行，对于新建的公共建筑如何节约资源，创造绿色生态的办公环境，提供重要的指导和借鉴。

2）环境效益

项目建成后，在节煤和各种有害气体以及二氧化碳的减排上起着一定的作用，对节约资源、减少温室效应、保护环境、使人与自然环境和谐共生等多方面产生积极的影响。对城市动力联盟大楼的减排指标进行了分析，如表5所示。（1kWh按0.334kg标准煤换算）。

减排指标（单位：t/年） 表5

节煤	减排 CO_2	减排 SO_2	减排 NO_X	减排烟尘	减排煤渣
395.06	1035.06	3.36	2.92	79.01	98.77

3. 技术经济性分析和应用推广价值

1）增量成本分析

项目通过精心的科学研究、工程设计和成本控制，采用了符合本地区自然与气候条件的绿色建筑适宜技术，绿色建筑增量成本约为492.36万元，即228.9元/m^2。建筑单位面积的工程造价仅为1660元/m^2，可谓低成本的绿色建筑。绿色建筑增量成本见表6。

绿色建筑增量成本表 表6

增量发生项目	分项增量成本（万元）	建筑面积（m^2）
围护结构节能措施	26	21511
照明及空调	92	
雨水收集利用	8.16	
太阳能光电风电系统	267.3	
太阳能热水系统	25.6	
绿色建筑知识培训和技术服务等	73.3	
小计	492.36	
绿色建筑技术折合单位建筑面积增量成本为228.9元/m^2		

2）应用推广价值

项目在继承岭南建筑文化的前提下，重视与自然环境协调和谐统一，通过对围护结构、自然通风、自然采光、建筑遮阳等技术与建筑的功能布局、外部造型的完美结合，以及围护结构节能、空调节能、照明节能、雨水利用、景观绿化、噪声、节材与可再生能源建筑一体化等符合华南地区自然与气候特点的各项绿色建筑适宜技术进行了系统的研究与实践应用，从技术效益、经济效益、环境效益、社会效益、市场需求和应用前景等方面看，不但具有很强的适应性，而且具有广泛的推广价值。

城市动力联盟大楼项目作为佛山地区首个国家级的示范工程，针对华南地区所特有的气候与建筑形式，通过对绿色建筑系统技术的研究与实际应用，总结出一套符合华南地区自然与气候特点的绿色建筑技术体系及其低成本应用模式，不但可直接在华南地区广泛推广与应用，而且对全国绿色建筑技术的发展产生一定的影响。同时在一定程度上带动广东地区绿色建筑产业的发展，促进其技术的完善与提高及经济性的改善；将形成节能绿色建筑的规划设计、项目管理模式，为社会提供舒适、健康、经济可行的建筑示范产品，进而推动广东地区建筑产业升级，为建设资源节约型、环境友好型社会作出贡献。

（四）结论

绿色建筑的研究必须立足于本土，采用符合当地气候特点的适宜技术，而不是盲目照搬一些所谓的高端技术，城市动力联盟大楼这一示范项目的出发点也正是如此。

广东南海国际建筑设计有限公司是中国珠江三角洲地区最具综合实力的勘察设计咨询单位之一，作为一个规划建筑设计企业，近年来在绿色建筑的研究、实践与推广方面走在了行业的前列。作为本项目的开发者、研究者、设计者、实施者、运营者和使用者，自2007年项目立项开始，就从规划和方案设计入手，立足于华南地区所特有的气候条件与建筑形式，充分分析周边的环境和微气候特点，结合计算机模拟分析来确定建筑的布局与空间形态，并将绿化景观、外立面设计有机地结合在一起，做到从宏观到微观的精心考虑，最大限度地采用低成本的被动式适宜技术，具有很强的本土性、地域性和经济性特点，使城市动力联盟大楼成为岭南传统文化和绿色低碳技术完美结合的国家绿色建筑示范工程。

每一项绿色建筑示范工程，都凝聚着其开发者、研究者、设计者、实施者和运营者的艰苦付出与汗水，都希望这个工程能成为真正意义的“绿色建筑”——“在建筑物的全生命周期中，最大限度地节约资源（节能、节地、节水、节材）、保护环境和减少污染，并能够为人们提供健康、适用和高效的，且与自然和谐共生的建筑”。由此可见，绿色建筑既是一个物质的构筑，更是一个具有生命意义的载体。它要求所有的居住者、使用者都必须养成“四节一环保”的良好生活习惯，这就需要全社会每一个人的共同努力，需要更多地宣传、引导和改变。从我做起，从现在做起，才能使绿色建筑成为真正意义的“四节一环保”、“全寿命周期”的“绿色建筑”。

项目承担单位：广东南海国际建筑设计有限公司

开发建设单位：佛山市智联投资有限公司

（广东南海国际建筑设计有限公司下属子公司）

设计单位：广东南海国际建筑设计有限公司

施工单位：佛山市南海区永顺建筑工程有限公司

绿色建筑技术咨询单位：香港中文大学中国城市住宅研究中心

华南理工大学建筑节能研究中心

广州市亮建节能科技有限公司

北京市环境国际公约履约大楼

——2010年12月通过住房和城乡建设部“绿色建筑示范工程”验收

专家点评：环境国际公约履约大楼项目是中意合作的一个示范性绿色办公建筑。项目在建筑设计美学导向、新技术和新材料应用方面具有非常鲜明的特色。首先，建筑设计采用了体块穿插、分割的设计手法处理建筑形体，以不同朝向的不同的节能、采光及噪声控制为约束条件进行立面设计，展示了一种新的建筑美学导向，符合绿色建筑发展的新理念。其次，在节能方面，采用了许多被动式的技术理念和先进的设备，例如，上下贯通的双中庭以及太阳光追踪反射采光技术；先进的主动式系统，包括温湿度独立控制理念的暖通空调系统，欧洲先进的冷梁空调末端，高效的冷机及水泵、风机输配系统，自然采光与人工照明自动调光系统及T5节能灯具系统的应用等。此外，在新材料应用方面也颇有特色，包括轻质高强度的铝蜂窝复合大理石幕墙，可有效减少石材用量，以超级纤维棉制作的防火卷帘具有可降解性。另外在雨水收集、入渗和处理方式方面也达到了国际先进水平。项目获得绿色建筑运行阶段三星级认证。从实际运行情况看，这个项目的节能环保效果也比较显著，详细的能耗分项计量结果显示建筑的年运行能耗（包括冬季采暖）约为95kWh/（m^2·a），比目前北京的某些办公建筑能耗节约33%，室内自然通风、自然采光和空气品质效果良好，大大提高了工作效率。

（一）项目概况

图1　环境国际公约履约大楼实景

环境国际公约履约大楼（Environmental Conventions Building）简称履约大楼或大楼，位于北京市西城区西直门与新街口豁口之间（北二环西路路南）与北草厂路交口处，即后英房胡同5号，是环境保护部环境保护对外合作中心利用国际无偿援助资金开展的能力建设项目。环境国际公约履约大楼实景如图1所示。

履约大楼项目采用框架剪力墙混合结

构体系，总建筑面积为30191m²，其中地上为钢结构，建筑面积为22153m²；地下为框架钢筋混凝土结构，建筑面积为8038m²；地上9层，地下2层，檐口高36m。大楼1、2层为公共区域，层高均为4.8m，具有提供大楼内部职工及外来工作人员使用的接待室、咖啡厅、会议及展示厅等服务功能；3～8层为综合办公区域，层高为3.67m，9层为综合办公、阅览及健身区域，层高为3.58m；每层分为东西两个办公组团，房间净高为2.7m，走道净高为2.4m；结合东西内庭以及中部生动的双层挑高空间，创造一个环境舒适、景观幽雅的办公环境。

（二）技术与实施

环境国际公约履约大楼紧紧围绕绿色建筑的设计理念，整合了建筑规划、结构施工、设备配置、室内装修、绿化景观、运营管理等多学科多专业，综合运用了建筑与设备节能技术、非传统水源利用与水处理技术、楼宇智能化运行管理技术等多项先进的综合性节能与智能技术，参照绿色建筑示范工程标准进行了设计与施工，致力于建成一栋有特色、可示范、可推广、可参观的绿色示范性工程建筑。

1. 总体技术

1）规划及景观

环境国际公约履约大楼项目位于北京市西城区西直门内，毗邻西直门地铁站与积水潭地铁站，交通十分便利。建筑北侧规划有20m宽绿化区域，与城市绿化隔离带相连，视线开阔，绿化和环境空间条件优越，项目绿化率为27%，建筑城市空间形态良好，具备较好的城市景观缓冲空间。环境国际公约履约大楼建设项目平面布置图见图2。

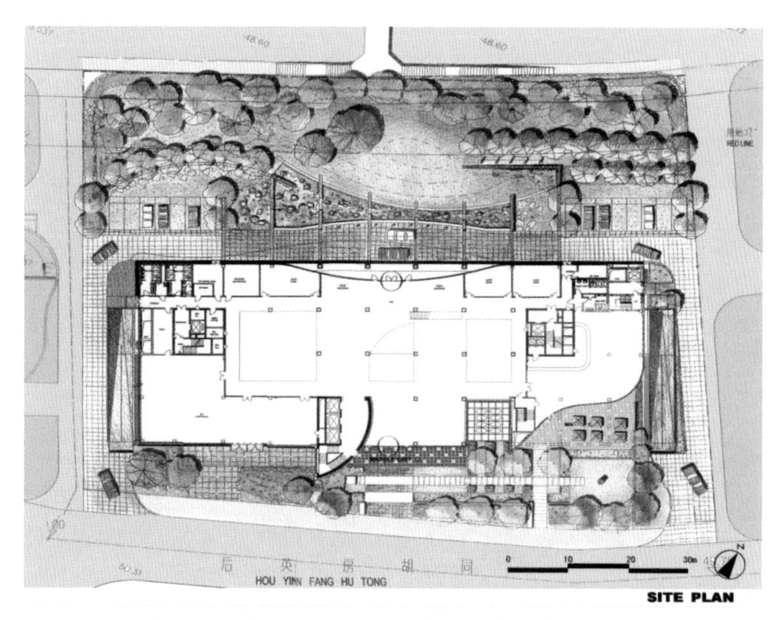

图2　环境国际公约履约大楼建设项目平面布置图

(1) 建筑室内光环境

在环境国际公约履约大楼建设完工后，由清华大学建筑学院进行了大楼采光分析。据《环境国际公约履约大楼采光分析报告》，大楼室内采光系数值（即功能区采光面积与功能区总面积的比值）为78.7%，满足《绿色建筑评价标准》GB/T 50378—2006的条文“5.5.11 办公、宾馆类建筑75%以上的主要功能空间室内采光系数满足现行国家标准《建筑采光设计标准》GB/T 50033—2001的要求。”建筑各功能区采光模拟结果总统计表见表1。环境国际公约履约大楼6层光照度分布图见图3。

建筑各功能区采光模拟结果总统计表　　表1

房间类型	房间面积（m^2）	满足采光的面积（m^2）	满足百分比
办公室	9597	7023	73.2%
会议室、洽谈室	1187	897	75.6%
休息室	503	476	94.6%
展示厅	675	675	100%
咖啡厅	227	227	100%
大厅	1285	1285	100%
图书阅览室	173	173	100%
健身房	250	186	74.4%
合计	13897	10942	78.7%

(2) 建筑室外风环境

环境国际公约履约大楼的室外风环境优良，经过清华大学建筑学院模拟计算，其结果

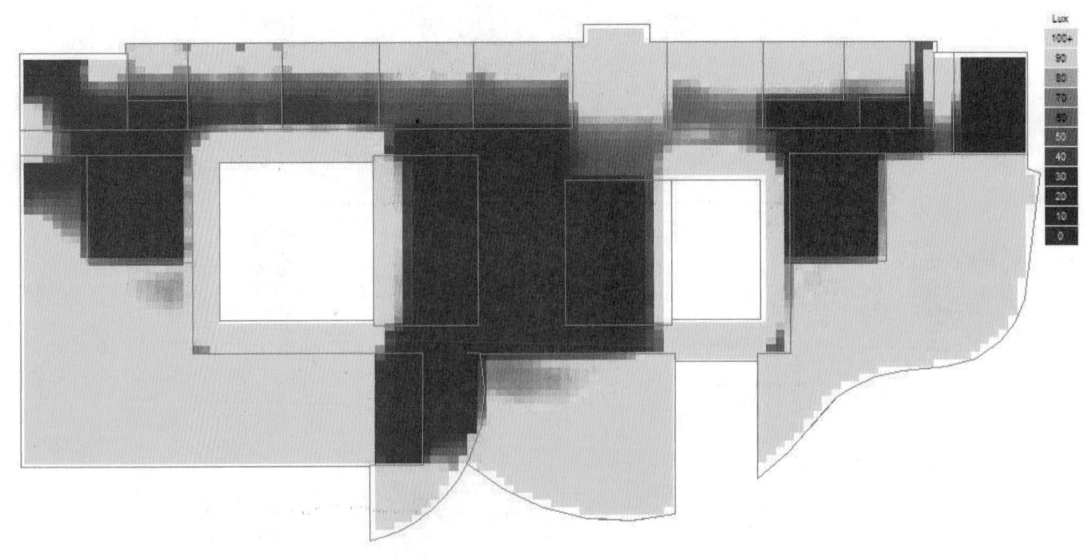

图3　环境国际公约履约大楼6层光照度分布图

如下。

①无论是冬季还是夏季，室外行人高度处（距地 1.5m 高度）最大风速均低于 5m/s，不影响人员行动及舒适感觉。

②夏季建筑前后压差大于 1.5Pa，满足风压自然通风的要求，适合夏季及过渡季的自然通风；冬季 1.5m 处建筑前后压差最大在 10Pa 左右。随着高度的增加，建筑前后压差逐渐增大，建筑南北压差最大为 25Pa 左右，因此建筑南北向应增强窗体的密闭性。

由于建筑北部冬季风速过大，因此在建筑北部建立了绿化带并与城市绿化隔离带相接，有效地降低了风速，使最大风速在 5m/s 以下，不影响人员行动及舒适感觉。

（3）建筑声环境影响

在进行光环境分析的同时，环境国际公约履约大楼还作了场地环境噪声测试分析，具体结果为：项目北侧距离德胜门西大街（北二环西路）最近距离约为 40m，现状监测噪声为昼间等效 A 声级为 71.5dB（A），夜间为 58.2dB（A），交通噪声将对大楼产生影响。根据设计，大楼走向与北二环西大街平行，距离路中心距离为 57m，噪声测试点距离路中心距离为 17m，则根据线声源衰减公式：

$$\Delta L=10\lg(r_1/r_2)$$

可知噪声衰减量为 10dB（A）。到达项目建筑时噪声昼间最大为 61.5dB（A），夜间为 48.2dB（A）。项目窗户采用隔声窗，对噪声的衰减能力为 25dB（A）左右，则德胜门西大街交通噪声到达室内昼间最大为 36.5dB（A），夜间最大为 23.2dB（A），故噪声对楼内办公影响很小。

（4）交通组织

环境国际公约履约大楼交通组织车流为顺时针流向设计，机动车入口位于大楼西侧，机动车由此进入地下车库，地下车库流线与地面流线一致；机动车出口位于大楼东侧。办公人流主要由建筑物中部及南北两侧人流出入口出入，自行车出入口设置在大楼西南侧，直接连通大楼西南侧的自行车停车场地。大楼交通组织简捷明确，符合办公建筑的交通要求。

2）建筑设计

（1）造型设计

环境国际公约履约大楼在造型设计上运用体块穿插、分割的设计手法处理建筑形体，平面上北侧方整，南侧自由流畅。由于建筑北立面靠近城市二环路，又处于西北方向，为了降低交通噪声与冬季“西北风”对建筑的影响，北侧立面采用了务实的“条窗”处理方法，有效地降低了室外交通噪声及冬季换热对室内环境的影响。环境国际公约履约大楼北立面如图 4 所示。

（2）结构设计

环境国际公约履约大楼按照甲级办公建筑设计，大楼主体结构全部由预拌混凝土浇筑而成，减少了对施工现场的污染。大楼地上部分主体结构采用可回收利用的钢框架结

图 4　环境国际公约履约大楼北立面

图 5　履约大楼主体结构

图 6　履约大楼用蜂窝铝复合大理石板

构，大大降低了楼体结构重量。大楼室外墙体选用了新型隔热保温墙体材料，如高效复合砌块、隔热反射 Low−E 玻璃断桥复合幕墙等。在装饰材料的选用上尽可能采用绿色环保可再生的材料，室外幕墙采用蜂窝铝复合大理石板，该材料重量轻，节省结构钢材用量和节省石材，减少了自然资源使用量与材料生产过程的能源使用量，减少了 CO_2 的排放量。环境国际公约履约大楼主体结构如图 5 所示。履约大楼用蜂窝铝复合大理石板如图 6 所示。

（3）节能设计

①根据《公共建筑节能设计标准》GB 50189—2005，此建筑属于甲类建筑，体型系数为 0.13。

②本建筑窗墙比分别为南向为 0.36、东向为 0.32、西向为 0.34、北向为 0.29，平均总窗墙比为 0.33，均满足节能设计标准。

③屋顶大窗透明部分与西面总面积之比为 0.09，满足限值要求。

④根据甲类建筑热 l 性能判定表、《公共建筑节能设计标准》的规定以及建筑各部位的热传导系数和遮阳系数等，本建筑判定为节能公共建筑设计。

（4）保温隔热设计

①屋顶采用 70mm 厚挤塑板保温，屋顶传热系数 K_m 为 0.4[W／(m^2·K)]。

②石材外墙（包括非透明幕墙等部分）均在外围护墙外侧粘贴最薄为 200mm 厚防火岩棉保温板，外墙传热系数 K_m 为 0.41[W／(m^2·K)]。

③地下一层非采暖空调房间顶板均采用 55mm 厚玻璃棉板保温吊顶，地下一层车库顶部采用棚 26W 施工方法，即纸面石膏板保温吊顶，吊顶内加 55mm 厚玻璃棉板保温板。

④天窗、窗、幕墙部分。

a. 屋顶天窗玻璃采用 9.52+16Ar（氩气）+9.52 中空 Low−E 玻璃，内外层均为 4+1.52+4 夹胶玻璃。

b. 外门窗、玻璃幕墙的落地玻璃均采用 10+16Ar（氩气）+9.52（4+1.52+4 夹胶玻璃）

中空 Low–E 玻璃。

c. 外门窗、玻璃幕墙的其他部分玻璃均采用 8+16Ar（氩气）+9.52（4+1.52+4 夹胶玻璃）中空 Low–E 玻璃。

d. 层间不透明部分玻璃采用 6+16Ar（氩气）+6 中空玻璃。

e. 中空玻璃均为 Low–E 玻璃，内外片双层镀膜；楼层间幕墙内片外层为烤釉玻璃，颜色最终以色卡定，中空内充氩气。

f. 装饰性玻璃幕墙以及幕墙的层间外墙外侧面粘贴最薄 200mm 厚防火岩棉保温板，按实墙保温设计，传热系数 K_m 为 0.41[W／(m^2·K)]。

g. 所有天窗、窗、玻璃幕墙部分（考虑窗框折减系数）传热系数 K_m 为 1.7 [W／(m^2·K)]。

h. 中空 Low–E 玻璃的可见光透射率不小于 58%，可见光反射率不大于 18%，阳光透射率小于 38%，阳光反射率不大于 28%；遮阳系数不大于 0.5；中空玻璃传热系数 K_m 不大于 1.2 [W／(m^2·K)]。

⑤室内中庭玻璃幕墙及中庭北侧落地门连窗部分。

a. 中庭玻璃幕墙透明部分的玻璃为 6+9A（空气）+10.76（5+0.76+5 夹胶玻璃）中空玻璃，中空玻璃传热系数 K_m 不大于 2.6 [W／(m^2·K)]，考虑窗框折减系数，幕墙传热系数 K_m 为 3.0 [W／(m^2·K)]。

b. 层间不透明部分玻璃采用 6+9A（空气）+6 中空玻璃，内墙外侧面粘贴 150mm 厚防火岩棉保温板，按实墙保温设计热系数 K_m 为 3.0 [W／(m^2·K)]。

c. 中庭北侧落地门连窗透明部分的玻璃为内外双层 8mm 厚钢化玻璃，双层玻璃内设置电动遮挡百叶，考虑窗框折减系数，门连窗传热系数 K_m 为 3.0 [W／(m^2·K)]。

⑥针对热桥采取的保温或断桥措施。

a. 所有幕墙、天窗及外门窗均采用 PA 断桥铝合金框料。

b. 外墙出挑构件及附墙部件，如阳台、雨罩、靠外墙阳台栏板、附壁柱、装饰线等，粘贴 20mm 厚挤塑板保温。

c. 窗口外侧四周墙面应进行保温处理，粘贴 20mm 厚挤塑板保温。

d. 窗框与四周墙面应用发泡聚氨酯保温填实。

⑦遮阳设计。

a. 中空 Low–E 玻璃的遮阳系数不大于 0.5。

b. 天窗外设置电动遮阳帘，根据阳光调节遮阳，并使天窗遮阳系数不大于 0.5。

c. 所有外窗上部设 500mm 宽水平铝合金遮阳板，内部采用内遮阳窗帘及室内遮阳板，东南弧墙外设铝合金遮阳可调百叶，遮阳系数不大于 0.6。

⑧南、北主入口设置旋转门，其他外门均采用断桥铝材料结合良好密封措施以减少冷风进入。

（5）功能设计

地下 2 层：结合人防工程设置了车库与消防水池，以及水泵房等设备用房与物业用房

图 7　环境国际公约履约大楼地下 2 层车库

图 8　环境国际公约履约大楼生活水泵房

图 9　环境国际公约履约大楼员工餐厅

等，如图 7、图 8 所示

地下 1 层：设置了机动车库、员工餐厅及大型机电用房，其中员工餐厅能够容纳约 350 人同时就餐，如图 9 所示。

1 层：包括咖啡厅、展示厅、消防控制中心和部分小空间办公室。南侧的主入口大厅和北侧的办公入口大厅共享一个 3 层通高的弧形大堂，首层左右两侧各有大小两个阳光庭院。在建筑的东段和西段各设置了一部消防电梯和防烟楼梯。南立面为弧墙的咖啡厅位于首层的东南角，可以通过内部楼梯直接和地下 1 层的员工餐厅相连系，同时在适当的位置设置小型食梯，与地下 1 层的厨房相通。消防控制中心和安保监控中心设置在首层的西北角。人防出口设置在建筑东北角，平时兼作地下 1 层厨房的货物出入口。环境国际公约履约大楼 1 层大厅如图 10 所示，一层中控室如图 11 所示。

图 10　环境国际公约履约大楼 1 层大厅

图 11　环境国际公约履约大楼 1 层中控室

2 层：包括展示厅、会议室、多功能厅和部分小空间办公室。展示厅、会议室和多功能厅为国际交流提供展示和交流的空间；中心机房为整个大楼提供信息通讯服务。环境国际公约履约大楼 2 层会议室如图 12 所示。

图 12　环境国际公约履约大楼 2 层会议室

3 层～ 8 层：设计了从 16 ～ 280m^2 的各种空间形态自由组合办公空间，满足不同面积的办公需求。

9 层：包括办公室、图书阅览室及健身房。

屋面：包括光伏系统接入房、配电间、电梯机房、消防水箱间、有线电视机房等。环境国际公约履约大楼光伏发电机房如图 13 所示，履约大楼消防水箱间如图 14 所示。

图 13　环境国际公约履约大楼光伏发电机房

图 14　环境国际公约履约大楼消防水箱间

（6）无障碍设计

项目执行《城市道路和建筑物无障碍设计规范》（JGJ 50—2001）和地方主管部门的有关规定，总平面及建筑内部无障碍设计的部位及标准；本建筑物内外高差为 200mm，取消台阶，主入口坡度小于 4%，其他入口为 5% ～ 10%；地上部分每层东侧设有无障碍专用卫生间；建筑内部设有客梯兼残疾人电梯可到达各楼层，1-1 号电梯按无障碍电梯设置，满足无障碍电梯及候梯厅规范的规定，并单独设置无障碍呼叫及轿厢内操作按钮；本建筑公共走道净宽均大于 2.0m，满足规范对轮椅通过时走道的净宽规定；同时在地下 2 层车库设有残疾人车位。

（7）室内环境设计

环境国际公约履约大楼办公空间及部分公共空间墙面选用了硅藻土墙体饰面材料。硅藻土的主要成分是硅酸质，用它生产的室内外涂料、壁材具有超纤维、多孔质等特性，其超微细孔是木炭的 5000 ～ 6000 倍。用硅藻土生产的室内外涂料、装修材料除了不会散发出对人体有害的化学物质外，还能吸收装修和家具散发出来的有害气体，起到了改善居住环境的作用。环境国际公约履约大楼硅藻土墙饰面如图 15 所示。履约大楼启用前进行了室内环境质量检测，检测依据《民用建筑工程室内环境污染控制规范》GB 50325—2010、《北京市民用建筑工程室内环境污染控制规程》DBJ01—91—2004 进行，结果显示：甲醛含量为 0.05mg/m^3，为国家标准允许值的 42%（国家标准允许值为≤ 0.12mg/m^3）；苯含量为 0.05mg/m^3，为国家标准允许值的 56%（国家标准允许值为≤ 0.09mg/m^3）；氨含量为 0.1mg/m^3，为国家标准允许值的 20%（国家标准允许值为≤ 0.5mg/m^3）；总挥发性有机污染物含量为 0.3mg/m^3，为国家标准允许值的 50%（国家标准允许值为≤ 0.6mg/m^3）；氡含量为 10Bq/m^3，为国家标准允许值的 2.5%（国家标准允许值为≤ 400Bq/m^3），检测实际数值总体大大低于国家标准规定的允许值，确保了大楼的室内环境质量。环境国际公约履约大楼室内环境检测报告如图 16 所示。

图 15　环境国际公约履约大楼硅藻土墙饰面

室内环境质量

检　验　报　告

编号：HJ027-2009

工　程　名　称：环境保护部履约中心业务用房工程（4层及以下）

委　托　单　位：环境保护部环境保护对外合作中心

报告完成日期：2009 年 4 月 20 日

北京奥达清环境质量检测有限公司

图 16　环境国际公约履约大楼室内环境检测报告

3）其他相关设计

（1）水系统规划设计

项目上水由市政管网提供两根 *DN*150 的上水管，自来水外线布置成环状。建筑内供水分两个区，地下 2 层至 3 层为低区，由市政管网直接供给，4 层以上由智能化无负压给水设备供水。生活水泵房设于地下 2 层。变频水泵的出水管设置紫外线消毒器，以保障出水水质。

该建筑的最高日用水量：冬季为 120m^3/d（不包括夏季冷却塔补水）；夏季为 180m^3/d（包

括夏季冷却塔补水）；最大小时用水量为 4.4m³/h；最大污水排放量为 146m³/d。

①中水系统。项目楼内设中水系统，中水由市政中水提供，在市政中水没落实前暂接市政给水。中水系统分区及系统形式同给水系统。中水泵房设在地下 2 层。

中水系统用于本建筑的冲厕用水、冲洗车库地面、道路场地及绿化用水。中水量为 77.24m³/d。

②污水排水系统。履约大楼排水采取雨污分流。首层以上生活污水由室内排入检查井，经室外污水管线进入化粪池，再排入市政污水管网。地下部分的生活污水、消防电梯井的排水先排入地下生活污水集水池，再经过污水提升泵排入室外检查井。室内排水立管设置专用透气管。厨房排水采用明沟收集，含油污水经二次隔油池隔油后直接排入市政管网。

③雨水排水系统。屋面雨水设计流态为压力流（虹吸式）的雨水系统，重现期为 5 年。降雨历时 5min 的降雨强度 q_5=5.85L/S 100m³。超过重现期的雨水通过溢流口排除。场地内设置雨水收集处理系统，主要通过雨水入渗技术达到对雨水的收集利用。

④非传统水源利用率。项目再生水设计使用量为 77.24m³/d，总用水量为 180m³/d，非传统水源利用率为 42.9%。

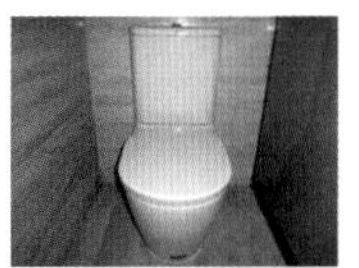

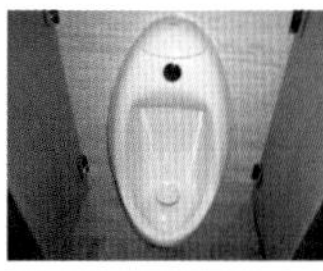

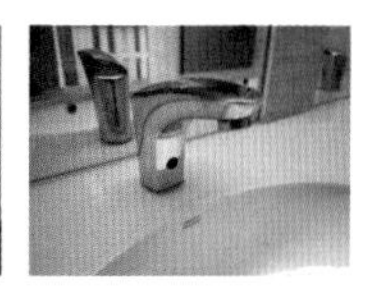

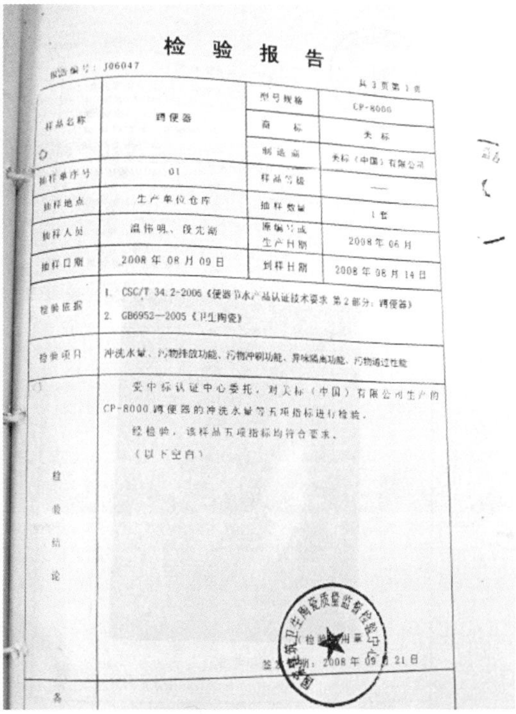

图 17　环境国际公约履约大楼节水型卫生洁具

⑤节水器具。卫生间内卫生洁具，如大便器、小便器采用远红外自动冲洗阀；水嘴采用非触摸式。所有水嘴、冲便器系统、便器冲洗阀、淋浴器等卫生设备需符合《节水型生活用水器具》CJ 164—2002 标准。环境国际公约履约大楼节水型卫生洁具如图 17 所示，履约大楼洁具检测报告如图 18 所示。

检 验 报 告

报告编号：J06047

共 3 页第 1 页

样品名称	蹲便器	型号规格	CP-8000
		商　标	美标
		制造商	美标（中国）有限公司
抽样单序号	01	样品等级	—
抽样地点	生产单位仓库	抽样数量	1 套
抽样人员	温伟明、段先潮	原编号或生产日期	2008 年 06 月
抽样日期	2008 年 08 月 09 日	到样日期	2008 年 08 月 14 日
检验依据	1. CSC/T 34.2-2006《便器节水产品认证技术要求 第 2 部分：蹲便器》 2. GB6952—2005《卫生陶瓷》		
检验项目	冲洗水量、污物排放功能、污物冲刷功能、异味隔离功能、污物通过性能		
检验结论	受中标认证中心委托，对美标（中国）有限公司生产的 CP-8000 蹲便器的冲洗水量等五项指标进行检验。 经检验，该样品五项指标均符合要求。 （以下空白） （检验专用章） 签发日期：2008 年 09 月 21 日		
备			

图 18　环境国际公约履约大楼洁具检测报告

⑥用水分项计量。项目对绿化用水、道路清洗用水再生水在中水给水管线处加装中水水表进行分项计量，由物业公司的专业管理人员负责统计。

（2）采光及通风设计

环境国际公约履约大楼建筑内部设计有两个大型中庭，用以增强室内自然采光与自然通风，同时辅以太阳光追踪导射系统，将太阳光导入中庭，并通过采光屋面下悬挂的散射镜片，将自然光散射到中庭周边空间。通过中庭采光顶＋追光镜系统，中庭的自然采光效果良好，采光系数随着楼层增高而增大，平均采光系数都大于 2.5%，各层平均为 7.2%，采光效果良好。中庭顶部还设有电动控制的通风百叶，可将夏季中庭顶部蓄积的热量及时导出，确保了中庭室温的有效控制。同时在过渡季节可以打开百叶，利用烟囱效应，在楼内形成自然对流，实现室内的自然通风换气，改善室内空气品质。

环境国际公约履约大楼的员工餐厅位于地下 1 层，为改善地下餐厅的自然采光与自然通风、节约用电，在设计上引入了可开启电动“天窗”，在将自然光直接引入餐厅的同时，亦具备了“换气”的功能，实现地下餐厅的自然采光与自然通风。环境国际公约履约大楼地下餐厅电动开启天窗如图 19 所示。

2. 关键技术

1）可循环材料和可再生利用材料的使用

项目在建设过程中，产生了固体废物，主要为拆除废弃物、基槽回填后的渣土以及施工过程中产生的建筑垃圾等。由于项目在建设之前已经由土地一级开发商对场地进行了整理，因此拆除废弃物很少，基槽回填后的渣土也运输到了最近工地进行再次使用，而施工过程中产生的建筑垃圾，例如，钢材、铝合金型材以及部分剩余的石材、砌块进行了折价处理。

可以进行再利用的建筑材料总量为 56.82t，而进行了折价处理的建筑材料总量约为 19.83t，可再利用、可循环材料的回收利用率为 34.9%。

另外，为了提高废物利用率，体现节省资源、能源及绿色环保的理念，楼内公共区域（包括大堂、会议室、阅览室、咖啡厅、走廊等）均铺设了利用大理石的边角料粉碎加工而成的彩色地砖，其相对普通大理石地砖而言，还具有其外形美观平整，图案颜色丰富多样的特点，如图 20 所示。

图 19　环境国际公约履约大楼地下餐厅电动开启天窗

图 20　环境国际公约履约大楼 1 层大厅碎大理石压制地砖

为了保证大楼的施工质量和建筑场地的环境，项目在施工过程中使用的均为预拌混凝土和砂浆。这样减少了工地建材储运损耗和生产工艺损耗，符合节能要求；同时也减少了工地用工和各种管理费用，杜绝浪费用工现象；最主要的是可以提高工程质量。在现场搅拌混凝土，水、水泥、骨料等无法称量只能依靠操作人员的经验施工，容易出现质量事故。而预拌混凝土生产，是由专业技术人员在独立的试验室严格按照配合比，采用微机控制方式，通过电子计量，准确地生产出符合建筑设计要求的各种强度混凝土，尤其是使用了外加剂和活性掺和料生产的高强度混凝土，不但大大加快了施工进度，而且从根本上解决了现场搅拌混凝土容易造成的质量隐患；还能加快了工程进度，提高施工效率；使用预拌混凝土，能大大减少噪声、粉尘、道路污染等问题，解决施工扰民和施工现场脏、乱、差等问题，也减轻了城市道路的交通压力。

2）内外遮阳技术

环境国际公约履约大楼采用了内外遮阳技术，当阳光照射时，通过内外遮阳技术的使用，避免了阳光直接射入室内，并通过内遮阳板将阳光反射到吊顶上，通过漫反射进入室内，避免了阳光刺眼而影响工作人员办公，同时也避免了太阳光的直射得热，降低了夏季空调负荷，如图 21 ~图 24 所示。

3）多网合一

环境国际公约履约大楼内的无线覆盖系统采用了“多网合一”的技术，将目前移动、联通和电信等运营商的无线网络信号通过多系统合路平台 POI 设备进行合路处理，使多家运营商共用一套分布系统，减少了施工工作量和线缆、天线的安装数量，使室内的无线电磁

图 21　环境国际公约履约大楼东南侧外遮阳造型

图 22　环境国际公约履约大楼东侧外遮阳结构

图 23　楼内遮阳反光板

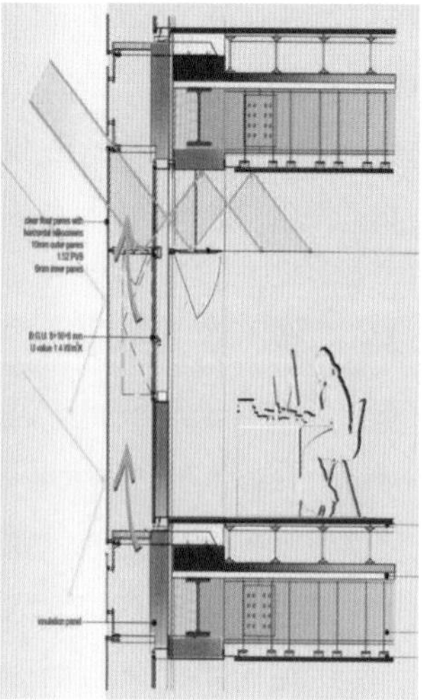

图 24　室内遮阳反光原理

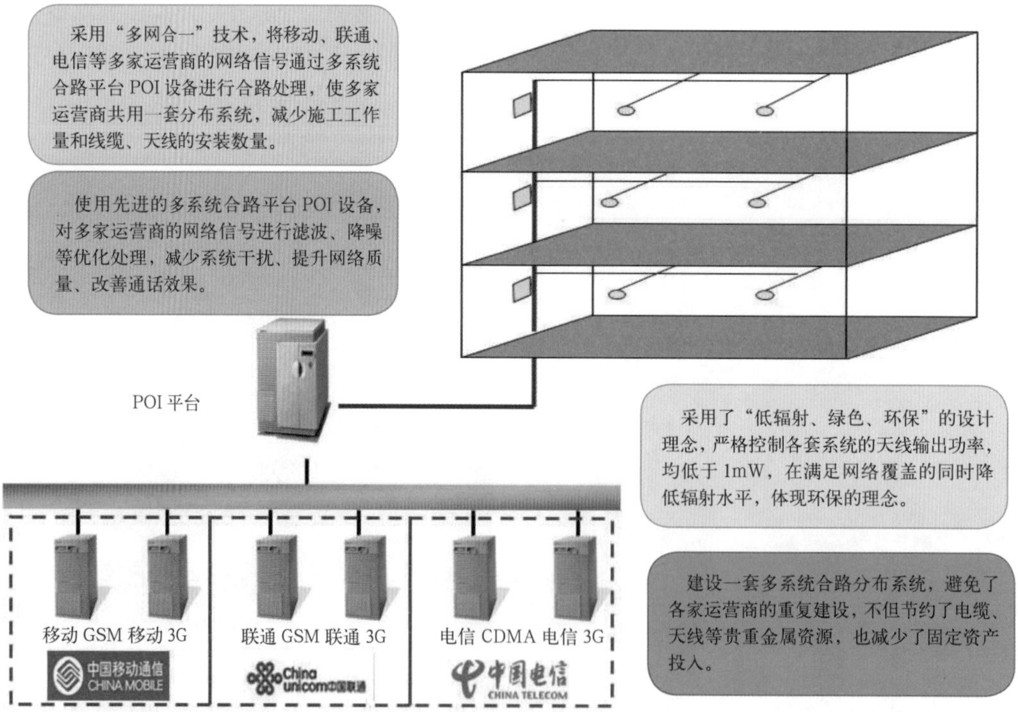

采用“多网合一”技术，将移动、联通、电信等多家运营商的网络信号通过多系统合路平台 POI 设备进行合路处理，使多家运营商共用一套分布系统，减少施工工作量和线缆、天线的安装数量。

使用先进的多系统合路平台 POI 设备，对多家运营商的网络信号进行滤波、降噪等优化处理，减少系统干扰、提升网络质量、改善通话效果。

POI 平台

采用了“低辐射、绿色、环保”的设计理念，严格控制各套系统的天线输出功率，均低于 1mW，在满足网络覆盖的同时降低辐射水平，体现环保的理念。

建设一套多系统合路分布系统，避免了各家运营商的重复建设，不但节约了电缆、天线等贵重金属资源，也减少了固定资产投入。

移动 GSM 移动 3G

中国移动通信 CHINA MOBILE

联通 GSM 联通 3G

China unicom中国联通

电信 CDMA 电信 3G

中国电信 CHINA TELECOM

图 25　“多网合一”技术原理图

辐射强度更小，同时也避免了重复投资，节省了投资资金。

4）高能效系统和设备

环境国际公约履约大楼在空调系统的设计与设备的选择上始终秉持节能高效的原则。在空调系统设计上，根据大楼使用的功能要求，采用了高低温分区、温湿度独立控制的方式。

在冷源部分，大楼选用了一台离心机组和一台水冷螺杆双工况制冷机组的组合，离心制冷机负责全楼的低温冷冻水（冷冻水供回水温度 7/12℃）生产，为全楼的空调机组、新风机组及首层和地下 1 层的风机盘管系统提冷源，由于采用了高效离心机，机组 COP 能达到 7；螺杆机组负责全楼的高温冷冻水（冷冻水供回水温度为 16/19℃）生产，为冷梁（吊顶式空气诱导器）及 2 ~ 9 层风机盘管系统和地下 1 层厨房操作间新风机组提供冷源，机组 COP 能达到 9。

在环境国际公约履约大楼机电设备的选择上，基本选用了高能效设备，其中包括特灵高效制冷主机，此款名为特灵节能之星 EarthWise CenTraVac 的冷水机组，能效系数高达 7.0，冷水机组采用的 R-123 冷媒，是目前可供大型冷水机组使用的最均衡、环保的一种冷媒。该款离心式冷水机组运用平衡的环保手段将臭氧消耗（ODP）和全球变暖（GWP）两方面的综合环境影响减到最小，荣获美国环保署颁发的 2007 年最佳之星的“同温层臭氧保护奖”。大楼还应用空调水系统节能技术，并安装特灵的楼宇能源自控设备，以构建大楼的集成舒适系统。上述措施配以节能型变频水泵，使空调系统整体节能在 28% 以上。环境国际公约履约大楼特灵高效冷水机组如图 26 所示，高效能冷冻水泵如图 27 所示。

图 26　特灵高效冷水机组

图 27　高效能冷冻水泵

环境国际公约履约大楼空调计算冷负荷为 1550kW，其中 812kW 供全新风机组，729kW 供冷梁系统的诱导器使用。低温水回路（提供 7℃冷水）采用 1 台 890kW 高效离心式冷水机组（COP ≥ 7.0，ARI 标准工况）；高温水回路（提供 16℃冷水）采用 1 台 775kW 螺杆式冷水机组，由于 16℃冷水直接给冷梁系统，效率提高了 40%。

其他节能措施包括以下内容。

a. 主机与冷却塔优化控制。冷却水温度越低，主机越省电，但冷却塔就越耗电；相反，冷却水温度越高，冷却塔越省电，但主机就越耗电。利用自动控制可以进行优化，在任何时候都能找到综合能耗最低的冷却水温度，且兼顾室外温湿度变化的影响。

b. 一次泵变流量。冷机可以实现蒸发器变流量运行，这样可以采用变频水泵，节约运行费用。尤其冷梁诱导器系统的水温温差很小，比常规空调系统的水流量大，水泵功率也较大，采用变流量运行方式有助于改善部分负荷时的效率。

①采用系统分析软件分别对 4 个系统的运行能耗进行了模拟计算，包括：第一，原设计系统；第二，采用高效离心机组及一次侧冷冻水变流量；第三，进一步采用冷却塔风机优化运行技术；第四，采用二氧化碳浓度新风控制模式，结果使高效机组结合变流量冷冻水系统设计可以比原方案节能约 13%，冷却塔优化软件可以继续节约 9%，假如采用 CO_2 浓度控制可以再节约 6%。特灵方案比原设计方案节能 28%，每年减排 CO_2 约 94500kg。

采用环境友好型制冷剂。单独强调制冷剂消耗臭氧层潜能值（ODP）或全球变暖潜能值（GWP）都是不全面、不科学的。根据国标《制冷剂编号方法和安全性分类》GB/T 7778—2008 的定义，R123 和 R134a 都是环境友好型的制冷剂，都可以在美国绿色建筑协会的 LEED 评价标准中得分。综合评价臭氧层破坏、全球变暖、高效节能、短的大气寿命、最小的制冷剂泄漏等要素，R123 机组对环境的综合影响最小。

机组运行可靠、控制先进。电动机与压缩机直接传动，仅有一个运转部件，无齿轮传动的损耗，压缩机转速低，转速约为 2950rpm，振动小，噪声低；机组具有前馈控制功能、自适应功能、变流量补偿功能，冷水机组变流量范围大，应用于低温、低流或一次泵变流量系统，节省冷水系统整体能耗。

图 28 安装完成后的冷梁

②采用高舒适性节能静音型空调末端设备——主动式冷梁（Active Chilled Beams），主动式冷梁是一种带新风诱导的气－水换热末端装置。在系统中，由空调箱处理的室外新风被送入冷梁后，经喷嘴高速喷射在箱体内部形成局部负压，诱导室内空气（二次风）从多孔板风口面板进入冷梁，再经过热交换器的冷却后，与一次风混合并从两侧送风口贴附送入室内。冷梁技术利用辐射换热使冷冻水温度提高到 16℃以上，从而达到提高冷冻水温度（较传统供水 7℃），增大冷水机组能效比，达到节能的目的。安装完成后的冷梁如图 28 所示。

冷梁系统与传统的风机盘管系统相比，冷梁在运行过程中取消了风机，从而降低了运行噪声，降低了电力消耗。由于冷梁系统中的冷冻水供水温度较传统的空调水温高，减小了换热温差，避免了在冷梁下活动的人的有吹“风感”及“干冷”的感觉，提高了空调系统的舒适度。从冷梁流出的空气形成两股方向相反的气流，沿着吊顶流向冷梁的两侧，这样的气流形成了非常好的房间气流组织。沿着吊顶流动的气流形成了科恩达效应，从而沿着天花板流动，然后缓缓地流到用冷区域。由于没有风机的强制吹风（通常的风速控制在

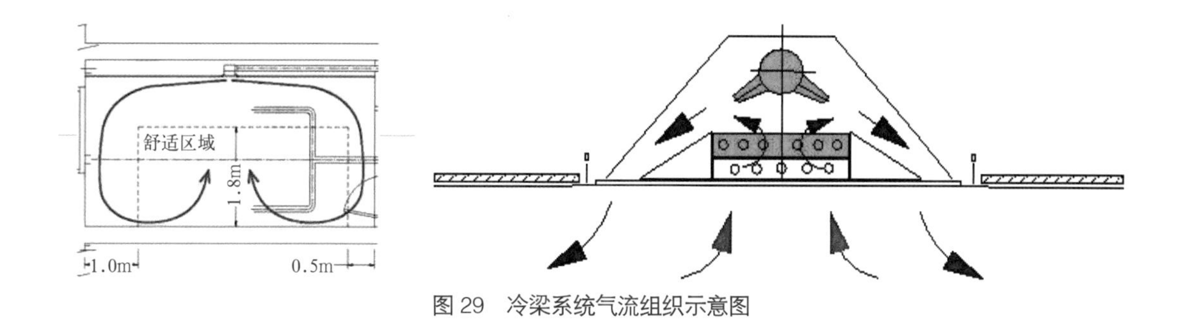

图 29 冷梁系统气流组织示意图

0.5m/s 左右)，使用者在用冷区域会感觉非常舒适。冷梁系统气流组织示意图见图 29。

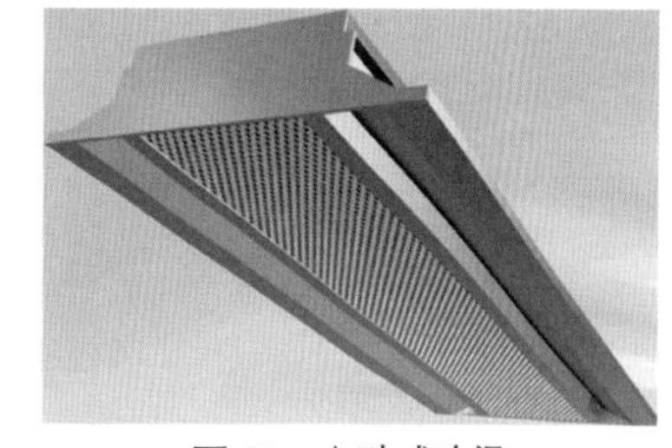

图 30 主动式冷梁

由于冷梁系统的冷冻水水温为 16℃，其在运行时无冷凝水，不会形成细菌滋生及冷凝水的二次污染，提高了卫生条件，避免了空调冷凝水军团菌的污染，保证了空调房间内人员的健康。

冷梁系统的节能效果明显，由于提高了冷冻水供水温度，相应地提高了冷水机组的制冷系数 COP 值。相关测试数据表明：当冷却水出水温度保持恒定时，水冷螺杆机组冷冻水出水温度每降低 1℃，制冷量约下降 5%，而制冷系数 COP 值将下降 3% 左右。

图 31 DRI 热回收转轮

同时冷梁还具有产品体积小，结构紧凑，可显著节省建筑空间；每台冷梁自带送回风口，使吊顶整齐美观，简洁明快，如图 30 所示。

另外，为了节约能耗，在新风机组内置了转轮全热回收装置，使排出的废气与引入的新风进行全热能量交换，减少新风能耗，如图 31 所示。

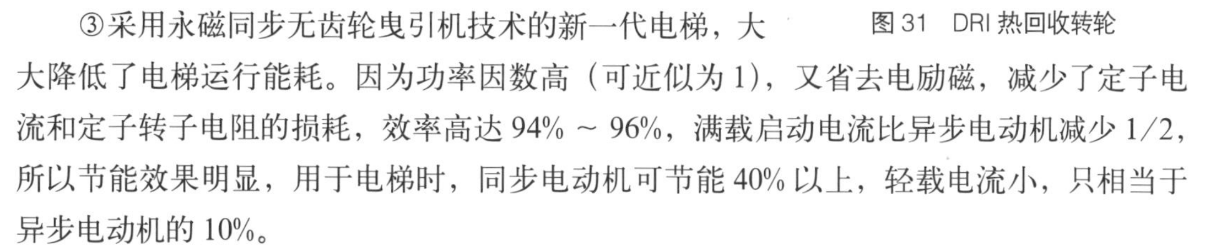

③采用永磁同步无齿轮曳引机技术的新一代电梯，大大降低了电梯运行能耗。因为功率因数高（可近似为 1)，又省去电励磁，减少了定子电流和定子转子电阻的损耗，效率高达 94% ~ 96%，满载启动电流比异步电动机减少 1/2，所以节能效果明显，用于电梯时，同步电动机可节能 40% 以上，轻载电流小，只相当于异步电动机的 10%。

④按照大楼建设理念，在弱电系统中的智能控制系统采用具有世界水平的 KNX/EIB 的智能控制系统，统筹考虑生态建设、资源节约，体现了人与人的和谐、人与自然的和谐、人与经济活动的和谐，提供了一套完善的绿色智能控制的解决方案。

在该方案中选用 KNX/EIB 系列产品，控制了照明、风机盘管空调、冷梁、电动窗帘、智能电表等楼内设备，把以上设备总体融入到 EIB 系统中，实现统一的智能控制。采用了系统中的照度控制、感应控制、定时控制、集中控制等 4 种控制方式以及通过 EIB 电表进行用电量自动管理与控制，设计中充分挖掘 KNX/EIB 产品在节能减排方面的功能和性能优势，充分满足控制需求且最大化节能减排的效果，力求尽善尽美。

大楼内的办公室灯具采用 Dali 数字调光方式。设计中，在办公室照明引入了恒照度控制概念，恒照度是指人工照明和自然照明互补，使工作面保持在工作所需的照明程度上。恒照度概念的出现是由于室内空间的纵深不同，自然采光强度出现变化，近窗的区域采光条件好，于是不需要人工照明，而远窗的区域采光条件差，就需要一定的人工照明来补光。

在普通办公区内，按照 8m 柱距的区域设置 KNX/EIB 的多功能探测器，KNX/EIB 的多功能探测器具备人体红外探测功能，对覆盖区域内人员的存在情况进行探测。所以 KNX/EIB 的多功能探测器具备人员存在探测功能，保证实现系统的节能和先进性。系统设计在具备高智能自动化的同时，还考虑设有就地手动控制面板，方便工作人员对灯光照明进行本地的调节和控制，房间内照明设计采用了多功能探测器联同荧光灯调光控制器，实现人体存在探测、亮度传感、恒照度控制相结合的办公区域照明解决方案。

图 32　房间内人员存在感应装置

大楼内的办公室均设计有冷梁系统电磁阀控制器，可以根据 KNX/EIB 的多功能探测器的人员存在探测功能来自动开关冷梁或风机盘管的阀门，如图 32 所示。在多功能探测器对区域人员存在情况探测的同时，设计还采用了干接点输入模块连接可开启的窗户，通过窗磁的开闭判断室内是否有开窗通风的情况，并且可以根据当窗户打开时，关闭冷梁及风机盘管的阀门。通过 KNX/EIB 的多功能探测器和干接点输入模块相结合控制冷梁系统电磁阀控制器，实现在有人员在的区域内及窗户关闭的情况下开启冷梁水路电磁控制阀；如果人员离开该区域或者窗户被打开，自动关闭开启状态的冷梁系统。

大楼的大堂、走廊、楼梯间、停车场、幕墙、室外泛光区、室外道路等公共区域的照明由设备监控中心统一控制。控制方式包括：日常定时开关控制、特殊节假日时钟控制、分楼层控制、分区域控制、间隔开关控制，以及各种组合方式，以达到业主的使用要求和先进智能控制系统高集成性和优化性。

照明监控软件采用进口的 WINSWITCH 控制平台，该软件由欧洲 ASTON 公司专为 EIB 系统开发研制，具有良好的操作界面，支持全中文汉字输入显示等功能。

在大楼的照明配电箱、动力配电柜内安装 KNX/EIB 智能电表，该设备的使用使整个电力计量系统系通过 EIB 总线系统集成监控，电量使用情况被传至楼控中心进行监控。智能照明控制界面如图 33 所示。

在起到智能远程抄表控制的同时，更具备远程用电管理功能，对整个建筑的用电进行监视，通过总线系统为业主管理和计量能源的消耗。KNX/EIB 在控制能源和节约能源上体现出极强的优势，真正在大楼起到“管家”的作用。

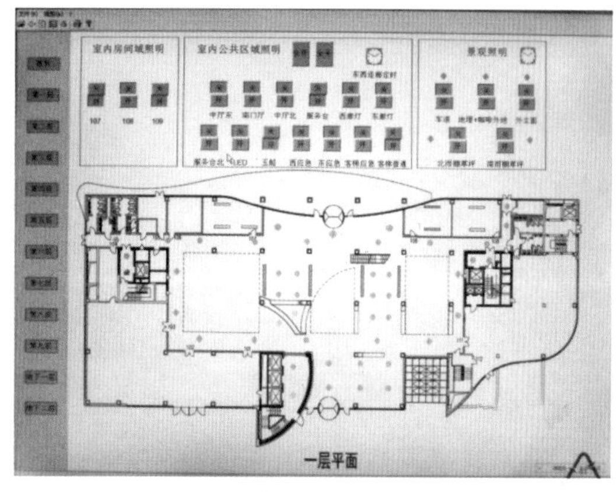

图 33　智能照明控制界面

在大楼的智能照明监控系统中，配置了 OPC-Server 开放式协议，不需要对软件进行二次开发，就能使整个 KNX/EIB 控制系统通过 OPC 服务与 BMS 系统进行通信，方便 EIB 系统集成到更高层的楼宇管理系统中去，使得 EIB 系统能够被更高层的控制平台集成监控。楼宇自控系统可直接监控 EIB 系统，也可通过以太网监控 EIB 系统。

⑤大楼内部设有两个大型中庭，增加了室内自然采光；同时两个中庭上面安装有先进的自动追光型太阳光线导射系统，可有效地将太阳光导入中庭并散射到中庭底层和四周。大楼中庭如图 34、图 35 所示，太阳追踪反射镜如图 36 所示。

图 34　大楼中庭（一）

图 35　大楼中庭（二）

⑥在可再生能源的利用上，大楼充分利用太阳能，在大楼西南侧安装有光电幕墙，如图 37 所示，利用太阳能进行光伏发电，发电量约为 20kW，可并入建筑内电网。环境国际公约履约大楼光伏发电幕墙如图 37 所示。履约大楼 2010 与 2011 年度太阳光光伏发电量比较如图 38 所示。

同时采用高效太阳能热水系统，为建筑内提供生活热水。生活热水热源采用太阳能集热系统作为热源，利用防冻液作为载热剂，进入换热器将水加热，若水温不够可同时采用带蓄热功能的电加热器作为辅助热源。储热式电加热器的运行充分利用低谷电价，

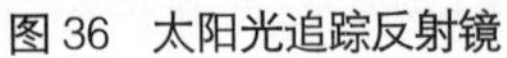

图 36　太阳光追踪反射镜

图 37　光伏发电幕墙

	1 月	2 月	3 月	4 月	5 月	6 月	7 月	8 月	9 月	10 月	11 月	12 月	合计 kWh
2010 年	278	782	919	1422	1170	982	825	943	945	793	819	1116	10994
2011 年	918	952	1532	1467	1392	1165	1050	1002	960	847	846	952	13083

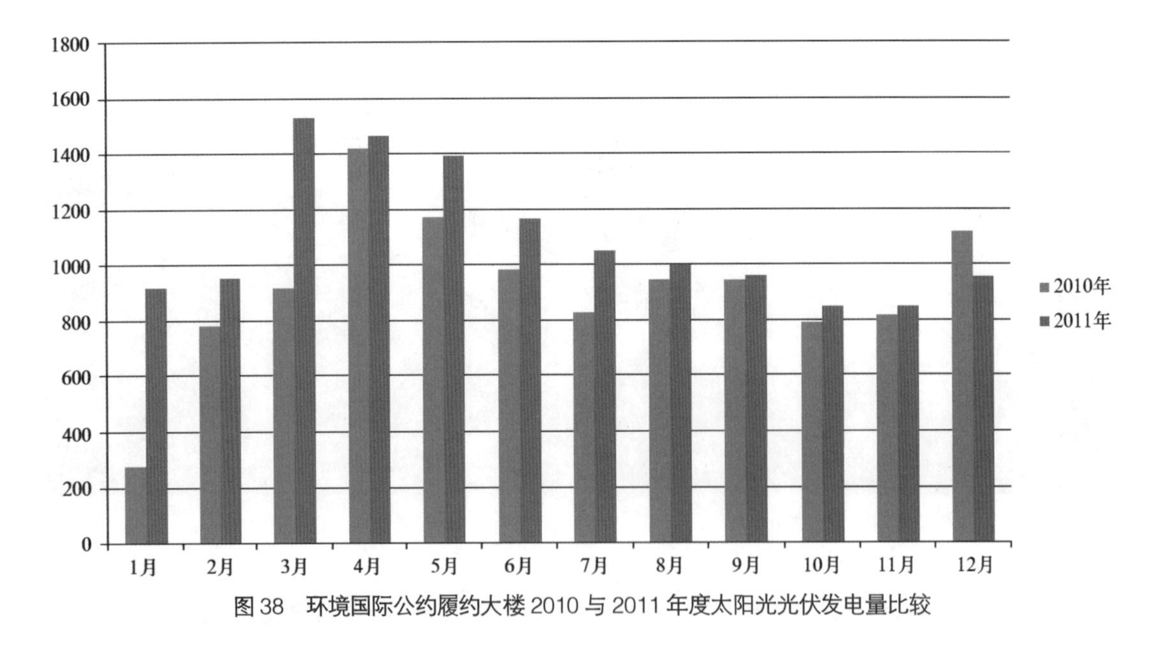

图 38　环境国际公约履约大楼 2010 与 2011 年度太阳光光伏发电量比较

节约运行费用。在地下 2 层设太阳能储热罐，太阳能循环水泵等充分利用可再生清洁能源。太阳能热水集热系统如图 39 所示，太阳能热水集热系统原理如图 40 所示。

5）雨水回渗与集蓄利用

环境国际公约履约大楼北侧拥有 20m 宽的绿化区域，其视线开阔，绿化和环境空间条件优越，建筑物城市空间形态良好，具备较好的城市景观缓冲空间。在项目实施过程

图 39　太阳能热水集热系统

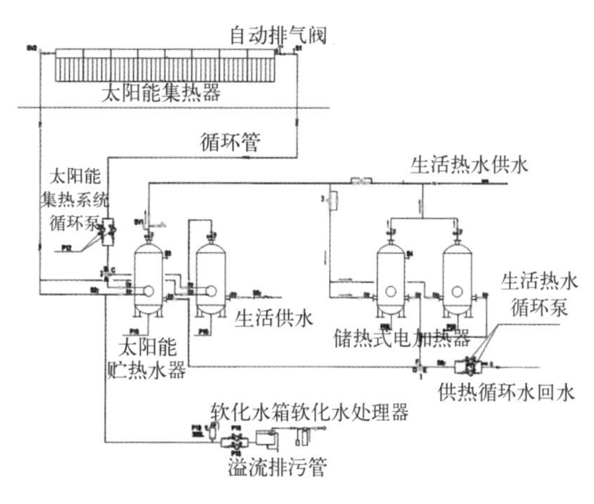

图 40　太阳能热水集热系统原理图

中将绿化率提高到了 27%，并增设了雨水收集池，通过渗排龙将雨水渗透到周围土层内，用于绿化灌溉。雨水流程是：首先流入雨水收集池，其表面铺有 200mm 厚兼作景观用的杂色天然卵石，卵石下铺约 100mm 厚石英砂滤水层，之后为无纺布隔离滤水层，无纺布下面就是渗排龙，多余的雨水可通过大砾石后渗入土层。大楼雨水收集池实景如图 41 所示，雨水收集池构造示意图如图 42 所示。

图 41　雨水收集池实景

图 42　大楼雨水收集池构造示意图

（三）运行

1. 运行效果

1）物业管理

优质的工程需要优秀的管理，大楼建设者充分认识到物业管理的重要性，从大楼设计开始就邀请国贸物业酒店管理有限公司参与其中，其重要性体现在大楼运行管理的方方面面。国贸物业酒店管理有限公司是国家一级资质管理企业，该公司通过 ISO9001：2000、ISO14001、OHSAS18001 综合管理体系认证。

在大楼管理方面，物业公司在业主的领导下对环境国际公约履约大楼实施科学的管理，提供了优质的服务，并在现有管理经验及管理资源的基础上，不断调整、更新，导入先进的管理理念，结合环境国际公约履约大楼设备运行与管理特点，创建出一套与业主层次及办公需求相符的管理模式，使大楼内办公人员能真切地感受高品位的物业管理和高品质的管理所带来的超值享受。大楼管理工作参照北京市和全国物业管理优秀示范大厦评定标准，确保办公人员综合满意率达到 93% ～ 95%。

在工程运行管理上做到预防性维修保养为主，改进性维修为辅，同时还包括应急性维修。通过对设备的检查、检测，发现故障征兆，为防止故障发生，使其保持在规定状态所进行的各种维修活动。利用在完成设备维修任务的同时，对设备进行改进或改装，以提高设备的固有可靠性、维修性和安全性水平的维修；对设备设施突发事件的应急抢修，通过应急性维修确保业主正常使用大楼内的设备设施；维护保养工作流程如图 43 所示。

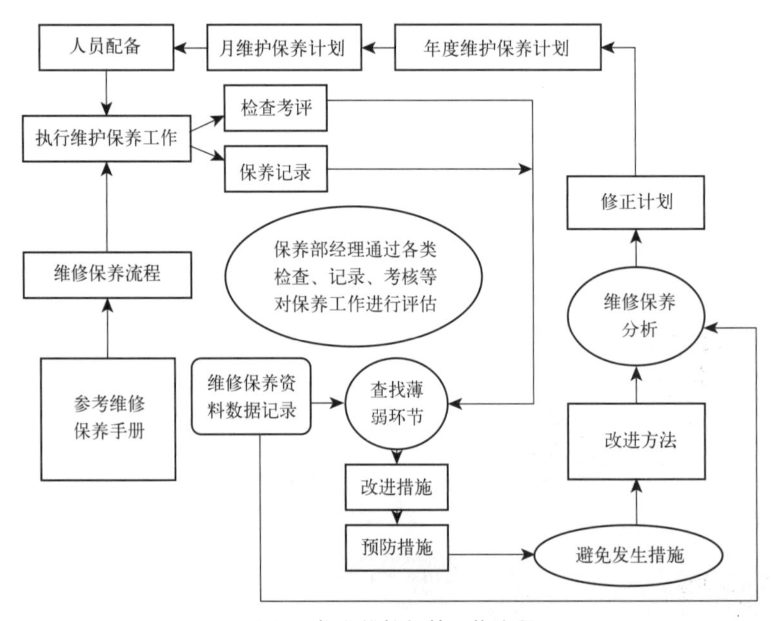

图 43　物业维护保养工作流程

为了能够掌握履约大楼的运行情况，总结履约大楼运行规律，物业公司定时给大楼管理部门提供能源分析报告，每月对履约大楼能源使用进行分项统计，及时将大楼能源消耗情况汇总，使大楼管理部门翔实地了解能源消耗所涉及的重点设备。同时要求物业工程部门每日根据能源消耗的数量，随时调控设备的运行，合理优化设备运行参数，在满足正常使用的前提下，较好地控制了能源的消耗。

在节能工作方面，通过分析能源使用情况，找到节能途径。通过日常巡视检查、设备运行、环境温度测量、节能宣传等手段，随时调整设备设施的运行，对运行参数进行优化，实现节能降耗的目的。

履约大楼自 2009 年 5 月启用，通过当年 5 月～ 12 月的大楼运行能耗观察，结合大楼使用的实际，制定了 2010、2011 年度履约大楼能耗管理目标，取得了一定效果。环境国际公约履约大楼 2010、2011 年度用电量对比如图 44 所示。

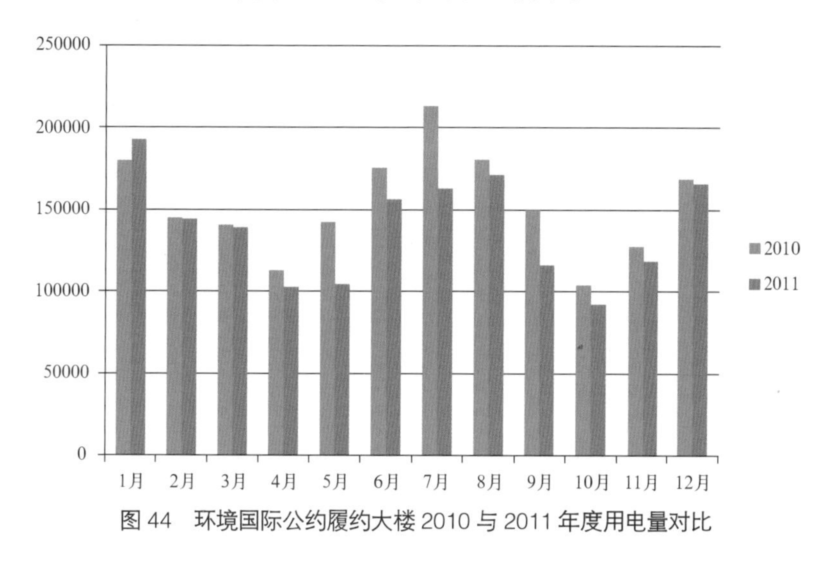

图 44　环境国际公约履约大楼 2010 与 2011 年度用电量对比

2）建筑智能化运行控制

一个健全的建筑需要有一个智能化的大脑，大楼内安装了先进的楼宇控制管理系统，其中包括智能电表，具有自动抄表功能，可实现能源管理，及时掌握各主要部位的能源消耗情况，以便综合分析，提高能源的使用效率；大楼还建有先进的智能楼宇控制系统，包括智能照明系统、电梯运行管理系统、空调智能运行系统、给排水自动控制系统和安防系统等。可随时掌握大楼的运行情况，使各种设备处于节能高效的运行状态。大楼 1 层中央空调机房如图 45 所示，其地下 1 层楼控机房如图 46 所示。

图 45　1 层中央控制机房

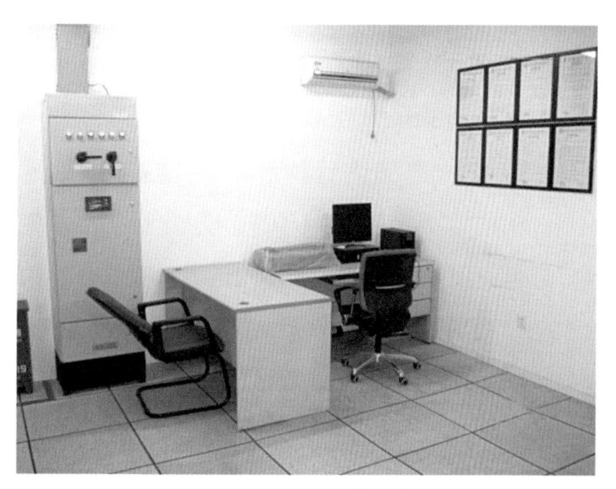

图 46　地下 1 层楼控机房

2. 综合效益及推广分析

环境国际公约履约大楼项目建成后，大大改善了我国目前的履约环境，整合了履约资源，提高了履约的水平和质量，更好地树立我国的环境大国形象。另外还进一步扩大和加强了我国政府与其他国家政府机构和国际组织之间开展的合作领域，为引资带来良好的机遇和发展势态，为我国的经济可持续发展起到重要的保障作用。

目前项目已竣工完成，并已投入使用3年。期间，一直处于机电空调系统根据各楼层房间不同情况进行个别调整的阶段，现楼内各示范技术安装调试及各系统的运行评估工作基本完成，且依据评估结果而进行的相关部分的调整与改造工作也已基本结束。

在大楼建设过程中，始终坚持以“环保、节能、可持续发展”为主线，坚持“以人为本”的开发理念，使得该项目具有绿色建筑示范性。有鉴于此，项目采用了多项节能环保新措施，应用了多项节能环保建筑材料，对于在我国推广使用高效节能建筑产品，以及降低建筑业的能耗，起到了示范带头作用，对节能减排工作的开展意义重大。

环境国际公约履约大楼项目属综合性办公建筑项目，对周围的环境不会产生任何的污染，加之采用了中水系统、雨水回收系统、太阳能光伏发电系统各种设备、设施的噪声均控制在国家的噪声标准之内，所以不会对环境产生不利影响。

图47　环境国际公约履约大楼绿色建筑技术展示

项目设计主导思想明确，务实地采用了成熟的技术手段和措施，加之物业服务企业在项目投入使用后的管理，相信项目的社会效益、环境效益、经济效益将会逐年显现出来。

为便于将环境国际公约履约大楼建设过程中所积累下来的宝贵经验和采用的关键技术进行展示、推广，在楼内布置了题为《环境国际公约履约大楼绿色建筑技术展》的专门展示空间，常年进行技术展示如图47。截至目前，环境国际公约履约大楼已接待了上千人次的参观学习。该项目对于其他新建项目具有重要的示范引领作用。

3. 技术经济性分析和应用推广价值

绿色建筑的节能环保技术可以带来可观的经济效益和社会效益，环境国际公约履约大楼工程造价增量成本约为人民币960元/m^2，但从3年的运行实际情况来看，其运行费用将会降低，建筑内部的环境等将会得到大幅度的提高，同时也可以提高能源利用率，减少对空气的污染。我国的能源短缺，环境污染较严重，所以推广绿色建筑技术意义重大。

（四）总结

环境国际公约履约大楼建设项目从方案论证直至建造、运行的全过程，始终围绕着“环保、节能、可持续发展”这条主线，坚持“以人为本”的建设理念，积极探索“低碳”建设与管理之路，使得项目更具有绿色建筑的示范性。项目采用了多项节能环保新措施，应用了多项节能环保建筑材料，对于在我国推广使用高效节能建筑产品，以及降低建筑业的能耗，起到了示范引领的作用，是积极探索建设绿色政府办公建筑的一次有益实践，对节能减排意义重大。环境国际公约履约大楼项目获得住房和城乡建设部“绿色建筑示范工程”证书如图 48 所示。

证　书

环境保护部环境保护对外合作中心：

你单位承担的住房和城乡建设部绿色建筑示范工程—“环境国际公约履约大楼”项目，业已完成并通过验收。

特颁此证

项目编号：2008－S1－16

验收证书编号：建科验字〔2010〕第221号

二〇一〇年十二月三十日

图 48　环境国际公约履约大楼项目获得“绿色建筑示范工程”证书

项目承担单位：环境保护部环境保护对外合作中心

项目建设单位：环境保护部环境保护对外合作中心

设计单位：意大利 MOA 建筑设计事务所
　　　　　意大利飞握米兰技术公司
　　　　　北京建筑设计研究设计院

施工单位：中国建筑第三工程局有限公司

绿色建筑技术咨询单位：清华大学建筑学院
　　　　　　　　　　　北京唯绿建筑节能科技有限公司

广东省中山图书馆

——2011年11月通过住房和城乡建设部“低能耗建筑示范工程”验收

专家点评：广东省中山图书馆改扩建项目一期工程项目，以绿色、低能耗为目标，紧密结合南方气候特点，采用先进、适用的绿色节能技术和有力措施，保质、保量、按期地完成了低能耗节能建筑示范，达到增强使用功能、改善室内环境和降低建筑能耗三统一。

一、项目技术特点

1. 优化建筑规划设计，采用成熟的屋顶绿化、高性能门窗、建筑遮阳、节能墙体等技术，改善围护结构性能。

2. 充分利用自然通风，营造良好的室内空气质量，提高环境舒适度。

3. 使用高效空调采暖系统，辅以热回收装置，以及景观照明节能设备，有效降低建筑能耗、节能效果显著。

4. 大规模利用可再生能源，建造与建筑一体化的太阳能光伏并网发电系统，选用不同类型的高效光伏电池，提高光伏系统效率，增强建筑节能水平。

5. 设立雨水收集回用系统，最大限度地净化和循环利用雨水资源，改善区域蓄、排水功能。

6. 科学地实施能耗分项计量系统，及时可靠地掌握建筑能耗状况，为调节用能提供决策依据。

二、项目达到的主要技术指标

1.B区建筑综合节能率达到67.49%，超过《公共建筑节能设计标准》GB 50189—2005节能50%的要求。

2. 太阳能光伏发电系统（181kW）年发电量23万kWh。

3. 光伏系统转换效率达到10%。

4. 雨水浇灌绿化用水替代自来水利用率为61.70%。

三、项目产生的经济、社会、环境效益及应用前景

1. 年节电量161.6万kWh，年节约标煤652.8t，年CO_2减排量1710t。

2. 项目紧紧抓住了既有公共建筑节能改造关键技术，集成创新，改造措施得当，节能效果明显，具有很强的示范作用和推广效应。项目将发挥公益性教育窗口示范和宣传交流作用，推动广东省既有公共建筑节能改造，带动区域建筑节能

产业的发展。

（一）项目概况

广东省立中山图书馆（下简称为中山图书馆）创建于1921年，是广东省级综合性公共图书馆、国家一级图书馆，也是全国文化信息资源共享工程广东省分中心、广东省古籍保护中心、全国图书馆联合编目中心广东省分中心所在地。本馆历史悠久，典藏丰富，在海内外闻名遐迩，前身是明代羊城胜迹“南园”，后为清代广雅书局藏书楼，其中的“抗风轩”为孙中山早年从事革命活动的秘密据点。中山图书馆总馆位于广州市文明路，大院内古榕环抱，木棉参天，绿草如茵，环境幽雅，被誉为闹市中的“绿洲”。1986年，邓小平同志亲自为中山图书馆题写了馆名。2003年，广东省政府投资5亿元实施广东省立中山图书馆改扩建工程，整个工程以崇尚生态、优先节能、力行俭约、富集人文为亮点。总体设计方案明确指出：用绿色生态建筑理论指导图书馆设计，力求将图书馆环保、节能以及建筑物理环境等多方面体现设计对生态的注重，将图书馆建设成为具有浓郁人文特色和文化底蕴，同时呈现岭南建筑风格和时代风貌的文化基地，深切体现“生态图书馆”这一建设目标。2010年12月30日，改扩建首期工程竣工并正式对外开放，新馆推出“读者卡”与自助借还服务，引入触摸屏报刊阅读系统、3D特色馆藏资源展示系统、掌上图书馆等高新科技服务手段，以崭新的面貌迎接四方读者，欢迎读者免费共享广东公共文化建设的新成果，标志着中山图书馆的历史从此掀开了新的一页。

1. 改造前情况

本次改扩建前，中山图书馆仅有一栋图书馆大楼（B区），建于20世纪80年代中期，改造前总建筑面积约为29449m^2。大楼分为南北两大部分。

①南段是读者阅览、外借书刊和活动的中心，布置了目录厅、各种阅览室、300多座位报告厅、展览厅以及贵宾室等，成为服务工作的第一线。

②北段主要布置图书馆内部使用的房间，包括8776m^{2}的基本书库和生产技术用房，图书馆的行政办公用房也布置在北段。

2. 改造目的

随着社会物质和文化水平的不断提高，中山图书馆的馆藏形式、藏书空间、阅览面积、阅读环境、基础设施、自动化水平等方面均不能满足当前社会发展的需求。同时建筑物的立面陈旧、剥落，天面爆裂、渗水；阅览和典藏环境没有安装空调；防盗报警系统基本空白；书库基本爆满；木家具损耗严重；电梯基本报废；视听音像设备老化报废；计算机系统无法满足数字图书馆的要求；接待能力不足，严重制约了省图书馆的对外服务能力。

3. 改造目标——绿色低能耗建筑

①中山图书馆作为广东省重要公益性文化设施和服务社会文化的重要窗口，积极努力建设重点文化工程的同时，也积极响应国家建筑节能政策，以绿色低能耗建筑为目标，本

着保证使用功能、改善室内环境、降低建筑能耗三者兼顾的原则，达到以下主要技术指标。

② B 区建筑综合节能率（理论计算值）达到 67.49%。

③太阳能光伏发电系统（181kW）年发电量达 23 万 kWh。

④光伏系统转换效率达到 10%。

⑤雨水浇灌绿化用水替代自来水利用率达到 61.70%。

4. 改造后状况

此次改扩建后，中山图书馆成为我国最大省级图书馆之一，成为一座绿色环保建筑物，与环境、朝向相适应，是生态、节能建筑，充分尊重城市整体规划，与周边环境及建筑契合良好，成为广州市以及广东省的中心图书馆，市民生活中的重要组成部分，城市中心标志性文化建筑物之一。改扩建后的总建筑面积为 6.96 万 m^2，包括以下部分。

①新建 2 层地下车库（A 区，总建筑面积为 19252m^2，其上面为露天革命广场，地下两层为停车场）。

②改造原图书馆大楼（B 区，总建筑面积为 30308m^2，全中央空调系统）。

③新建 11 层书库大楼（C 区，总建筑面积为 20094m^2，全中央空调系统，珍品书库恒温、恒湿）。

项目自 2006 年 8 月开始施工，2010 年 12 月完工，整个项目总投资约为 3.93 亿元，其中在节能环保上的增量成本为 200 元 /m^2。改扩建后的图书馆鸟瞰图见图 1。

图 1　改扩建后的中山图书馆鸟瞰图

（二）技术及实施

1. 总体技术

以既有改造、新建建筑为建筑群的大型公建作为工程应用载体，建立可再生能源建筑应用运行监测和演示宣传窗口，确定主要研究内容和应用方向，采用以下绿色低能耗技术。

①改善围护结构热工性能。

②充分利用自然通风和环境节能技术。

③合理地配置中央空调系统。

④大规模、多形式地利用太阳能光伏发电技术。

⑤合理地采用雨水收集利用技术。

⑥科学地实施能耗分项计量系统。

1）合理利用地下空间

新建 2 层地下车库（A 区，总建筑面积为 19252m^2，其上面为露天革命广场，地下两层为停车场）。

2）屋面绿化

对图书馆 B 区在早期已部分采用的屋面绿化，进行进一步整治及规范化管理，达到节能标准要求，其性能见表 1。

覆土种植屋面　　表 1

材料名称	厚度 δ (mm)	导热系数 λ W/(m · K)	蓄热系数 S W/(m^2 · K)	修正系数 α	修正后热阻 R (m^2 · K)/W	热惰性指标 D
覆土种植层	120	0.58	7.69	1.60	0.7	2.9
水泥砂浆	20	0.93	11.37	1.00	0.022	0.245
钢筋混凝土	120	1.74	17.2	1.00	0.069	1.186
石灰砂浆	20	0.87	10.75	1.00	0.023	0.247
各层之和	225	—	—	—	0.84	5.551
修正后 K	0.89					

3）B 区围护结构节能改造

结合广州地区的气候特征，项目改造以改善夏季室内热环境和减少空调制冷负荷为重点，屋顶、外墙和外窗采用隔热和遮阳措施，防止大量的太阳辐射热进入室内；加强区域环境及房间的自然通风，有效带走室内热量，并对人体舒适感起调节作用。具体的改造措施有以下几个方面。

（1）屋面

中山图书馆 B 区部分屋顶在早期已部分采用了屋面绿化，通过进一步整治及规范化管理，达到节能标准要求。

未采用屋面绿化部分，铲除原有屋面隔热层，增加新的隔热层（复合泡沫板—上人屋面彩色轻质防水隔热板），其中聚苯乙烯泡沫板（35mm 厚），其性能见表 2，达到节能标准要求。

屋顶构造为 35mmEPS 保温（改造部分）　　表 2

材料名称	厚度 δ (mm)	导热系数 λ W/(m · K)	蓄热系数 S W/(m^2 · K)	修正系数 α	修正后热阻 R (m^2 · K)/W	热惰性指标 D
泡沫混凝土	20	0.22	3.601	1.25	0.909	3.274
聚苯乙烯泡沫板（ρ =30）	35	0.038	0.36	1.20	1.054	0.407
水泥砂浆	20	0.93	11.37	1.00	0.022	0.245
钢筋混凝土	20	1.74	17.2	1.00	0.069	1.186
石灰砂浆	20	0.87	10.75	1.00	0.023	0.247
各层之和	215	—	—	—	1.168	5.551
修正后 K	0.882					

（2）外墙

采用的改造措施有如下几项。

①铲除全部旧的外墙批荡和瓷片。

②外墙内侧增加 180 轻砂浆砌筑黏土砖 +25mm 硅酸铝复合保温材料。

③外钢筋混凝土墙 +20mm 硅酸铝复合保温材料。

④外侧贴浅色瓷片。

其性能见表 3，达到节能标准要求。

180 轻砂浆砌筑黏土砖 +25mm 硅酸铝复合保温材料（改造部分）　　表 3

材料名称（由外到内）	厚度 δ (mm)	导热系数 λ W/(m · K)	蓄热系数 S W/(m^2 · K)	修正系数 α	修正后热阻 R (m^2 · K)/W	热惰性指标 D
水泥砂浆	20	0.93	11.37	1.00	0.022	0.245
轻砂浆砌筑黏土砖砌体	180	0.76	9.96	1.00	0.237	2.359
硅酸铝复合保温砂浆	25	0.06	1.02	1.25	0.333	0.340
石灰水泥砂浆（混合砂浆）	10	0.87	10.75	1.00	0.023	0.247
各层之和	235	—	—	—	0.615	4.21
修正后 K	1.410					

(3) 外窗

采用的改造措施有如下几项。

①拆除原有旧窗，换为普通铝合金窗 + 中空 low−E 玻璃。

②调整窗墙面积比。

其性能见表 4，达到节能标准要求。

窗墙面积比　表 4

朝向	窗面积（m^2）	墙面积（含窗洞）（m^2）	窗墙面积比	窗墙比限值
东	794.249	2574.496	0.32	0.70
南	1090.022	2919.727	0.40	0.70
西	668.562	2572.586	0.26	0.70
北	1026.719	2925.327	0.35	0.70
合计	3579.552	10992.137	0.33	—

4）C 区书库围护结构节能措施

C 区书库是新建建筑，主要功能是精品藏书，部分精品藏书区域要求恒温、恒湿。节能措施主要集中在：围护结构隔热、空调系统合理配置、综合遮阳措施、自然通风措施等方面，实现节能目标。

(1) 控制窗墙面积比

窗墙面积比见表 5，达到节能标准要求。

窗墙面积比　表 5

朝向	窗面积（m^2）	墙面积（m^2）	窗墙面积比	窗墙比限值
东	195.65	1780.74	0.11	0.70
南	147.69	1780.09	0.08	0.70
西	145.91	936.00	0.16	0.70
北	197.47	983.88	0.20	0.70
合计	686.72	5480.72	0.13	—

(2) 外墙

外墙采用 200mm 厚加气混凝土砌块，其性能见表 6，达到节能标准要求。

200mm 加气混凝土砌块构造　表 6

材料名称（由外到内）	厚度 δ（mm）	导热系数 λ W/(m·K)	蓄热系数 S W/(m^2·K)	修正系数 α	修正后热阻 R (m^2·K)/W	热惰性指标 D
水泥砂浆	20	0.93	11.37	1.00	0.022	0.243
加气混凝土砌块	200	0.22	3.601	1.25	0.909	3.274

续表

材料名称（由外到内）	厚度 δ (mm)	导热系数 λ W/(m·K)	蓄热系数 S W/(m²·K)	修正系数 α	修正后热阻 R (m²·K)/W	热惰性指标 D
石灰水泥砂浆（混合砂浆）	10	0.87	10.75	1.00	0.023	0.247
各层之和	240	—	—	—	0.954	3.761
修正后 K	1.103					

外墙各朝向热工性能见表7，达到节能标准要求。

外墙热工性能信息统计表　　表7

	东向	南向	西向	北向
平均传热系数[W/(m²·K)]	1.32	1.36	1.39	1.41
平均热惰性指标	3.56	3.56	3.54	3.51

（3）屋顶

屋面隔热层采用35mm厚挤塑聚苯乙烯板，其性能见表8，达到节能标准要求。

屋顶构造　　表8

材料名称	厚度 δ (mm)	导热系数 λ W/(m·K)	蓄热系数 S W/(m²·K)	修正系数 α	修正后热阻 R [(m²·K)/W]	热惰性指标 D
水泥砂浆	20	0.93	11.306	1.00	0.022	0.243
碎石、卵石混凝土 ρ=2300	40	1.51	15.36	1.00	0.026	0.407
挤塑聚苯板（ρ=25～32）	35	0.030	0.32	1.20	1.167	0.373
钢筋混凝土	120	1.74	17.060	1.00	0.069	1.177
石灰砂浆	20	0.87	10.627	1.00	0.023	0.244
各层之和	235	—	—	—	1.280	2.437
修正后 K	0.83					

5）自然通风

项目改造前，利用计算机模拟对自然通风情况进行量化分析，确定了调整外窗开启方式、增大中庭开窗面积等几方面的改进措施，进一步改善室内自然通风效果。

夏季和过渡季节利用自然通风可充分节约空调开启时间。

①为了进行室内自然通风条件分析，首先须在主导风条件下模拟得到建筑周边的风压分布，进一步以建筑前后风压作为自然通风分析的边界条件输入，以模拟单体的室内自然通风效果。

以 B 区建筑的 3 层为分析对象，其模型见图 2。

自然通风模拟结果见图 3。

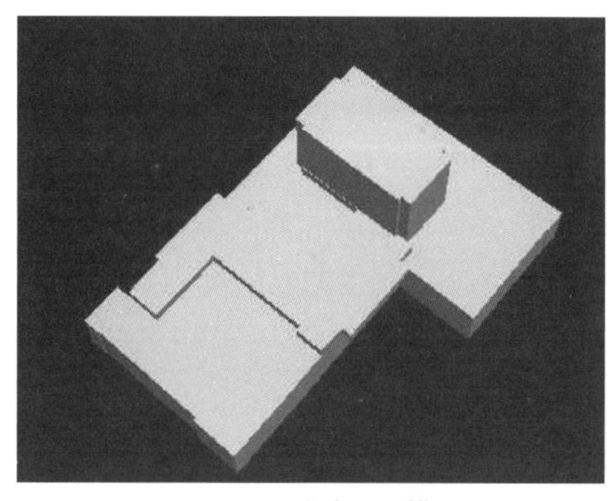

图 2　B 区建筑 3 层模型

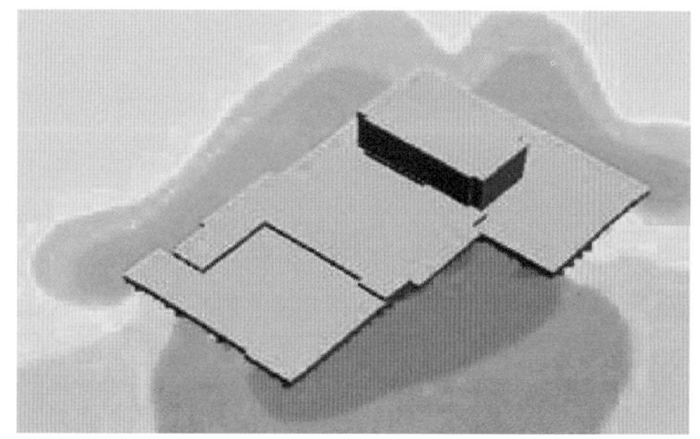

图 3　B 区建筑 3 层（7.5m 处）的风压分布图

以建筑前后 10m 处的平均风压分布作为室内自然通风模拟的边界条件，结果显示 B 区建筑和前后 10m 处的平均风压差分别为 2.5Pa 和 3.3Pa，条件良好。

②室内自然通风效果分析见图 4 和图 5。

图 4　B 区建筑 3 层室内自然通风分析模型

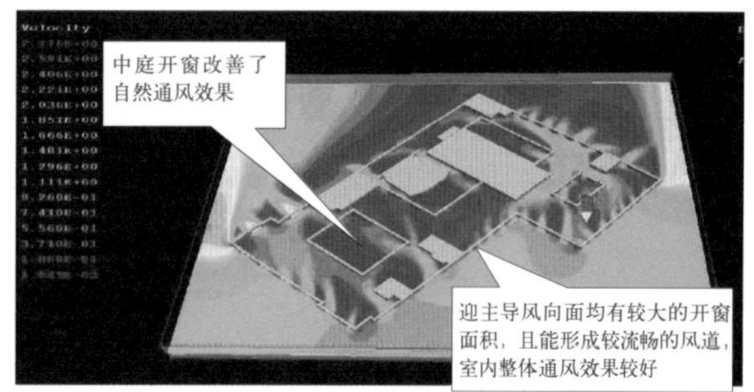

图 5　B 区建筑 3 层室内通风效果图

建筑分隔和开窗条件下，图书馆地上部分均具有较好的自然通风效果，外窗开启时可在窗口形成 1 ~ 1.5m/s 的风速，在阅览区域可形成 0.6 ~ 0.8m/s 的风速，能有效改善人员的热舒适状态。

在良好的自然通风条件下，广州地区全年可减少两个月的空调开启时间，全年减少空调负荷和空调耗电 8% ~ 10%，有利于节能。

6）空调系统

B 区建筑原采用分体式空调系统，设备残旧且能耗大，改造后全面采用中央空调系统工程，冷站设在 A 区的地下车库。

① B 区建筑一期总空调冷负荷为 4200kW，二期总空调冷负荷约为 1800kW（预留），装机总容量为 5100kW（1500USRT）。

a. 冷源：选用2台开利制冷量为2100kW（600USRT）的水冷离心式冷水机组和1台制冷量为1044kW（300USRT）的水冷螺杆式冷水机组。水冷离心式冷水机组COP为5.54，水冷螺杆式COP为4.92。

b. 冷冻水系统：采用二级泵系统，一级泵定流量，二级泵变频、变流量控制。一级冷冻水泵与冷水机组相对应设置，每台600USRT主机配一台L=400m^3/h，H=160kPa冷冻水泵；300USRT主机配一台L=200m^3/h，H=150kPa冷冻水泵。二级冷冻水泵选用L=330m^3/h，H=220kPa3台，其中1台备用，冷冻水管路采用2管同程式系统；在空调末端冷冻水回水管设动态平衡电动调节阀，以确保流入每台空调末端冷冻水量。

c. 冷却水系统：采用一级泵系统，冷却泵与冷水机组相对应设置。每台600USRT主机配1台L=500m^3/h，H=280kPa冷却水泵；300USRT主机配2台L=250m^3/h，H=270kPa冷却水泵。冷却水泵出口设置限流止回阀，在系统阻力发生变化时恒定通过冷水机组的流量；冷却水管路采用异程式系统。

② C区的珍品书库等空调系统需要全年运行，设置独立冷源。

冷源采用4台麦克维尔风冷冷水机组作为冷源，每台冷量为280kW，COP值为3.0，当珍品库、数字化中心机房需要24h供冷时，4台风冷主机互为备用，冷冻水泵置于屋面，与风冷冷水机组采用并联的方式连接，共配置水量为60m^3/h，扬程为280kPa，冷冻水泵共5台（其中1台备用）。

为了保证C区建筑地下4层～地下2层的珍品书库、备用房及3层的数字化中心机房恒定的温度及湿度，使用一台装机容量为28.5kW的风冷热泵机组作为其热源，机组内配扬程为180kPa的水泵、自动补水阀、自动放气阀等，进、出水温度为40℃、45℃；3层的数字化中心机房采用电加热。

7）照明系统

B区建筑改造前的照明系统是20世纪80年代设计的，主要是采取荧光灯照明，整体发光率低，线路、设备和灯具损耗大，并且照明系统分组设置不合理，所有控制开关均手动，能耗高。

因图书馆特殊的服务性质和社会地位，照明系统既要满足公共服务、行政办公、经营服务的普通照明需要，还要满足展览演示、景观造型等场景光效的要求，故项目建设单位根据国家现行标准《建筑照明设计标准》GB 50034—2004的有关规定。同时考虑科学控制和合理能耗的问题，项目采取了以下几项照明节能措施。

（1）B区和C区建筑的照明功率密度按照《建筑照明设计标准》GB 50034—2004的有关规定设置，室内亮度合理分布。

（2）充分利用自然采光的补偿，照明分组控制。

（3）日间最大限度地使用太阳能光伏系统的发电量。

（4）选用电子镇流器且反射率高的灯盘，三基色T5灯管。

8）遮阳措施

在保留岭南建筑风格、保留水平悬挑固件的前提下，一是利用屋檐悬挑给外墙遮阳。二是外墙自身遮阳，构成自遮阳体形，改善外墙隔热环境，其相关参数见表9。建筑遮阳实景如图6～图9所示。

外窗自身遮阳的相关参数　　表9

			东向	南向	西向	北向
外窗	外窗类型		普通铝合金窗			
	玻璃品种		low-E 中空玻璃			
	玻璃遮蔽系数		0.53			
	窗遮阳系数		0.48			
	水平遮阳	挑长度 A (m)	—	—	—	—
		直距离 B (m)	—	—	—	—
		平遮阳系数	0.875	0.853	0.835	0.873
	综合遮阳系数		0.41			
	传热系数 K (W/(m^2·K))		4.50			

图6　南向遮阳

图7　北向遮阳

图8　西向遮阳

图9　建筑总体遮阳和周围绿化遮阴

9）能耗分项计量系统

中山图书馆B区建筑低压配电房位于A区地下室1层，共有2台变压器，每台容量为1250kVA，总容量为2500kVA。有应急发电设备。

中山图书馆整体配电标准、清晰，分项明确，正常照明插座回路、应急公共照明回路、各种动力（电梯、水泵）回路和中央空调设备各配电回路在配电室内都是独立配置，整个配电系统的分项在低压配电一次回路上就能实现。根据配电图纸及现场调研得出中山图书馆B区建筑各类配电回路具体如图10所示。

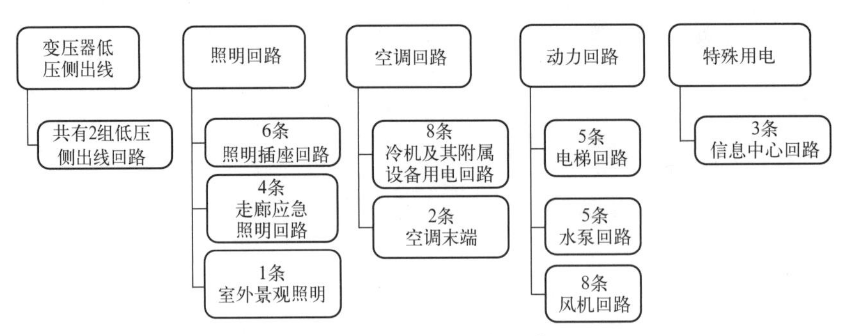

图10　B区建筑配电回路

中山图书馆配电标准，分项明确，能充分展现能耗分项计量的意义。为了充分了解其能耗分布情况，对其进行细分及详细测量。

（1）建筑总能耗

根据《楼宇分项计量设计安装技术导则》要求，中山图书馆B区建筑变压器数量为2台，变压器低压侧出线回路上应设置多功能电度表对其进行测量。利用加法原则得出该建筑的整体能耗数据。

（2）照明插座用电

①照明与插座：中山图书馆共设有7条照明插座回路，分别为：B区建筑照明（北区）、B区建筑照明（南区）、B区报告厅、电房用电、A区建筑负1层照明、A区地下室照明。直接测量，利用加法原则得出此项能耗。

②走廊及应急照明：共设有4条独立供电回路。直接测量，利用加法原则得出。

③室外景观照明：共有1条景观照明回路：A区建筑首层园林照明。直接测量得出该项能耗数据。

（3）空调用电

①冷热站：中山图书馆共有冷机用电回路3条、冷冻、冷却泵回路各1条、冷却塔回路1条。分别对以上回路进行直接测量，利用加法原则得出。

②空调末端：共有2条独立供电回路：B区建筑空调末端（北区）、B区建筑空调末端（南区）。直接测量，利用加法原则得出。

（4）动力用电

①电梯：共有5条电梯独立供电回路：B区建筑电梯（北区）、B区建筑电梯（新增）、B区建筑消防电梯、A区建筑电梯、B区建筑消防电梯（备用）。直接测量，利用加法原则得出。

②水泵：A区建筑室外排污泵、B区建筑生活水泵、A区建筑水塔水泵、雨水收集泵、B区建筑室外潜水泵。直接测量，利用加法原则得出。

③通风机：中山图书馆部分消防风机为两用风机，即具有平时通风及消防排烟双重功能，故对其进行测量。共有8条风机回路。直接测量，利用加法原则得出。

（5）特殊用电

信息中心各类信息独立供电回路为3个回路，每个供电回路的功率在30kW左右。采取直接测量，采用加法原则得出。

中山图书馆使用的数字电表及电表箱如图11、图12所示。

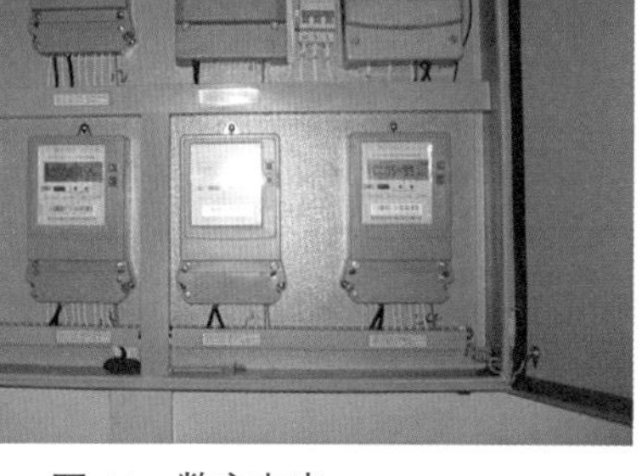

图11　数字电表

图12　电表箱

2. 绿色建筑技术

1）太阳能光电利用

太阳能光伏发电技术是国家“建设行业‘十一五’重点推广技术领域”的重点技术之一，也是国家可再生能源利用专项资金重点扶持的内容。在改扩建一期工程中，通过充分的论证和技术分析，安装181kW太阳能光伏并网发电系统。本系统利用太阳能光伏组件将太阳能转换成直流电能，再通过并网逆变器将直流电逆变成230V/50Hz单相交流电或400V/50Hz三相交流电。逆变器的输出端通过配电柜与变电所内的变压器低压侧并联，实现低压并网，如图13所示。

（1）方案论证

太阳能光伏并网发电系统由太阳能电池板方阵、汇线箱、交直流配电柜（带防雷保护）、三相并网逆变器（带隔离变压）、远程监控单元组成。系统原理如图14所示。

为了论证项目方案可行性，2009年2月28日，由中山图书馆主持召开了“广东省立

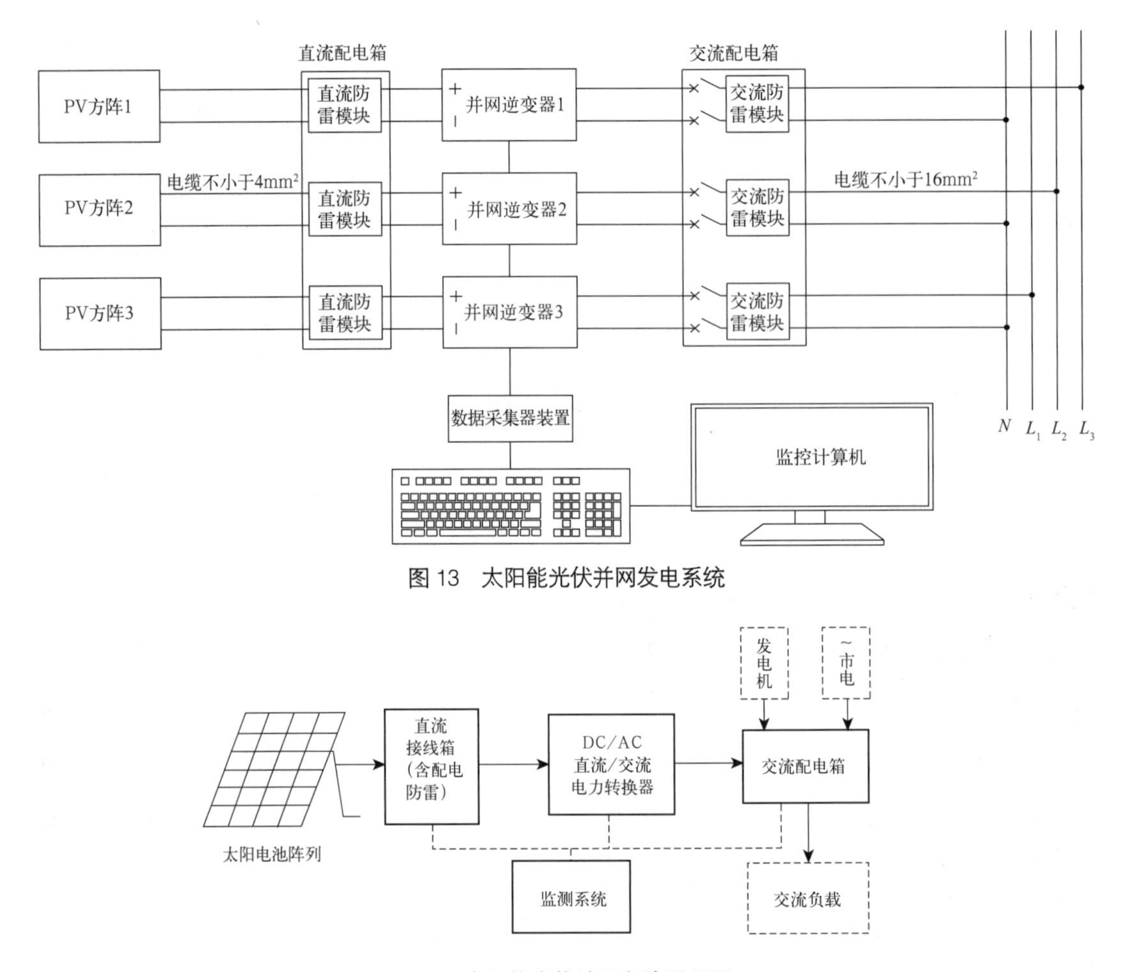

图 13　太阳能光伏并网发电系统

图 14　太阳能光伏并网电站原理图

中山图书馆 150kW 太阳能并网光伏项目”初步设计方案专家评审会，有关意见如图 15 所示。

2009 年 12 月 25 号，中山图书馆主持召开了“广东省立中山图书馆 181kW 太阳能并网光伏项目”并网逆变器选型技术评审会，形成意见如图 16 所示。

（2）系统构成

181kW 太阳能并网光伏发电系统是中山图书馆改扩建项目一期工程的配套项目，分 4 个子系统，根据不同的安装位置和使用功能的需要，各子系统在太阳能电池、逆变器、安装形式等方面各有不同，各具特色。4 个子系统分布如表 10 所示。

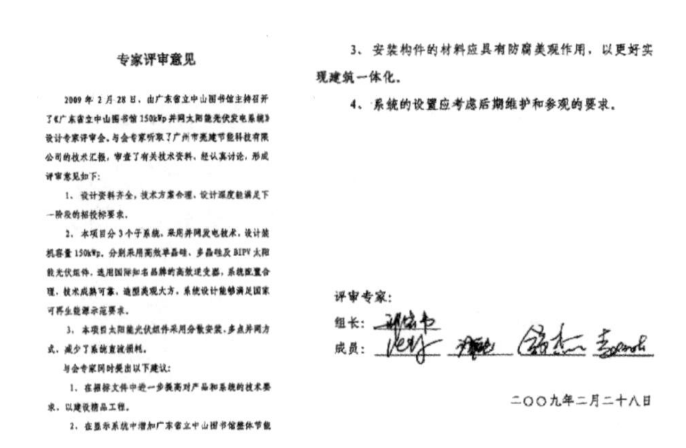

专家评审意见

2009 年 2 月 28 日，由广东省立中山图书馆主持召开了《广东省立中山图书馆 150kWp 并网太阳能光伏发电系统》设计专家评审会。与会专家听取了广州市[illegible]建节能科技有限公司的技术汇报，审查了有关技术资料，经认真讨论，形成评审意见如下：

1、设计资料齐全，技术方案合理，设计深度能满足下一阶段的招投标要求。

2、本项目分 3 个子系统，采用并网发电技术，设计装机容量 150kWp，分别采用高效单晶硅、多晶硅及 BIPV 太阳能光伏组件，选用国际知名品牌的高效逆变器，系统配置合理，技术成熟可靠，造型美观大方，系统设计能够满足国家可再生能源示范要求。

3、本项目太阳能光伏组件采用分散安装，多点并网方式，减少了系统直流损耗。

与会专家同时提出以下建议：

1、在招标文件中进一步提高对产品和系统的技术要求，以建设精品工程。

2、在显示系统中增加广东省立中山图书馆整体节能

3、安装构件的材料应具有防腐美观作用，以更好实现建筑一体化。

4、系统的设置应考虑后期维护和参观的要求。

评审专家：

组长：

成员：

二〇〇九年二月二十八日

图 15　中山图书馆太阳能并网光伏项目初步设计专家评审意见

广东省立中山图书馆
181kWp 太阳能并网光伏项目
并网逆变器选型技术评审会

专家评审意见表

鉴 定 形 式：专家鉴定
组织鉴定单位：广东省立中山图书馆
中标方：深圳尚德太阳能电力股份有限公司
鉴 定 日 期：2009 年 12 月 25 日

专家评审意见

2009 年 12 月 25 日，由广东省立中山图书馆主持召开了《广东省立中山图书馆 181kWp 太阳能并网光伏项目》并网逆变器选型技术评审会。

与会专家听取了光伏系统中标方（深圳尚德太阳能电力股份有限公司）就进行并网逆变器选型的情况以及 SMA、POWER-ONE 两个品牌逆变器的技术参数等进行了对比和介绍，经认真审核尚德公司提供的相关资料，会议形成评审意见如下：

1. SMA、POWER-ONE 两个品牌的产品主要技术参数和性能均可满足原设计文件及用户需求，且各有所长，具体详见附件；

2. 鉴于 SMA 的供货期无法满足工期的需要，同意中标方优先选用美国的 POWER-ONE 并网逆变器；

3. POWER-ONE 产品需提供五年的质保期。

评审专家：
组长：陈鸣
成员：[illegible]

二○○九年十二月二十五日

图 16　中山图书馆太阳能并网光伏项目并网逆变器选型技术评审会专家评审意见

181kW 太阳能并网光伏发电系统的 4 个子系统　　表 10

安装位置	额定功率（kW）	场地面积（m^2）
B 区 11 楼顶	56.7	约 $590m^2$
B 区 5 楼顶	66.15	约 $890m^2$
B 区架空层	29.16	约 $240m^2$
C 区楼顶	31.5	约 $540m^2$

①子系统分布

第 1 个子系统的装机容量为 56.7kW，安装在 B 区 11 楼顶平面安装电池组件，场地面积约 $590m^2$，屋顶平面的安装方式为方位角：正南（可根据建筑朝南方向作轻微调整），倾角：20°＼u65292X 为阵列安装。安装效果如图 17 所示。

图 17　B 区 11 楼顶子系统的安装效果图

第 2 个子系统安装在 B 区 5 楼楼顶，安装电池组件。组件装机容量为 66.15kW。屋顶平面的安装方式为方位角：正南（可根据建筑朝南方向作轻微调整），倾角：20°＼u65292X 为阵列安装。场地面积约为 890m^2。安装效果如图 18 所示。

图 18　B 区 5 楼楼顶安装效果图

第 3 个子系统安装在 B 区架空层，安装电池组件，组件装机容量为 29.16kW，场地面积约为 240m^2。其安装效果如图 19 所示。

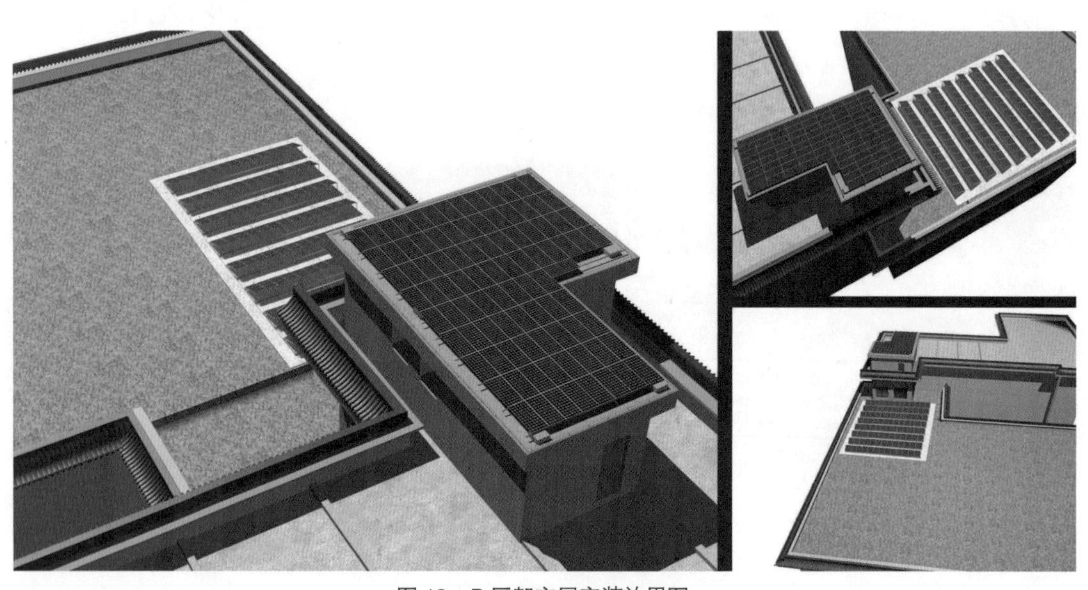

图 19　B 区架空层安装效果图

第 4 个子系统安装在 C 区楼顶，安装电池组件，组件装机容量为 31.5kW，场地面积约为 540m^2。其安装效果如图 20 所示。

太阳能电池板布置方式如图 21 所示，太阳能逆变器实景如图 22 所示。

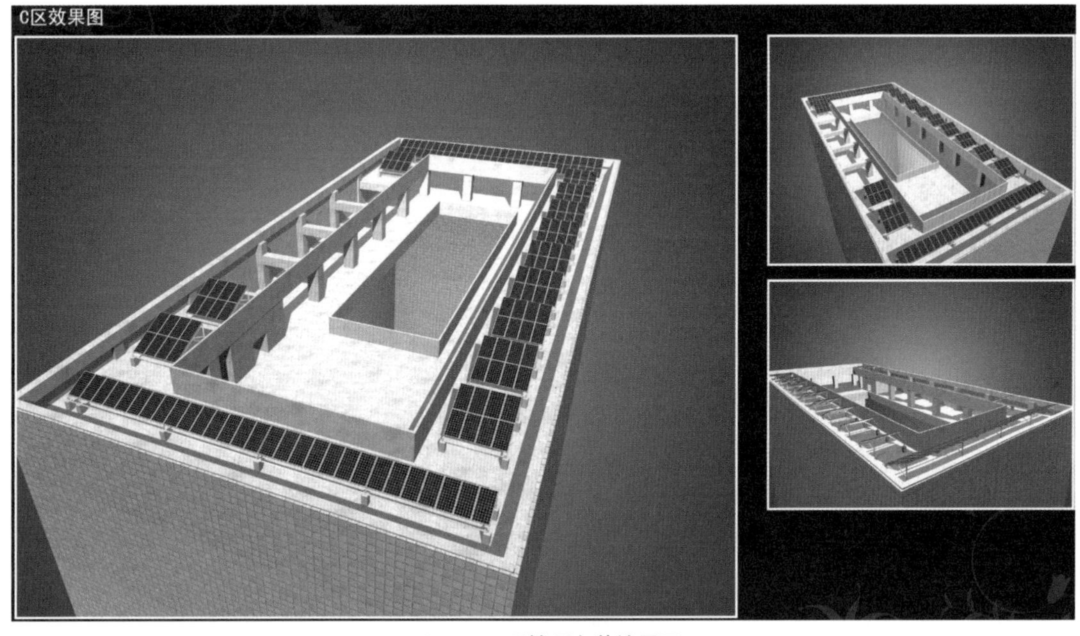

图 20　C 区楼顶安装效果图

图 21　太阳能电池板布置方式

图 22　太阳能逆变器实景

②并网方式及并网点。

a. 并网方式：三相五线制，多点并网，不上网供电。

b. 主要组成部分：太阳能光伏组件、并网逆变器、电缆及电气保护单元、传输线缆及通信接口、监测和显示单元、安装支架等。系统为三相五线制，独立、多点，各子系统独立就近选择并网点。其中，1 号、2 号子系统接入 B 区建筑照明配电系统；3 号子系统接入 B 区建筑照明配电系统；4 号子系统接入 C 区建筑照明配电系统。

(3) 主要使用设备表和性能参数

①电池设备选型及主要参数见表 11。

电池组件选型及主要参数　　表 11

名称	型号	峰值功率 (W)	尺寸 (mm)
单晶组件	STP175S-24/Ac	175	1580×808×35
多晶组件	STP175-24/Ac	175	1580×808×35
单晶组件	STP180-24/Vb	180	1580×808×35

②性能参数。

a. 太阳能电池：太阳能电池组件的额定输出功率 $W \geqslant 160$W，正常条件下绝缘电阻不低于 200MΩ，且具有较高的功率与面积比，功率与面积比应不小于 134W/m^2。功率与质量比应大于 10W/kg (双面玻璃封装除外)，填充因子 FF 大于 0.65。

b. 并网逆变器：并网逆变器的效率不低于 92%。具有输入接反保护、输入欠压保护、输入过压保护、输入过载保护、输出短路保护、雷电保护、过热保护等保护功能，确保系统安全运行；配有 RS 85/RS-232 通信接口，与计算机连接，进行数据的长期采集并实时显示当前系统的历史总发电量，及时监测系统发电的电压、电流、输出功率情况，减少二氧化碳量等数据。

(4) 太阳能光伏发电远程监控系统

①系统简介。光伏系统监控中心位于图书馆的电力监控中心 (B 区 1 号楼)。本监控系统可全面反映中山图书馆 181kW 太阳能并网光伏发电系统的运行情况。

中央控制中心的监测计算机通过 485 总线将数据采集器采集的数据集中收集，并通过监控软件计算，收集相关的发电数据并可形成报表，可通过监控软件实现对整个光伏系统发电量数据的图文处理。通过监控软件的界面可实现各个子系统的运行界面的切换，并能附带显示各子系统的发电性能。

a. 监控软件显示的参数：当前输出功率、当日累计发电量、当月累计发电量、当年累计发电量、总累计发电量；各子系统当前直流电压、当前直流电流、当前交流功率。

b. 节能减排指标：将各子系统的并网逆变器及相关数据传感器通过数据采集器与中央监测计算机组成网络，实现对各子系统相关数据进行采集和分析。可保存和显示系统的运行数据、日发电量、历史发电量等数据。同时，通过中央控制中心实现发电数据与节能减排数据的转换。

②系统原理图：太阳能光伏发电远程监控系统原理图如图 23 所示。

③数据采集及远程监控技术。

a. 数据采集。逆变器的数据采集：分为 4 个子系统，每个逆变器增加数据采集通信模块；环境数据的采集：包括日照、环境温度、电池组件温度等，需安装独立的日照传感器、组

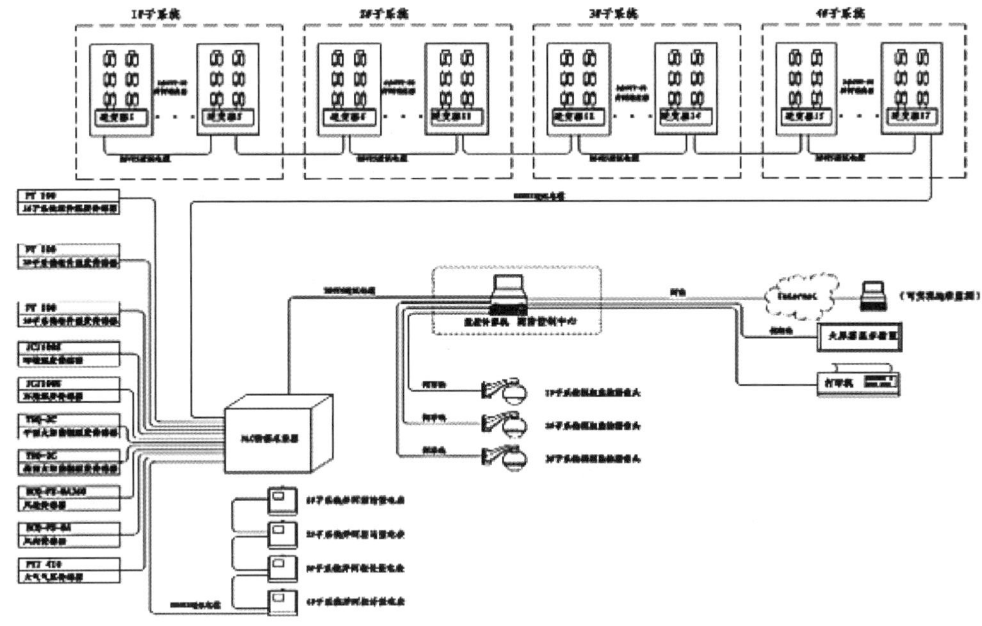

图 23　太阳能光伏发电远程监控系统原理图

件温度传感器和环境温度传感器等。

b. 数据传送。通信系统的实现在系统的设备内部主要通过 RS-485 的数据总线将所有逆变器连接，将数据传输至数据采集器，最终通过数据采集器将电站数据传输至系统。由于各个子系统的区域相距较远，拟通过以太网的形式将整个电站数据进行汇总、存储、显示和分析。

c. 数据处理。整个光伏电站系统的数据汇总和存储，需要通过一个独立的数据采集控制器完成，它具有数据输入端口（RS 485 格式），同时具有数据输出端口（以太网或 RS-232 等）。

因为中山图书馆为国家可再生能源建筑集成示范工程，监控软件部分需根据示范工程对监测和显示具体需求细化和升级。

d. 远程监控功能。通过远程终端计算机，可实现对监控计算机的访问，同时可查询和下载中山图书馆光伏系统发电系统的运行数据和报表。

通过网络服务器，可随时登录互联网，查看中山图书馆光伏系统的运行情况。通过数据采集器，逆变器收集到的所有数据都可以通过网络服务器监测并正确显示出来。同时，还可以设置故障和运行状况信息的自动报告，避免发电量的损失。

④演示界面。大屏幕显示界面可嵌入发电系统的大幅静态照片，通常显示系统当前功率及系统运行的总发电量。中山图书馆的大厅入口处设有一大屏幕的显示装置。液晶显示屏是图书馆向读者介绍图书馆基本情况的窗口，液晶显示屏通过时间间隔控制可实现各个界面的切换。如图 24 ～图 30 所示。

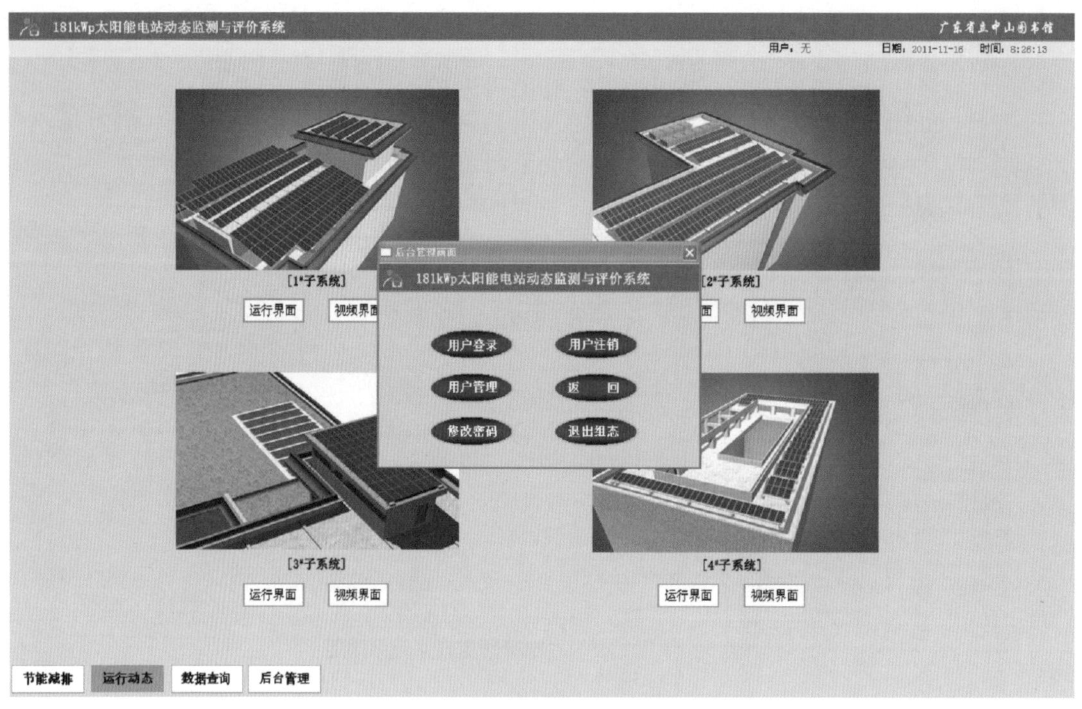

图 24 监测与评价系统登录界面

图 25 监测与评价系统各项指标

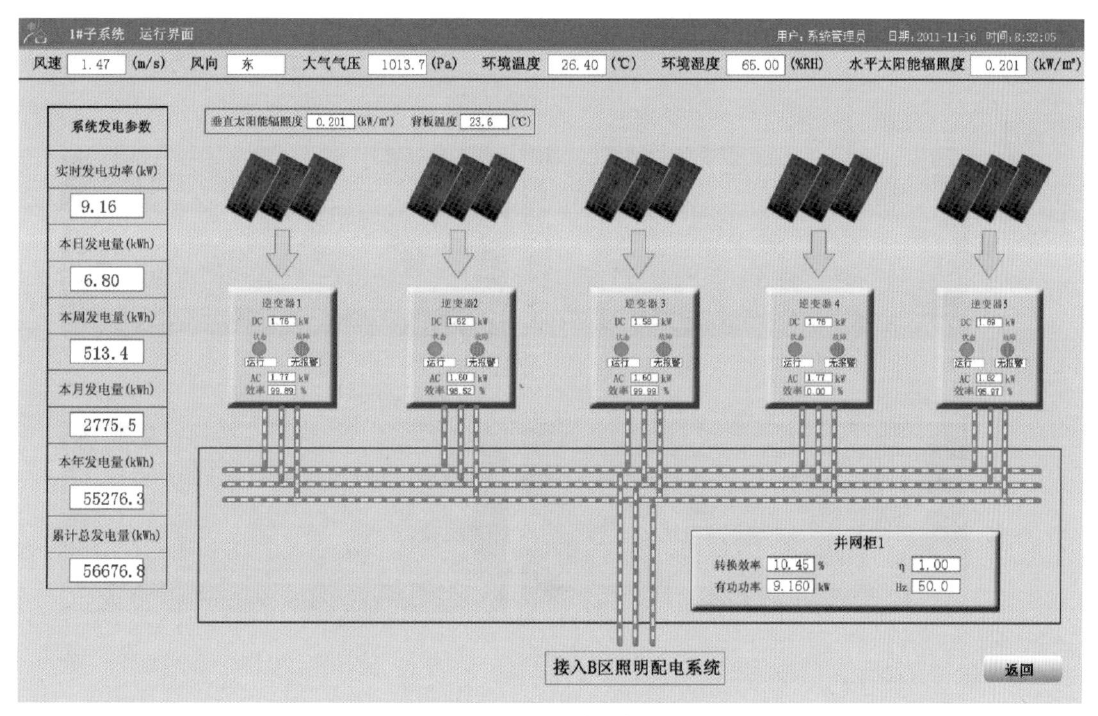

图 26　1 号子系统运行界面

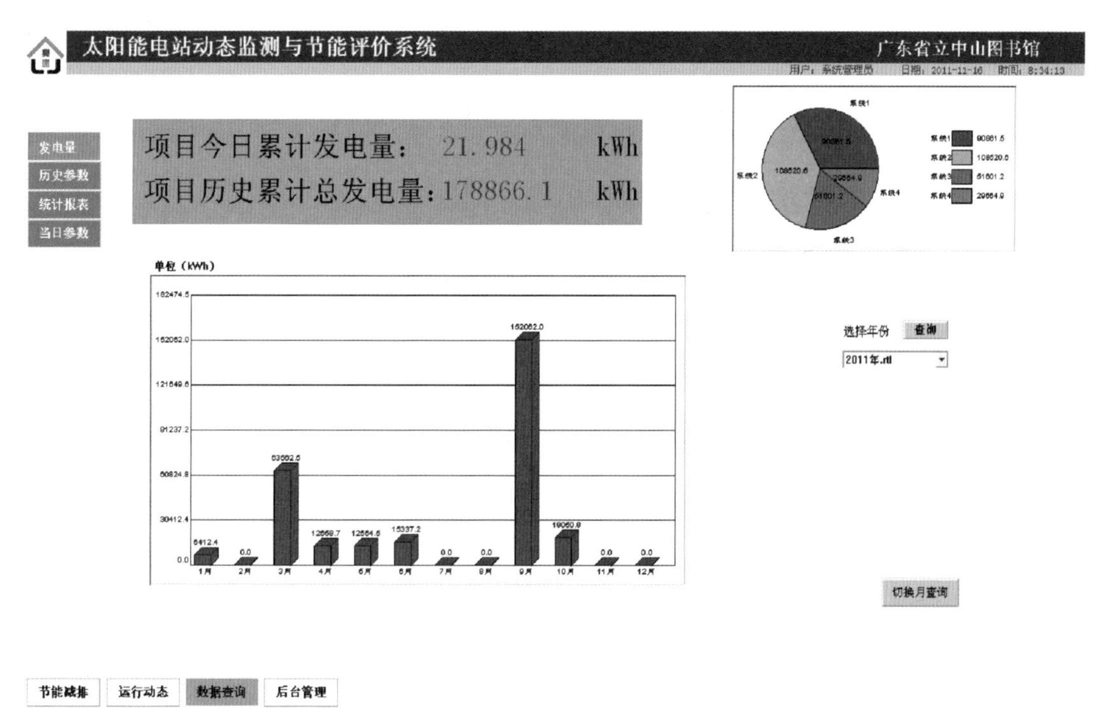

图 27　累计发电量界面

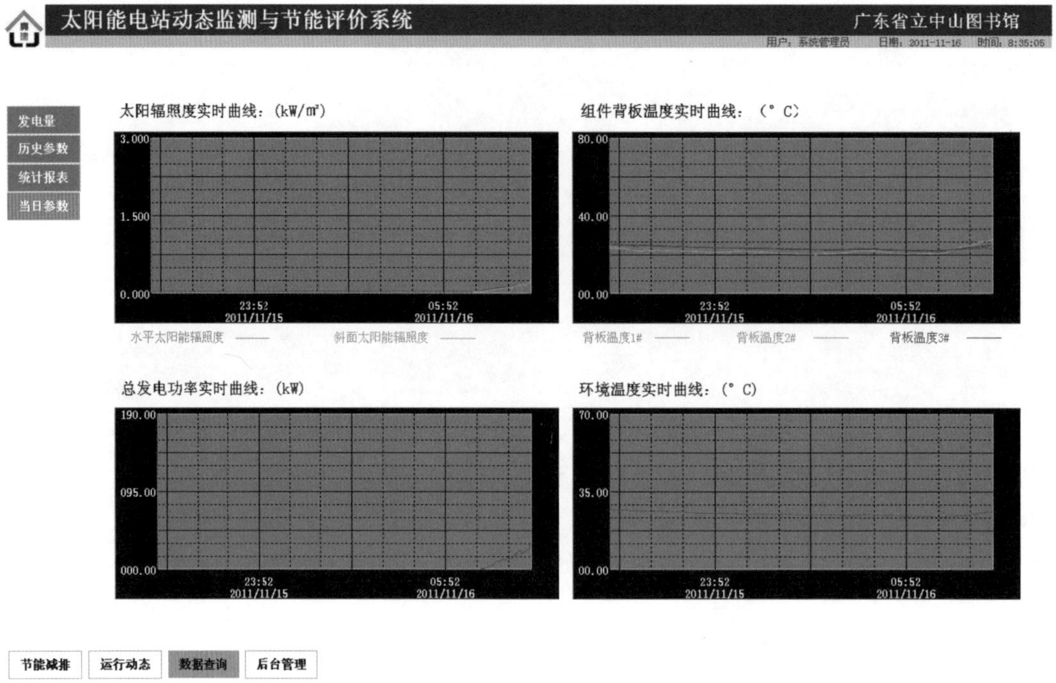

太阳能电站动态监测与节能评价系统　　广东省立中山图书馆

用户：系统管理员　日期：2011-11-16　时间：8:35:05

发电量

历史参数

统计报表

当日参数

太阳辐照度实时曲线：(kW/㎡)

3.000

1.500

0.000

23:52 2011/11/15　05:52 2011/11/16

水平太阳能辐照度　斜面太阳能辐照度

组件背板温度实时曲线：(° C)

80.00

40.00

00.00

23:52 2011/11/15　05:52 2011/11/16

背板温度1#　背板温度2#　背板温度3#

总发电功率实时曲线：(kW)

190.00

095.00

000.00

23:52 2011/11/15　05:52 2011/11/16

环境温度实时曲线：(° C)

70.00

35.00

00.00

23:52 2011/11/15　05:52 2011/11/16

节能减排　运行动态　数据查询　后台管理

图 28　照度、总发电功率、组件背板湿度、环境温度实时曲线

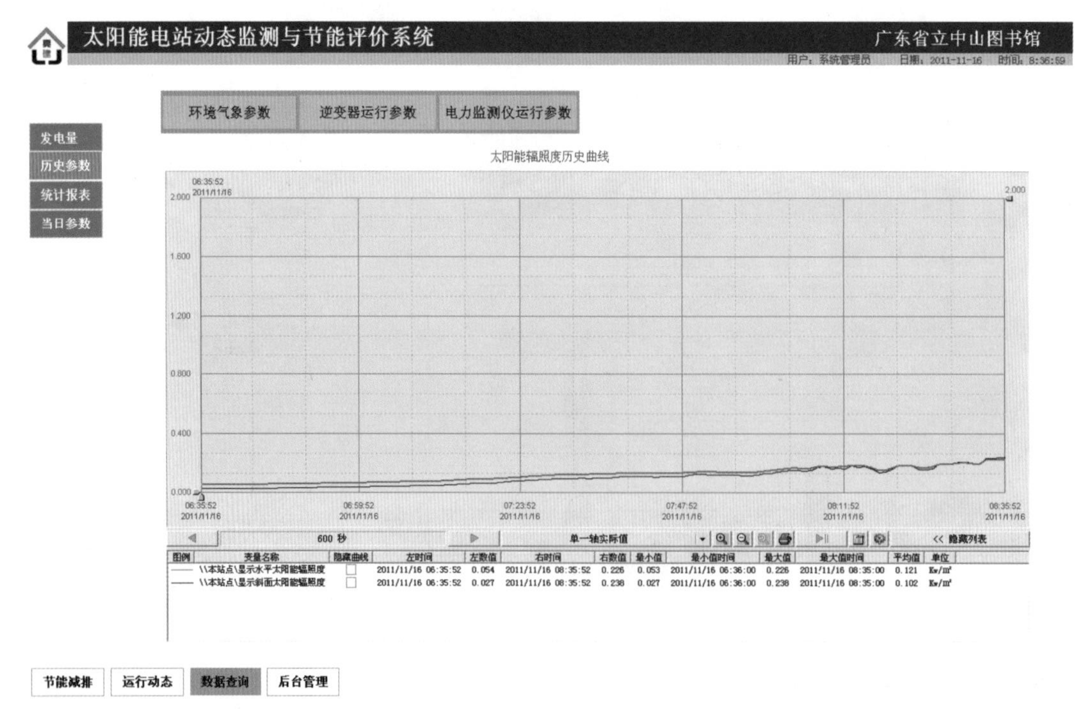

图 29　环境、子系统转换效率、子系统总有功功率、逆变器转换效率曲线等查询界面

中图-光伏-监测项目 环境日报表

时间	环境温度(℃)	环境湿度(%)	风速(m/s)	风向	大气气压(MPa)	水平面太阳能辐照度(kw/m²)	组件垂直斜面太阳能辐照度(kw/m²)	1#PT100组件背板温度(℃)	2#PT100组件背板温
1:00	25.600	65.000	0.000	东	1014.900	0.053	0.029	24.000	22.400
2:00	25.200	65.000	1.990	东	1014.800	0.052	0.028	23.600	22.300
3:00	24.900	65.000	1.780	东	1014.800	0.054	0.029	23.200	22.400
4:00	24.800	65.000	1.360	东	1014.700	0.054	0.029	23.000	22.700
5:00	24.500	65.000	1.780	东南	1014.800	0.054	0.030	22.700	22.500
6:00	24.200	65.000	2.830	东	1015.200	0.054	0.029	22.600	22.100
7:00	24.000	65.000	2.310	东东南	1015.800	0.068	0.042	22.200	21.300
8:00	24.500	65.000	1.570	东东南	1016.200	0.141	0.125	22.600	23.800
9:00	28.900	65.000	1.990	东	1016.600	0.356	0.436	23.100	32.500
10:00	30.600	65.000	1.360	东	1016.600	0.469	0.604	24.500	40.300
11:00	30.000	65.000	2.620	东南	1016.200	0.535	0.698	26.000	45.600
12:00	30.000	65.000	2.620	东东南	1015.100	0.609	0.797	27.200	47.400
13:00	30.500	65.000	6.930	东南	1013.900	0.587	0.783	27.500	47.200
14:00	30.400	65.000	2.940	东	1012.700	0.509	0.699	29.200	47.600
15:00	30.300	65.000	5.250	东东南	1012.300	0.263	0.325	28.600	41.900
16:00	29.800	65.000	0.000	东	1011.500	0.243	0.353	28.400	36.100
17:00	28.800	65.000	1.260	北	1011.700	0.088	0.099	27.600	28.300
18:00	28.100	65.000	1.260	东	1012.100	0.046	0.028	27.000	25.600
19:00	27.800	65.000	2.310	东南	1012.900	0.048	0.028	26.400	24.700
20:00	27.200	65.000	2.730	东东南	1013.700	0.049	0.028	25.900	23.800
21:00	26.900	65.000	0.000	东北	1014.200	0.050	0.028	25.300	23.600
22:00	26.600	65.000	0.000	东	1014.400	0.050	0.026	24.800	22.400
23:00	26.000	65.000	0.840	北	1014.200	0.051	0.027	24.200	22.100
24:00	25.500	65.000	1.780	北	1013.900	0.051	0.027	23.800	21.400

图 30 各项指标报表查询界面

2）雨水收集和利用

项目具备优越的雨水回用地理条件，中山图书馆革命广场的露天汇水面积很大。建立雨水收集回用系统不但能妥善净化和最大限度地循环利用水资源，还能改善雨季防汛排水安全问题，同时提供非雨季蓄水功能。

（1）广州市降雨量

广州作为华南地区的大型城市，水资源也相当缺乏。根据 2009 年《广州水资源公报》，2009 年全市水资源总量为 605486 万 m^3，比 2008 年增加 34.3%，比多年平均值减少 24.1%。表 12 给出广州市不同区域全年降水量与水资源总量的数据。

广州市不同区域全年降水量与水资源总量　　表 12

行政分区	计算面积 (km^2)	年降水量（万 m^3）	地表资源（万 m^3）	地下资源（万 m^3）	不重复计算量（万 m^3）	水资源总量（万 m^3）	产水系数	产水模数（万 m^2/km^3）
中心区	1081	160979	84933	18685	2273	87206	0.54	80.67
萝岗区	389	59890	33027	7142	636	33664	0.56	86.54
花都区	969	138003	78181	17107	1304	79486	0.58	82.03
从化市	1983	293379	172781	37729	0	172781	0.59	87.13
增城市	1617	265766	158418	33268	1088	159506	0.60	98.64
番禺区	783	103434	42644	9382	2673	45317	0.44	57.88
南沙区	400	59840	25902	5699	1624	27526	0.46	68.82
全市	7222	1081290	595887	129011	9599	605486	0.56	83.84

广州市降雨丰沛，但时空分布不均，从降雨的时间分布来看，广州市降雨主要发生在汛期（4～9月），特别是在前汛期（4～6月），雨季降雨量一般占全年雨量的70%～85%，月分配中6月最多，达280mm，12月最少，低于30mm。

根据多年的统计数据，广州全年逐月降雨量、降雨天数和蒸发量如表13所示：

广州逐月降雨和蒸发数据　　表13

月份	降雨量（mm）	降雨天数	蒸发量（mm）
1月	43.2	5	97
2月	64.8	7	81
3月	85.3	10	104
4月	181.9	12	121
5月	283.6	14	147
6月	257.7	15	154
7月	227.6	12	178
8月	220.6	13	162
9月	172.4	10	155
10月	79.3	5	163
11月	42.1	4	132
12月	23.5	3	112
合计	1682	110	1604

（2）雨水处理量

通过以上分析，可知道广州市年降雨量大约为1682mm，项目雨水主要是通过广场（A区）部分坪、面进行收集，广场雨水可有效利用面积约为18000m^2，按照《民用建筑节水设计标准》G55555—2010中相关计算，综合考虑其路面、路基、边框，汇水面积大约为11000m^2，综合径流系数 $\Psi=0.2$。

①雨水设计流量：

$$Q=\Psi_m qF$$

式中，Q——雨水设计流量，L/S；

Ψ_m——流量径流系数；

q——设计暴雨强度，L/(S·h·m^2)。

②设计暴雨强度：

$$q=\frac{998.0002(1+0.568\lg P)}{(t+1.983)^{0.645}}$$

式中，P为暴雨设计重现期，取P=2年；水沟的平均径流速度为v=0.3m/s，最远一点雨水至集水池的平均径流时间$t=\frac{180}{v}$=8min，计算得到：

$$q = \frac{998.0002(1+0.568\lg 2)}{(8+1.983)^{0.645}} L/(s \cdot 10^4 m^2) = 400.89 L/(s \cdot 10^4 m^2)$$

③雨水的小时流量：

$$Q = q\Psi F = 400.89 \times 0.2 \times 11000 \times 10^{-4} m^3/h = 88.20 m^3/h$$

系统设计按处理水量为 $12m^3/h$，最大处理水量为 $144m^3/d$，雨水处理系统按日运行 12h 计。

（3）雨水处理流程

综合考虑雨水收集系统的工艺流程，雨水处理系统流程如图 31 所示。

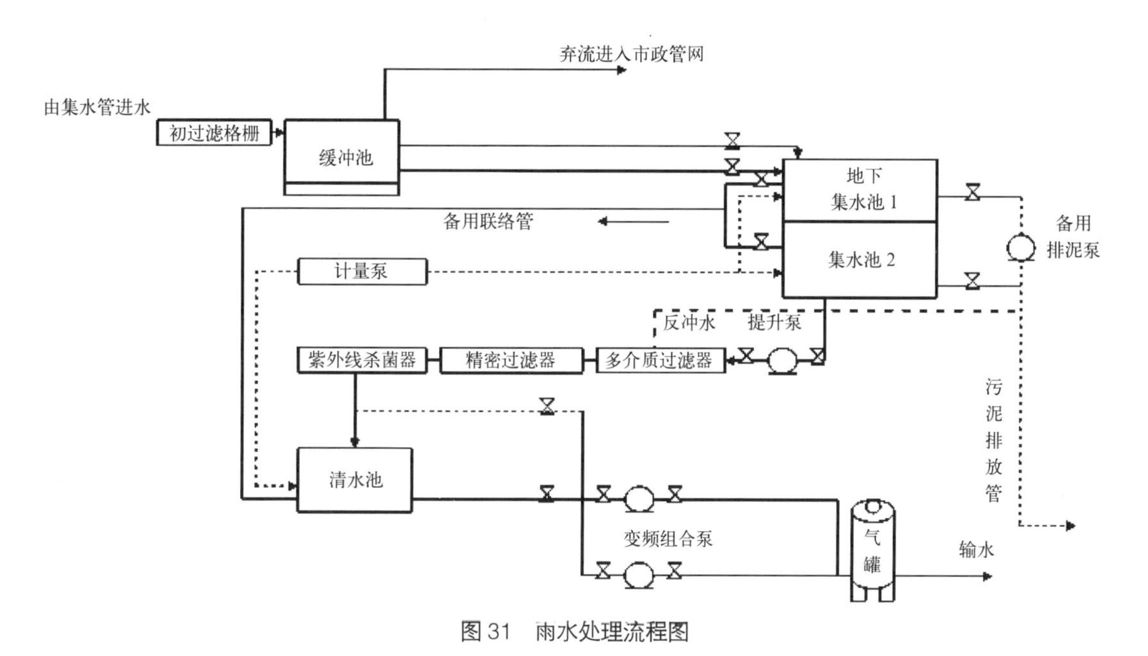

图 31　雨水处理流程图

①缓冲池。缓冲池设在集水池前段，即雨水汇流口，容积不小于 $12m^3$（池内净长、净宽、净高为 2500mm × 3000mm × 1600mm），池体设 2 个进水口和 4 个出水口，2 个与集水沟连接，2 个与地面市政雨水管网连接，两个与地下集水池管网连接。

②集水池。项目设置 2 个集水池，一个体积为 $155.6m^3$（u65292X，净深为 2m），一个体积为 $221.4m^3$（u65292X，净深为 3m），主要用来储存雨水、调节水量，防止进水水量波动过大，保证整个系统的稳定运行。集水池中设置浮球开关，通过浮球开关来控制提升水泵的开启和关闭。

③清水池。主要用来使处理后的水稳定地、连续地供应给用水系统。清水池有效容积为 $100m^3$（u65292X），清水池中设置浮球开关，通过浮球开关来控制变频供水泵的开启和关闭。

雨水收集利用实景如图 32 所示。

图 32　雨水收集利用实景

（4）利用率分析

①革命广场（A 区）绿化年用水量分析（参照表 13）以花卉、草坪、灌木、乔木非雨季平均用水量统计，绿化面积为 18000m²，浇灌量为 2m³/d。

a.1 月绿化月用水量：

$$W_{1d} = (31-5) \times 0.002 \times 18000/2\text{m}^3 = 468.0\text{m}^3$$

b. 按类似方法计算 2 ~ 12 月用水量：

$$(378+378+324+306+270+342+324+360+468+468+504)\ \text{m}^3 = 4122\text{m}^3$$

c. 年绿化用水量：

$$W = (468 + 4122)\ \text{m}^3 = 4590\text{m}^3$$

②年收集雨水量计算。广场雨水可有效利用面积约为 18000m²，按照《民用建筑节水设计标准》GB 50555—2010 中相关计算，综合考虑其路面、路基、边框，汇水面积大约为 11000m²，综合径流系数 $\Psi = 0.2$。季节折减系数为 0.85，初期弃流系数为 0.9。

a.1 月可收集雨水量：

$$W_{yu} = (0.2 \times 0.85 \times 0.9 \times 11000 \times 43.2/1000)\ \text{m}^3 = 72.70\text{m}^3$$

b. 按类似方法计算 2 ~ 12 月收集雨水量为：

$(109.1+143.6+306.1+477.3+433.7+383.1+371.3+290.1+133.5+70.9+39.6)\ m^3$
$=2758.3m^3$

c. 全年可收集雨水量：

$$Q=(2758.3+72.70)\ m^3=2831m^3$$

③替代利用率。按以上数据分析和计算可知，替代利用率为：

$$Q/W=2831/4590=61.7\%。$$

（三）运营

1. 运营效果

1）B 区能耗分项计量实测数据分析

通过对 B 区建筑全面进行改造后，功能布局和服务档次都有进一步提高，整个建筑节能能耗都有所降低。为做好能耗监测工作，项目建设单位在图书馆 B 区建筑配电系统中安装了数字电表进行分项的能耗计量和统计分析。

（1）能耗数据记录统计

中山图书馆 B 区建筑能耗分项计量从 2010 年 11 月开始正常运行，因 11 ～ 12 月图书馆的运行不正常，计量数据没有代表性，故取 2011 年 1 ～ 10 月能耗分项数据，汇总如表 14 所示，空调耗电量柱状图如图 33 所示。

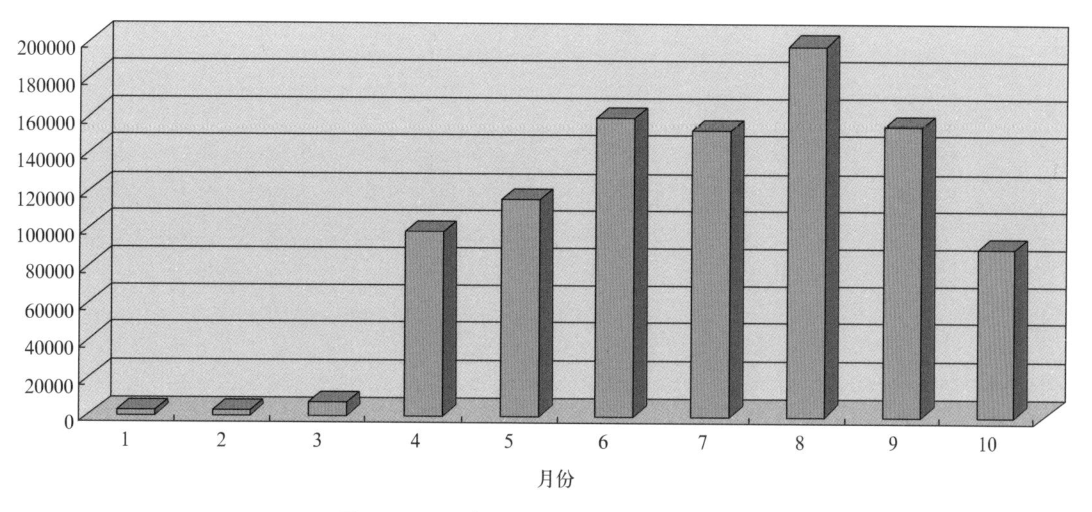

图 33　2011 年 1~10 月空调耗电量柱状图

项目位于夏热冬暖地区，从以上图表可以看出，从 5 月开始，随着夏天的到来，室内冷负荷增加，建筑月用电量增加，一直到 10 月份，天气转凉，用电量开始下降，符合实际情况。空调月用电量情况，如表 15 和图 34 所示。

2011 年 1~10 月中山图书馆 B 区建筑能耗分项数据汇总（单位：kWh） 表 14

序号	分项指标名称	1 月	2 月	3 月	4 月	5 月	6 月	7 月	8 月	9 月	10 月	总和
一	建筑总用电	44764.5	38589.6	50664.7	138013.9	157918.9	201533.8	195311.05	241027.3	217609.9	135403.9	1420837.8
二	照明插座用电	36571.4	31993.6	40043	33352.6	34492.8	33966.6	35449.4	34511.1	30238.5	34194.8	344813.8
1	照明与插座用电	15720	13620	16636	13426	14250	14694	15164	14683.5	13290.5	16246	147730
		9716	8698	11590	9372	9834	9408	9456	8691	7411	8002	92178
2	走廊与应急用电	6411	5439	6807	5734.2	5908.8	5778	6391.8	6969.15	6005.25	5863.8	61308
		4724.4	4236.6	5010	4820.4	4500	4086.6	4437.6	4167.45	3531.75	4083	43597.8
三	空调用电	3744	2426.4	5476.8	98416.8	116326.8	159781.2	151861.8	197255.7	154928.7	89536.2	979754.4
1	冷热站	2838	1956	4428	73890	81732	118668	110427	157162.5	120943.5	58665	730710
2	空调末端	308.4	112.8	564	10938	17737.2	21464.4	21262.8	21767.4	18291	17095.2	129541.2
		597.6	357.6	484.8	13588.8	16857.6	19648.8	20172	18325.8	15694.2	13776	119503.2
四	动力用电	1084.35	887.25	1232.55	1371.3	1479.75	1408.05	1637.85	2028.713	2060.138	1718.1	14908.051
1	电梯	804.15	645.75	896.85	958.5	944.55	956.25	1165.05	1236.263	1078.088	1142.1	9827.551
2	水泵	136.8	114.9	166.5	283.2	399.6	318.6	339	651.6	857.7	440.4	3708.3
3	风机	143.4	126.6	169.2	129.6	135.6	133.2	133.8	140.85	124.35	135.6	1372.2
五	特殊用电	3364.8	3282.4	3912.4	4873.2	5619.6	6378	6362	7231.8	30382.6	9954.8	81361.6

2011 年度 1~10 月份每个月的空调用电量　表 15

月份	B 区建筑空调用电量（kWh）
1	3744
2	2426.4
3	5476.8
4	98416.8
5	116326.8
6	159781.2
7	151861.8
8	197255.7
9	154928.7
10	89536.2
总计	979754.4

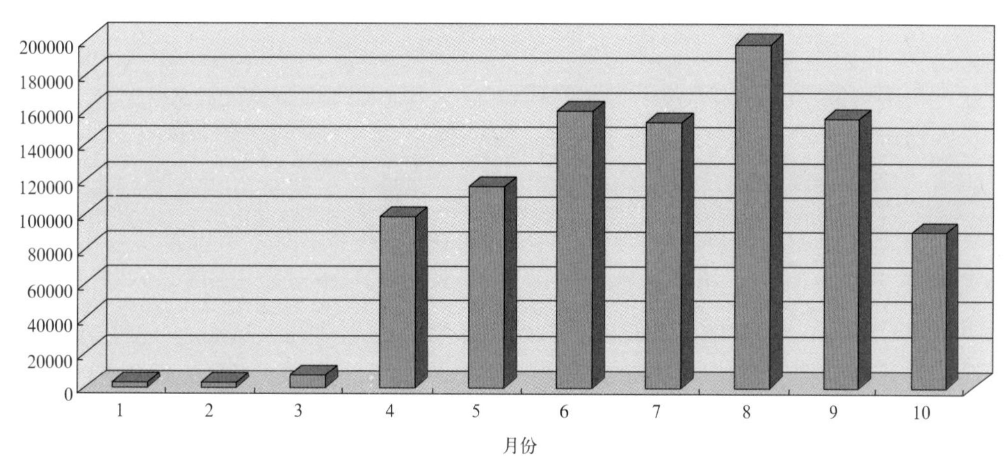

图 34　2011 年 1~10 月空调耗电量柱状图

2011 年 1 ~ 3 月处于冬暖气候，不需要开启任何空调，同时分项计量安装系统已经完毕，处于调试阶段，故其用电量较少。照明用电情况如表 16 和图 35 所示。

2011 年度 1~10 月份逐月照明用电量　表 16

月份	B 区建筑照明用电量（kWh）
1	36571.4
2	31993.6
3	40043.2
4	33352.6
5	34492.8
6	33966.6
7	35449.4
8	34511.1
9	30238.5
10	34194.8
总计	344813.8

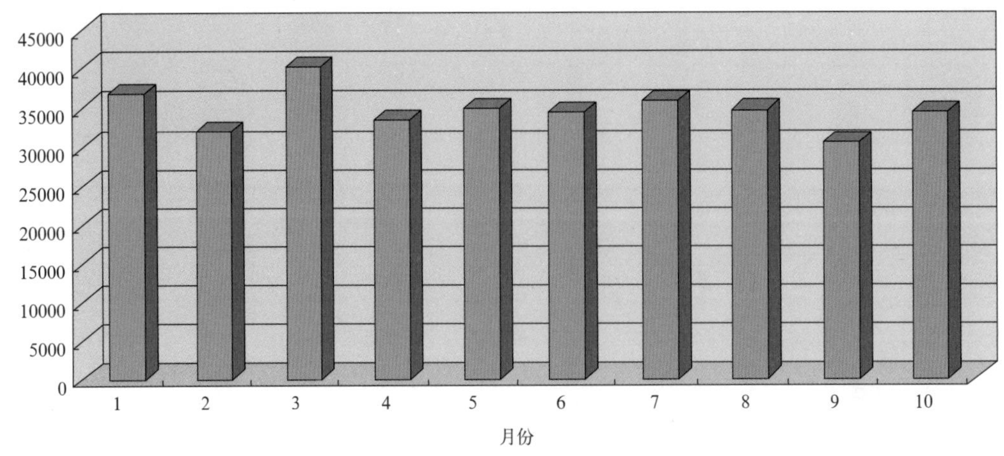

图 35　2011 年 1~10 月照明耗电量柱状图

从柱状图可以看出，基本每个月照明耗电量差异不大，均处于正常水平。

（2）分析与结论

① B 区建筑单位面积能耗指标：通过对 2011 年度 B 区建筑总用电量预测发现：本地区属于夏热冬暖地区，11、12 月份不采用任何热源采暖，故其用电量与 2011 年 1、2 月份不相上下。根据表中相关数据，预测 2011 年全年用电大约为（1420837.8+80000）kWh=1500837.8kWh，B 区总建筑面积为 30308m^2。

②全年单位面积总能耗：(1500837.8/30308) kWh/(m^2 · a) =49.49kWh/(m^2 · a)。

（3）B 区建筑空调能耗指标

从表 15、图 34 可以看出，6 ～ 9 月空调用电量随着气温的增加，室内冷负荷随之增加，10 月份天气转凉后，用电量开始回落，处于夏热冬暖地区，11、12 月份不需要任何采暖，不开启空调，故其空调用电量与 1、2 月大致相当。

2011 年度空调总用电量为：(979750+60000) kWh=1039750kWh。其空调使用面积大约为 3 万 m^2。

全年单位面积空调能耗：(1039750/30000) kWh/(m^2 · a) =34.66kWh/(m^2 · a)

（4）B 区建筑照明能耗指标

从表 17、图 36 可以看出，每个月照明耗电量差异不大，根据 1 ～ 10 月份照明耗电量的数据，可以预测 2011 年度照明用电总量为：(344813+64000) kWh=408813kWh。全年单位面积照明能耗：(408813/30000) kWh/(m^2 · a) =13.60kWh/(m^2 · a)。

B 区实测能耗分析汇总表　　表 17

年总能耗 (kWh)	总面积 (m^2)	单位面积能耗 [kWh/(m^2 · a)]	照明单位面积能耗 [kWh/(m^2 · a)]	空调单位面积能耗 [kWh/(m^2 · a)]
150.08 万	30308	49.49	13.60	34.66

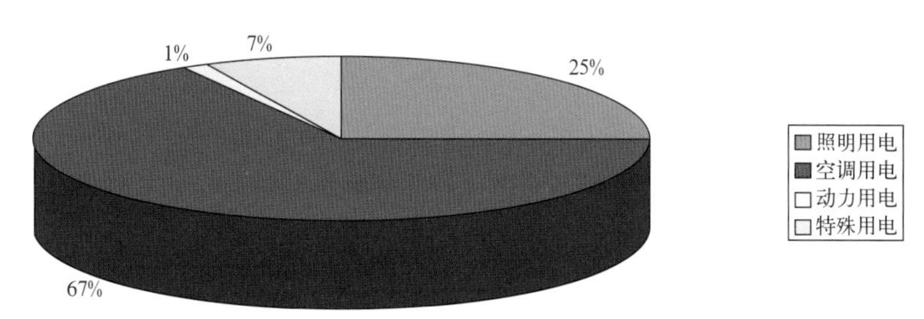

图 36　建筑分项能耗数据比例构成图

2）建筑综合节能率理论分析

（1）空调综合能效分析

根据《公共建筑节能设计标准》GB 50189—2005 规定，结合 B 区建筑既有改造和 C 区新建筑实际采取的节能技术和设备材料等实际情况，进行其综合节能率核算和分析，见表 18。

B 区建筑和 C 区建筑空调冷冻主机效率核算　　表 18

	额定制冷量	额定 COP	标准要求 COP	提高幅度
两台水冷离心机	600RT	5.56	5.1	9.0%
一台水冷螺杆	300RT	4.92	4.3	14.4%

对 B 区建筑空调冷冻水系统的输送能效比核算，见表 19。

B 区建筑冷冻水系统输送能效比　　表 19

	一级泵部分			
冷水机组	1 号离心	2 号离心	3 号螺杆	
一级泵流量 (m^3/h)	400	400	200	
一级泵扬程 H(m 水柱）	16	16	15	
泵效率 η	0.82	0.82	0.81	
温差 ΔT(℃）	5	5	5	
ER=0.002342$H/(\Delta T\cdot\eta)$	0.0091	0.0091	0.0087	
	二级泵部分			
	一期		二期	
二级泵	1 号	2 号	3 号	4 号
一级泵流量 (m^3/h)	330	330	160	160
一级泵扬程 H(m 水柱）	22	22	25	25
泵效率 η	0.75	0.75	0.75	0.75

续表

	二级泵部分			
	一期		二期	
温差 ΔT(℃)	5	5	5	5
ER=0.002342$H/(\Delta T\cdot\eta)$	0.0137	0.0137	0.0156	0.0156
冷冻水泵总计 ER	0.0228		0.0243	
标准要求值(二级泵)	0.0272		0.0272	
能效提高幅度	16.18%		10.66%	

此外，项目采用了二级冷冻水泵变流量控制技术，一期和二期二级泵全年实际能耗将分别减少 46.26% 和 47.28%，见表 20 和表 21。

一期二级冷冻水泵定流量、变流量能耗比较　　表 20

负荷频率	小时数	1 号水泵	二级泵定流量		二级泵变流量			
			泵功率(kW)	总电耗(kWh)	转速比	1 号泵扬程(m)	泵总功率(kW)	总电耗(kWh)
100%	52	2	52.8	2743.1	1.00	22.0	52.8	2743.1
90%	306	2	52.8	16142.1	0.90	19.0	42.6	13042.1
80%	428	2	52.8	22577.9	0.80	16.2	32.5	13888.8
70%	436	2	52.8	22999.9	0.70	13.8	24.2	10550.3
60%	416	2	52.8	21944.9	0.60	11.8	17.6	7331.6
50%	324	1	26.4	8545.8	1.00	22.0	27.5	8901.9
40%	360	1	26.4	9495.4	0.80	16.2	16.2	5841.1
30%	358	1	26.4	9442.6	0.60	11.8	8.8	3154.7
20%	389	1	26.4	10260.3	0.60	11.8	8.8	3427.9
10%	403	1	26.4	10629.5	0.60	11.8	8.8	3551.2
全年水泵电耗（万 kWh）			13.48		7.24			
节电率			46.26%					

二期二级冷冻水泵定流量、变流量能耗比较　　表 21

负荷频率	小时数	1 号水泵	二级泵定流量		二级泵变流量			
			泵功率(kW)	总电耗(kWh)	转速比	1 号泵扬程(m)	泵总功率(kW)	总电耗(kWh)
100%	52	2	29.1	1511.4	1.00	25.0	29.1	1511.4
90%	306	2	29.1	8893.7	0.90	21.4	23.3	7133.9
80%	428	2	29.1	12439.6	0.80	18.2	17.6	7530.1
70%	436	2	29.1	12672.1	0.70	15.3	13.0	5658.6

续表

负荷频率	小时数	1号水泵	二级泵定流量		二级泵变流量			
			泵功率(kW)	总电耗(kWh)	转速比	1号泵扬程(m)	泵总功率(kW)	总电耗(kWh)
60%	416	2	29.1	12090.8	0.60	12.8	9.3	3881.2
50%	324	1	14.5	4708.4	1.00	25.0	15.1	4904.6
40%	360	1	14.5	5231.6	0.80	18.2	8.8	3166.9
30%	358	1	14.5	5202.5	0.60	12.8	4.7	1670.0
20%	389	1	14.5	5653.0	0.60	12.8	4.7	1814.6
10%	403	1	14.5	5856.5	0.60	12.8	4.7	1879.9
全年水泵电耗（万kWh）			7.43		3.92			
节电率			47.28%					

（2）空调风系统的单位风量耗功率核算

重点对B区建筑新风处理机空气处理量大于5000m^3/h，和卧式空气处理机中处理风量大于10000m^3/h的空调箱进行校核计算，见表22。

B区建筑空调风系统单位风量耗功率核算　　表22

设备名称	设备编号	处理风量（m^3/h）	风机额定功率（kW）	单位风量耗功率（W）
吊顶式新风机组	PAU-B-1-1 PAU-B-2-1 PAU-B-3-1	5000	1.5	0.3
卧式空气处理机	AHU-B-1-1 AHU-B-2-1，2，3 AHU-B-3-1，2 AHU-B-4-4	16000	4.4	0.275
卧式空气处理机	AHU-B-1-3	16000	6	0.375
卧式空气处理机	AHU-B-1-5 AHU-B-2-4 AHU-B-4-2	14000	4	0.286
卧式空气处理机	AHU-B-2-5 AHU-B-3-3	12000	3	0.250
卧式空气处理机	AHU-B-2-6 AHU-B-3-5	15000	4	0.267
卧式空气处理机	AHU-B-2-7，8 AHU-B-3-6，7 AHU-B-4-1	20000	6	0.300
卧式空气处理机	AHU-B-2-9 AHU-B-3-4 AHU-B-4-3 AHU-B-5-1 AHU-B-6～9-1	10000	3	0.300
满足公共建筑节能标准中风机单位风量耗功0.42的限值，加权平均值为0.29				

(3) 空调系统综合能效比

B 区建筑空调综合能效比见表 23。

B 区建筑空调综合能效比 **表 23**

	实际建筑
空调综合能效	3.82
围护结构计算能耗（kWh/m²）	155.7

(4) 照明耗电核算

照明耗电核算见表 24。

照明耗电核算 **表 24**

房间类型	设计照度（Lx）	照明功率密度（参照）（W/m²）	照明功率（实际值）（W）	节能率（%）
阅览室	500	18	15	17
办公室	300	11	11	0
报告厅	300	18	15	17
书库	50	5	5	0

(5) 综合节能率计算

综合节能率计算条件见表 25，综合节能计算见表 26。

综合节能率计算条件 **表 25**

		参照建筑			设计建筑		
体形系数 S		0.23			0.23		
屋顶传热系数 K[W/(m²·K)]		0.90			0.80		
外墙（包括非透明幕墙）传热系数 K[W/(m²·K)]		1.50			1.50		
外窗（包括透明幕墙）	朝向	窗墙比	传热系数	遮阳系数	窗墙比	传热系数	遮阳系数
	东向	0.24	4.50	0.47	0.24	4.50	0.41
	南向	0.28	4.50	0.46	0.28	4.50	0.41
	西向	0.19	4.50	0.48	0.19	4.50	0.41
	北向	0.25	4.50	0.47	0.25	4.50	0.41
室内参数和气象条件设置		按《公共建筑节能设计标准》附录 B 设置					

综合节能率计算　　　　表 26

参考项目	参照建筑	设计建筑
空调耗冷耗热量（kWh）	5269955.04	4670221
空调 COP	2.80	3.82
空调耗电量（kWh）	1882126.8	1222571
照明耗电量（kWh）	719815	469478
总耗电量（kWh）	2602015.5	1692049
节能率（%）	—	67.49

（6）单位面积能耗的实测值与理论值对比

单位面积能耗的实测值与理论值对比见表 27。

单位面积能耗的实测值与理论值对比　　　　表 27

	年总能耗（kWh）	总面积（m^2）	单位总能耗［kWh/（m^2·a）］	照明单位能耗［kWh/（m^2·a）］	空调单位能耗［kWh/（m^2·a）］
理论值	169.2 万	30000	59.40	15.65	40.75
实测值	150 万	30000	49.49	13.60	34.66

3）太阳能光伏系统运行数据分析

（1）系统性能分析

自 2010 年 10 月份系统并网投入运行以来，1 号、2 号、3 号、4 号子系统运行基本没有发生过故障。从每日的报警报表记录的情况来看，设备运行基本正常。并网逆变器无故障报警情况出现。各项指标监控实时曲线如图 37 所示。

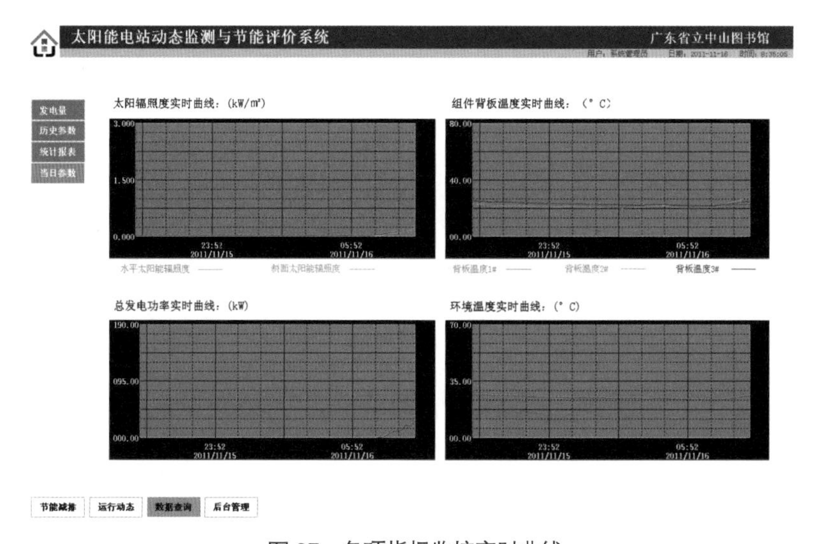

图 37　各项指标监控实时曲线

（2）各子系统发电量监测数据

中山图书馆光伏监测项目年报表见表 28。

中山图书馆光伏监测项目年报表　　表 28

时间	项目发电量（kWh）	1 号子系统发电量（kWh）	2 号子系统发电量（kWh）	3 号子系统发电量（kWh）	4 号子系统发电量（kWh）
2010 年 10 月	7178.54	1952.00	2463.00	1700.00	1063.54
2010 年 11 月	6798.34	1854.40	2339.85	1615.00	989.09
2010 年 12 月	6713.60	1780.22	2433.44	1550.40	949.53
2011 年 1 月	7233.03	1958.25	2676.79	1705.44	892.56
2011 年 2 月	8731.61	2545.72	3479.82	1875.98	830.08
2011 年 3 月	12793.00	5021.00	4876.00	1460.00	1436.00
2011 年 4 月	14975.42	5121.42	6342.00	1834.00	1678.00
2011 年 5 月	15790.22	5326.28	6595.68	2274.16	1594.10
2011 年 6 月	16491.34	5486.07	6793.55	2569.80	1641.92
2011 年 7 月	17664.95	5705.51	7065.29	3186.55	1707.60
2011 年 8 月	19150.87	5876.67	7277.25	4238.12	1758.83
2011 年 9 月	19776.20	6111.74	7568.34	4407.64	1688.47
2011 年 10 月	18917.61	5867.27	7265.61	4231.33	1553.40
累计发电量	172214.72	54606.54	67962	32214	17049

截至 2011 年 10 月 31 日，本系统自并网运行开始，一共累计发电 171945kWh。由于前几个月均属于项目调试阶段，并且因供电系统验收问题，部分时间太阳能光伏系统未接入内部电网。故推测，光伏系统正常运行，年发电量可达 23 万 kWh。

通过监测系统的年运行数据报表，可发现 1 号子系统、2 号子系统的发电量更高，3 号子系统的发电量最低，发电效率最低。2 号子系统的单位发电量最高，发电效率最高。

分析原因：2 号子系统采用标准支架安装方式，组件以全年发电量最佳安装倾角 23° 安装，太阳能电池方阵无遮挡状况，日照充足。3 号子系统位于 B 区西北角，西北角午后会存在局部遮挡。另外，3 号子系统位于 B 区电梯机房屋面部分采用水平安装，无最佳安装倾角，故影响系统的发电量。

（3）系统转换效率

项目的太阳能光伏并网发电监测系统在设计之初就考虑要全面监测系统运行的各项指标，其中根据电力监测仪表检测出的各子系统的瞬时发电功率及实时太阳能辐照度计算求出瞬时系统转换效率。

瞬时系统效率为

$$\eta = \frac{W}{AH}$$

式中，η——系统效率；

W——光伏系统功率，kW；

A——太阳能光伏系统采光面积，m^2；

H——太阳能太阳能光伏组件采光面上的太阳能辐照强度，kW/m^2。

在实际的监测软件设计过程中，根据测量值算出来各个子系统的瞬时光电转换效率。日间，系统转换效率最高可达16%，最低在1%左右，根据监测系统的记录，其平均值约为10%。

系统的光电转换效率一般情况下也接近这个值，基本处于正常偏上水平，如图38所示。

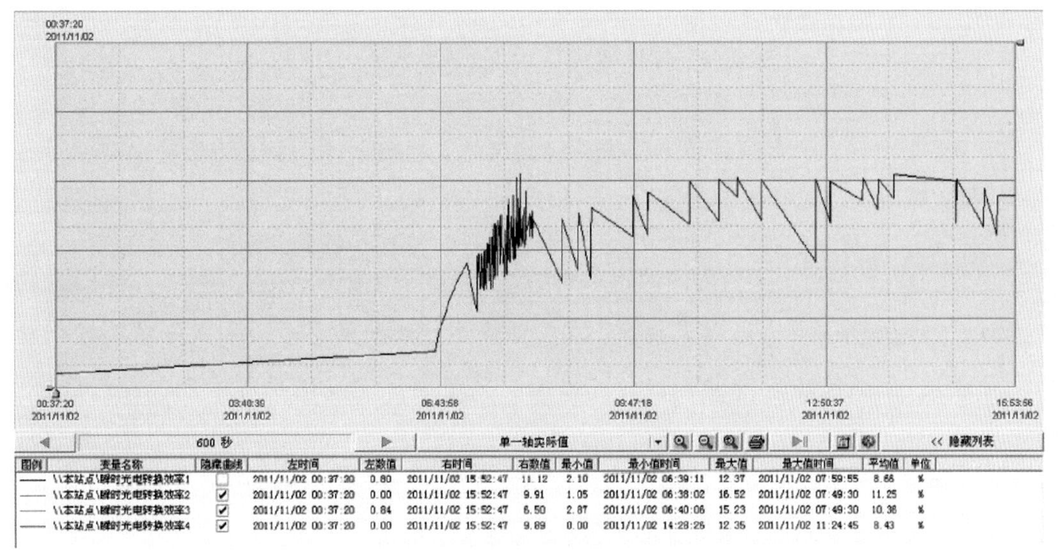

图38　子系统光电效率历史曲线

（4）逆变器转换效率

逆变器的转换效率是并网逆变器的性能质量的最重要的要求之一，太阳能光伏并网逆变器的转换效率直接影响太阳能发电系统的发电量。

在实际监测运行中，实时测量单台逆变器的直流输入功率和交流输出功率，并按照逆变器转换效率＝交流输出功率／直流输入功率×100%的比值计算出实际值。

单台逆变器的瞬时转换效率约为97%，如图39所示。

（5）电能质量分析

系统采用无人值班的集中控制方式，监控中心位于B区消防控制中心。各子系统采用有线方式与集控室微机系统相连，实现对太阳能光伏发电电气设备的监控。

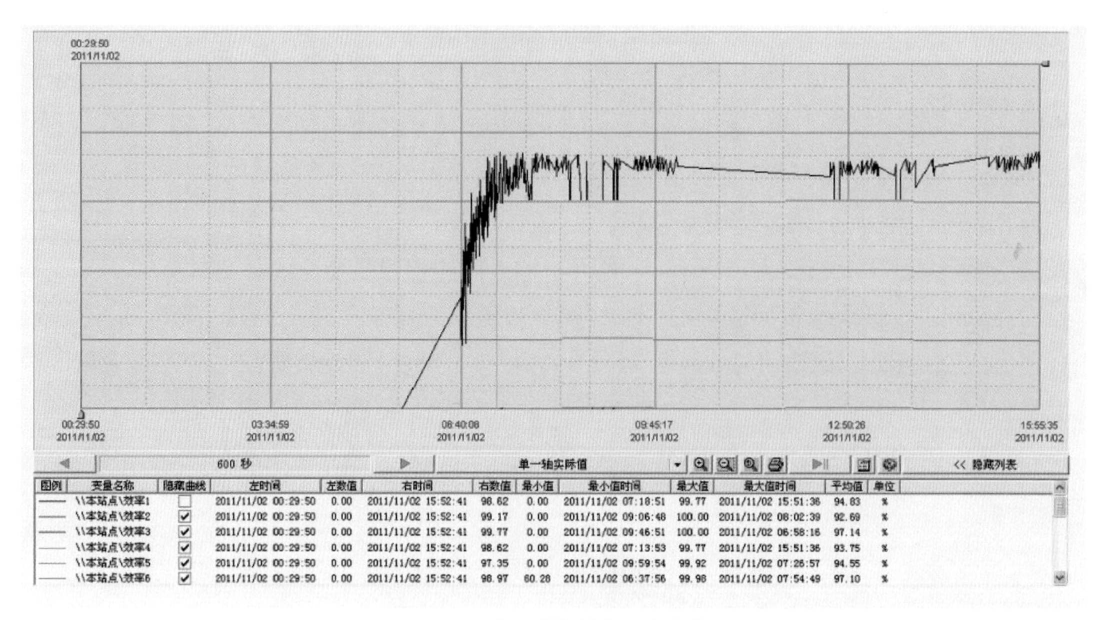

图 39　逆变器转换效率历史曲线

各子系统电气监控系统通过 RS−485 线将各站二次设备连接，对光伏发电系统设备、实时气象数据以及站内二次设备进行监视和控制，确保光伏电站能有效、便捷地运行。

监控系统具有 RS−232/485、以太网标准通信接口，通信协议公开，能将相关信息送至上层监控系统，进行集中监控并实现故障自动记录、用电评价指标的记录。可显示系统的输出功率、发电量、系统电压、功率因数等参数。显示环境参数（辐照度、环境温度）、二氧化碳减排量、统计和显示日发电量、总发电量等信息，并形成打印报表。

通过安装在 4 个并网电柜里的电力监测仪，实时监测电能质量的变化情况，并形成报表。下面截取其中某一天的电能质量的记录。

1 号并网柜运行日报表见表 29。

结论：满足三相电压不平衡度、频率、电压谐波及功率因素的要求，满足光伏系统并网技术规范。

2 号并网柜运行日报表见表 30。

结论：满足三相电压不平衡度、频率、电压谐波及功率因素的要求，满足光伏系统并网技术规范。

3 号并网柜运行日报表见表 31。

结论：满足三相电压不平衡度、频率、电压谐波及功率因素的要求，满足光伏系统并网技术规范。

4 号并网柜运行日报表见表 32。

组件背板温度实时曲线如图 40 所示。

表 29

1 号子系统并网柜运行参数

时间	系统瞬时光电转换效率（%）	A 相电流（A）	B 相电流（A）	C 相电流（A）	A 相电压（V）	B 相电压（V）	C 相电压（V）	总有功功率（kW）	总无功功率（kW）	功率因数	频率（Hz）	三项电流不平衡度（%）	三项电压不平衡度（%）
6：00	0.000	0.700	0.700	0.700	235.928	236.131	234.587	0.000	0.540	0.066	50.000	0.240	0.000
7：00	7.545	3.300	3.380	3.480	235.247	233.166	231.912	1.980	0.280	0.992	49.950	0.180	2.950
8：00	8.734	14.420	14.780	14.520	235.247	228.063	226.926	9.900	0.560	0.999	50.050	0.220	1.500
9：00	10.291	31.160	31.580	31.140	225.142	224.905	222.750	21.040	0.900	0.999	50.000	0.390	0.950
10：00	11.418	48.480	48.980	48.460	224.800	224.529	222.191	32.680	1.200	1.000	50.000	0.420	0.690
11：00	11.753	59.060	59.600	59.040	226.082	226.385	223.850	40.140	1.300	1.000	50.050	0.410	0.640
12：00	11.893	63.600	64.120	63.540	235.247	227.867	225.697	43.520	1.320	1.000	50.000	0.380	0.590
13：00	11.683	62.280	62.760	62.220	235.247	227.301	225.741	42.580	1.340	1.000	50.000	0.340	0.540
14：00	11.621	57.100	57.600	57.040	235.247	225.790	223.354	38.760	1.260	1.000	50.000	0.740	0.620
15：00	11.971	46.600	47.100	46.540	226.289	224.988	222.344	31.480	1.120	1.000	49.950	0.770	0.770
16：00	11.391	30.880	31.380	30.900	224.763	224.697	222.104	20.860	0.920	0.999	50.050	0.400	1.090
17：00	9.816	7.160	7.460	7.060	225.652	224.940	222.815	4.700	0.340	0.998	49.950	0.520	3.320
18：00	4.724	2.180	2.460	2.240	235.247	227.890	225.969	0.540	0.220	0.937	50.000	0.330	7.890
19：00	0.000	0.680	0.680	0.680	226.591	226.780	224.581	0.000	0.500	0.062	49.950	0.350	0.000

2 号子系统并网柜运行参数

表 30

时间	系统瞬时光电转换效率（%）	A 相电流（A）	B 相电流（A）	C 相电流（A）	A 相电压（V）	B 相电压（V）	C 相电压（V）	总有功功率（kW）	总无功功率（kW）	功率因数	频率（Hz）	三项电流不平衡度（%）	三项电压不平衡度（%）
6：00	0.000	0.870	0.870	0.900	235.664	236.309	236.532	0.000	0.690	0.025	49.950	0.150	3.440
7：00	7.900	3.990	4.200	5.220	233.024	233.371	233.729	2.400	0.330	0.993	50.000	0.150	16.770
8：00	8.654	15.510	15.810	17.040	231.256	228.576	228.991	10.860	0.570	0.999	50.050	0.220	5.770
9：00	11.675	38.280	38.820	40.020	231.256	224.531	225.932	26.310	0.930	0.999	50.000	0.510	2.530
10：00	12.113	56.730	57.210	58.410	222.982	223.836	225.357	38.670	1.200	1.000	50.000	0.570	1.670
11：00	11.596	65.220	65.760	66.930	231.256	225.505	226.940	44.760	1.290	1.000	50.050	0.530	1.450
12：00	11.609	69.960	70.560	71.730	226.452	227.656	228.737	48.390	1.350	1.000	50.050	0.490	1.390
13：00	11.333	69.120	69.630	70.830	231.256	227.154	227.877	47.610	1.380	1.000	50.000	0.390	1.410
14：00	11.312	63.090	63.630	64.830	231.256	225.743	226.880	43.260	1.260	1.000	50.000	0.530	1.550
15：00	11.404	51.390	51.930	53.040	231.256	224.521	226.237	35.160	1.110	1.000	50.000	0.700	1.780
16：00	9.168	34.170	34.680	35.760	222.828	223.782	225.327	23.370	0.900	0.999	50.000	0.600	2.580
17：00	9.060	7.380	7.950	8.760	231.256	224.015	226.167	5.130	0.360	0.998	49.950	0.740	9.360
18：00	4.576	2.730	3.420	3.210	225.652	226.469	227.834	0.600	0.300	0.911	50.050	0.520	9.610
19：00	0.000	0.840	0.810	0.870	223.657	225.228	226.065	0.000	0.630	0.018	49.950	0.480	3.570

3 号子系统并网柜运行参数

表 31

时间	系统瞬时光电转换效率（%）	A 相电流（A）	B 相电流（A）	C 相电流（A）	A 相电压（V）	B 相电压（V）	C 相电压（V）	总有功功率（kW）	总无功功率（kW）	功率因数	频率（Hz）	三项电流不平衡度（%）	三项电压不平衡度（%）
6：00	0.000	0.400	0.420	0.400	231.256	236.416	236.855	0.000	0.320	0.111	49.950	0.090	5.000
7：00	7.896	1.720	1.840	2.380	233.918	233.453	234.028	1.040	0.200	0.987	49.950	0.090	20.200
8：00	10.780	8.080	8.480	9.360	228.710	228.624	229.152	5.840	0.400	0.998	50.000	0.140	8.330
9：00	11.701	16.040	17.280	17.900	224.612	224.477	225.970	11.500	0.680	0.998	50.000	0.420	4.920
10：00	11.798	23.060	24.640	25.340	223.543	223.623	225.220	16.380	0.900	0.999	50.050	0.480	4.020
11：00	11.224	26.140	27.980	28.440	231.256	225.255	226.718	18.680	0.980	0.999	50.050	0.430	3.340
12：00	11.077	27.500	29.500	29.880	227.001	227.403	228.502	19.780	1.020	0.999	50.000	0.380	3.170
13：00	10.527	26.280	28.080	28.500	231.256	226.812	227.534	18.800	1.000	0.999	50.000	0.270	3.180
14：00	9.918	22.820	24.440	24.880	231.256	225.320	226.430	16.280	0.880	0.999	50.000	0.400	3.490
15：00	9.268	17.200	18.500	18.960	231.256	224.262	225.985	12.280	0.700	0.999	49.950	0.580	4.060
16：00	7.787	10.060	10.760	11.360	231.256	223.591	225.169	7.160	0.460	0.998	50.000	0.490	5.970
17：00	7.294	2.460	2.840	3.220	231.256	223.837	226.004	1.740	0.240	0.994	49.950	0.630	13.380
18：00	3.850	1.260	1.680	1.480	226.465	226.425	227.907	0.180	0.160	0.775	50.050	0.420	15.060
19：00	0.000	0.380	0.400	0.400	224.496	225.212	226.164	0.000	0.300	0.108	49.950	0.380	5.260

表 32

4 号子系统并网柜运行参数

时间	系统瞬时光电转换效率（%）	A 相电流（A）	B 相电流（A）	C 相电流（A）	A 相电压（V）	B 相电压（V）	C 相电压（V）	总有功功率（kW）	总无功功率（kW）	功率因数	频率（Hz）	三项电流不平衡度（%）	三项电压不平衡度（%）
6：00	0.000	0.420	0.420	0.440	235.964	234.875	235.937	0.000	0.340	0.114	49.950	0.150	4.760
7：00	8.140	1.860	2.020	1.960	233.264	232.154	233.272	1.220	0.220	0.990	49.950	0.160	4.120
8：00	9.516	8.100	8.340	8.240	231.256	227.779	229.155	5.640	0.380	0.998	50.050	0.210	1.450
9：00	11.401	18.080	18.400	18.260	231.256	227.130	228.689	12.500	0.720	0.998	50.000	0.270	0.870
10：00	12.158	27.260	27.760	27.520	228.465	227.284	228.777	18.840	0.960	0.999	50.000	0.260	0.940
11：00	11.918	31.880	32.500	32.260	231.256	229.103	230.752	22.260	1.100	0.999	50.050	0.300	0.930
12：00	11.948	34.160	34.820	34.540	232.425	231.258	232.762	24.040	1.140	0.999	50.000	0.260	0.920
13：00	11.399	32.960	33.660	33.360	231.256	230.172	231.611	23.140	1.140	0.999	50.050	0.250	1.020
14：00	11.453	30.580	31.140	30.900	230.212	228.877	230.557	21.300	1.040	0.999	50.000	0.290	0.900
15：00	11.757	25.260	25.780	25.480	231.256	227.923	229.527	17.480	0.920	0.999	49.950	0.270	0.860
16：00	10.705	16.120	16.500	16.280	231.256	226.991	227.972	11.160	0.660	0.998	51.100	0.220	1.220
17：00	9.009	3.620	3.820	3.660	228.203	227.040	228.535	2.480	0.260	0.996	52.140	0.260	3.240
18：00	4.155	0.820	0.720	0.880	230.014	228.944	230.422	0.280	0.180	0.862	50.000	0.270	10.000
19：00	0.000	0.400	0.400	0.420	231.256	227.461	229.003	0.000	0.320	0.089	49.950	0.280	5.000

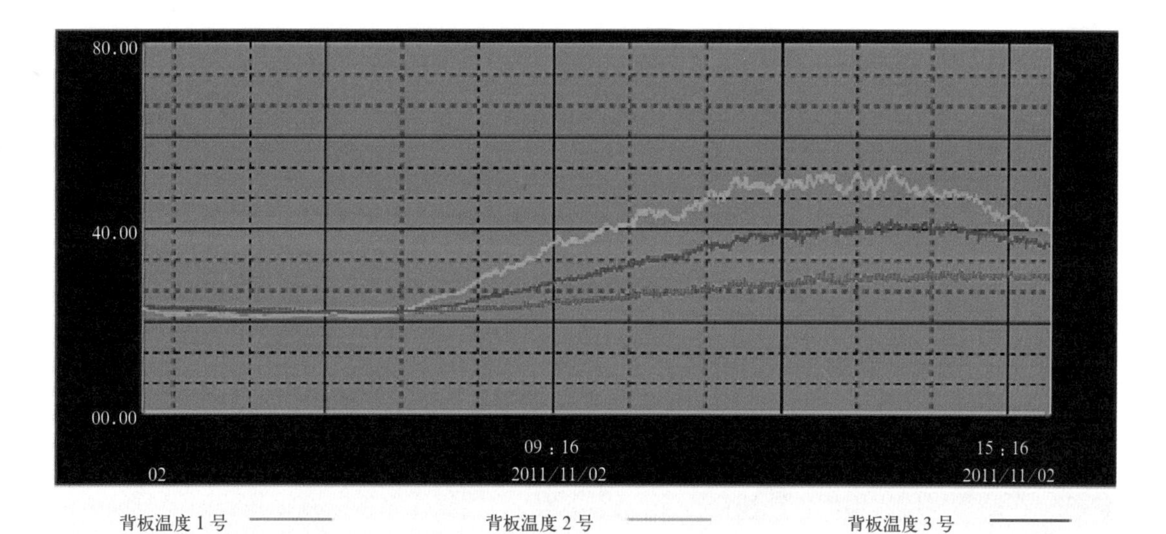

图 40　组件背板温度实时曲线

温度对单体太阳能电池的影响：单体太阳能电池的开路电压随着温度的升高而降低，电压温度系数为 −（210 ～ 212）mV/℃，即温度每升高 1℃，单体太阳能电池开路电压降低 210 ～ 212mV。太阳能电池短路电流随温度的升高而升高，太阳能电池的峰值功率随温度的升高而降低（直接影响到效率），即温度每升高 1℃，太阳能电池的峰值功率损失率约为 0.135% ～ 0.145%。

单块太阳能电池组件由 36 片单体太阳能电池串联组成。夏天时太阳能电池组件背表面温度可以达到 70℃，而此时的太阳能电池工作结温可以达到 100℃（额定参数标定均在 25℃条件下），此时该组件的开路电压与额定值相比将降低约 213×（100−25）%×36mV=6517mV，峰值功率损失率约 14%×（100−25）%=11.9%。硅太阳能电池的输出功率随温度的升高也大幅下降，致使太阳能电池组件不能充分发挥最大性能。

针对异常数据应给出原因分析：其中一段时间无数据记录。经现场排查发现，现场数据采集器的电源跳闸，中央监控中心的计算机无法正常读取各子系统的运行数据。经现场恢复，此后能正常读取数据并发电。

2. 综合效益及推广分析

1）经济效益

中山图书馆改扩建，通过采用建筑围护结构节能措施和空调、通风及照明节能措施，建筑综合节能率达到 67.49%。

（1）B 区

从 B 区能耗分项计量实测数据分析和建筑综合节能率理论分析，B 区参照建筑总能耗：2602015.5kWh。

根据实测数据，B 区建筑年总用电量为 1500837.8kWh，相比参照建筑节电约：（2602015.5−1500837.8）kWh=1101177.7kWh。

(2) C区

通过相关模拟分析，C区参照建筑总能耗为1264716.36kWh。根据实测数据，整个中山图书馆总用电量大约为260万kWh，除掉A区地下室用电量外，C区建筑年总用电量大约为98万kWh，相比参照建筑节约用电：(1264716.36−980000) kWh=284716.36kWh

(3) 太阳能光伏发电

181kW太阳能光伏发电全年发电量大约为23万kWh。

(4) 项目总计年节电量

项目年总节约用电量为 (1101177.7+284716.36+230000) kWh=1615894.06kWh

2) 社会效益

整个示范项目是一个系统的节能工程，各项技术和措施相辅相成，共同为节能率提供贡献。在提高围护结构热工性能和空调、照明系统的工作效率，以及加强智能控制等技术措施进行节能的同时，利用太阳能光伏系统并网供电减少对市电的用量，对节能来说更是锦上添花。而合理地采用雨水收集利用系统，减少水资源的消耗更增添了综合示范的效果。

通过图书馆特殊的教育、公益宣传和示范窗口效应，不仅能为公共建筑，特别是既有改造的公共建筑提供建筑节能改造的经验，同时也将太阳能光伏发电技术，用科普的形式广泛地展示给大众，取得技术示范和国民教育的双丰收。

3) 环境效益

1kWh按0.404kg标准煤换算，则所产生的环境效益见表33。

中山图书馆项目所产生的环境效益（单位：t/a） 表33

节煤	减排 CO_2	SO_2	NO_X	烟尘	煤渣
652.82	1710.39	5.55	4.83	130.56	163.21

4) 项目推广应用前景

广州属于太阳能辐射三类地区，全年日照时数在1850h左右，日照资源较丰富，并且中山图书馆是广州地区太阳能光伏发电技术应用的重大突破，项目资金来源于省财政，属于政府投资项目，为今后政府投资项目在广东省推广太阳能技术发挥了很好的示范和推广作用。

中山图书馆作为省重要公益性文化设施，服务于社会文化重要窗口，中山图书馆努力建设重点文化工程，打造绿色生态环保图书馆，贯彻健康与可持续发展理念，积极响应国家建筑节能政策，成为既有建筑节能改造的公益性示范技术推广的典范。

总之，通过本示范项目的实施，对既有建筑改造实用技术和可再生能源技术在公共建筑的应用，起到借鉴参考与指导作用。同时作为公益性教育示范窗口，很好地发挥了公益性文化设施倡导生态环保理念的宣传作用。会推进省内公共既有建筑节能改造，带动广东地区可再生能源产业的发展，促进其技术的完善与提高及经济效益的提高。

3. 技术经济性分析和应用推广价值

中山图书馆通过采用合理的既有建筑节能改造技术后，运行费用大大减少，服务水平得到进一步的提高。项目取得荣誉如下：

2008 年 6 月，被批准立项为国家既有建筑改造示范工程，同年获得国家既有建筑改造十佳优秀设计。

2008 年 9 月，被批准立项为国家“双百”低能耗建筑应用示范工程，广东省“双十”低能耗建筑应用示范工程。

2008 年 10 月，经广州市建委节能办批准立项为“广州市建筑节能示范工程”。

2008 年 11 月，立项为“国家可再生能源与建筑集成示范工程”。

既有建筑在全社会建筑能耗中占有很大的比例，既有建筑节能改造是当前建筑节能减排任务重中之重，本项目可起到示范作用，为地区公益文化建筑节能改造提供借鉴参考。

（四）总结

目前，中山图书馆已正式运行 1 年，通过全面的数据监测和分析，各项关键指标已达到预期的目标。运行期间，馆内环境得到了广大读者和馆内工作人员的充分肯定；各级主管部门和兄弟单位也经常到馆参观，对中山图书馆改造后的效果特别是在节能减排上取得的成绩给予了高度赞扬。

中山图书馆是广东省对外宣传文化的重要窗口，在传播文化知识和进行文化教育方面占有重要地位。如何实现数字化、网络化和现代化，建设生态环保型图书馆，项目单位进一步总结项目建设改造经验，将根据项目改造情况和运行情况，进行深入研究和讨论，力求为老旧图书馆建筑节能改造以及新建图书馆，提供一定的借鉴和参考作用，同时也将通过图书馆文化传播窗口，向全社会传播建筑节能减排，增强广大市民环保意识，实现可持续发展，减少资源消耗，实现与自然和谐统一，起到积极作用。近百年的艰辛耕耘，铸就了中山图书馆事业的辉煌。今天，中山图书馆更是以人文关怀理念、文化语境和高新科技构筑的公共平台，努力发挥文化传播功能，使图书馆成为多元文化的摇篮，社会精英的研究基地，人民群众的精神家园，为不断丰富人们的精神世界，增强人们的精神力量，建设社会主义精神文明作出更大贡献。

项目承担单位：广东省立中山图书馆

开发建设单位：广东省立中山图书馆

设计单位：广州市设计院

施工单位：广东省建筑工程集团有限公司

低能耗建筑技术咨询单位：广州市亮建节能科技有限公司

上海虹桥临空经济园区 6 号地块
科技产业楼 1、2 号楼

——2011 年 10 月通过住房和城乡建设部“绿色建筑示范工程”验收

专家点评：“上海虹桥临空经济园区 6 号地块 1、2 号科技产业楼”绿色建筑示范工程项目根据建筑自身特点以及上海市当地气候特点、城市自然环境和人文环境,集成应用了一系列本土化适宜技术,并形成了一套实用可行的绿色建筑技术体系。

项目在建筑围护结构优化方面集成应用了中空夹芯墙体保温隔热技术，将保温材料设置在外墙中间，有利于较好地发挥墙体本身对外界环境的防护作用，并在节点细部设计与施工中，解决了冷（热）桥问题；同时集成应用了多种遮阳技术，并进行了一系列的模拟量化计算，做到遮阳、自然采光、太阳能发电三者的效益平衡，并在建筑设计时进行了遮阳专项设计；在光电幕墙建筑一体化设计方面设置了采光中庭，采光中庭的顶部均采用太阳能光伏发电玻璃，南向、西向透明幕墙有效地提高了室内天然光照环境，东向、北向立面开窗结构也有效地改善了室内北部办公区域的采光，且运行结果表明，项目各层室内天然采光分布较为理想，在地下空间方面加强了天然采光、自然通风技术的应用。结合地下车库进行了光导照明系统的优化设计和布局。在地下车库区域安装了导光系统，利用管径为 550mm 的导光管将自然光引入地下空间，减少该区域日间照明能耗，并提升了地下空间的自然光环境;在建筑能耗监控管理方面，通过对数据的深度分析，客观真实地反映设备以及系统的运行能效，同时为节能监控系统的控制策略的优化提供依据，并对节能监控系统进行合理的控制策略参数调整。

项目在技术创新的基础上保证了较高的品质和合理的成本，带来了较好的经济效益和社会效益，为在上海地区及夏热冬冷地区推广绿色建筑起到了很好的示范作用。

（一）项目概况

1. 区位优势

上海虹桥临空经济园区地处上海市长宁区，园区“依托虹桥，发展长宁”，实施面向

21 世纪经济发展战略的三大经济组团之一，是集高新技术产业、城市型工业、空港经济的综合型园区。园区毗邻虹桥国际机场，紧邻外环线，凭借优越的地理位置和大手笔的规划设计，将园区建设成为园林式、高科技、总部型的国际化商务社区，成为长江三角洲地区产业互为辐射的商务平台、国际产业转移的对接平台、未来国际新兴产业的培育平台。项目总体区及总平面图如图 1 所示。

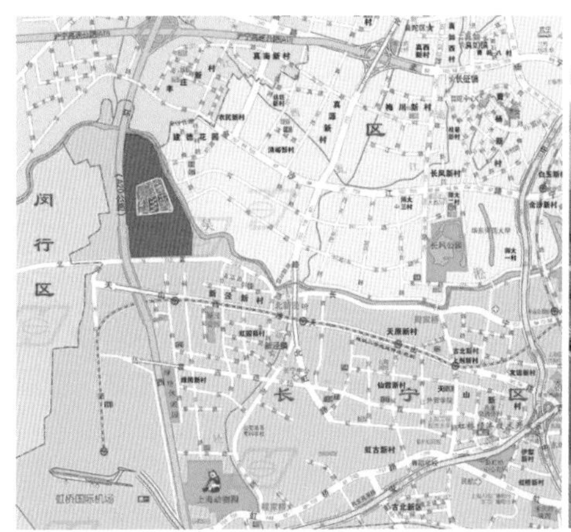

图 1　项目总体区位及总平面图

2. 总体情况

6 号地块位于虹桥临空经济园区核心区，总用地面积为 41005.8m²，临虹路以北，金轮路以东，协和路以西，地块上共有 6 栋办公建筑，1 号和 2 号科技产业楼定位于绿色建筑示范工程，均为地上 6 层，地下 1 层，用地面积共 17880.8m²，总建筑面积约 2.7 万 m²，地下室相互连通，面积达 9020m²，1 号产业楼地上建筑面积为 10499m²，2 号产业楼地上建筑面积为 7712m²。1 号和 2 号科技产业楼实景如图 2、图 3 所示。

工程以绿色建筑二星级为设计目标，基于绿色建筑全寿命周期这一概念，将建筑的经济效益、社会效益和环境效益进行优化组合，进行一系列绿色建筑技术的集成示范。

工程于 2006 年 1 月 26 日立项，2007 年 1 月开始设计。

图 2　1 号楼实景

图 3　2 号楼实景

2007 年 10 月 17 日申请绿色建筑示范工程。

2008 年 8 月工程开工。

2010 年 4 月工程通过竣工验收。

自立项开始，业主单位即协调建筑设计、技术顾问、专项厂家、建筑施工、监理、物业管理等单位，在建筑综合节能、可再生能源利用、建筑节水、建筑智能化控制、绿色施工、绿色运营等方面开展了大量的基础性工作，有针对性地在 1 号、2 号科技产业楼中集成应用了一系列的绿色建筑技术，达到了绿色建筑示范目标。

2008 年项目被列入上海市绿色建筑创建工程，并于 2009 年通过了上海市首批绿色建筑标识项目专家评审，获得了绿色建筑二星级设计评价标识，如图 4 所示。基于工程的建筑综合节能及绿色建筑示范效应，2009 年，项目被列入上海市“十一五”期间新建高标准节能建筑示范项目，并于 2010 年通过项目验收，如图 5 所示。同时工程的施工质量也得到认可，2010 年 6 月被评为上海市“白玉兰”优质工程，并于 2011 年 8 月通过国家优质工程初审和复查。

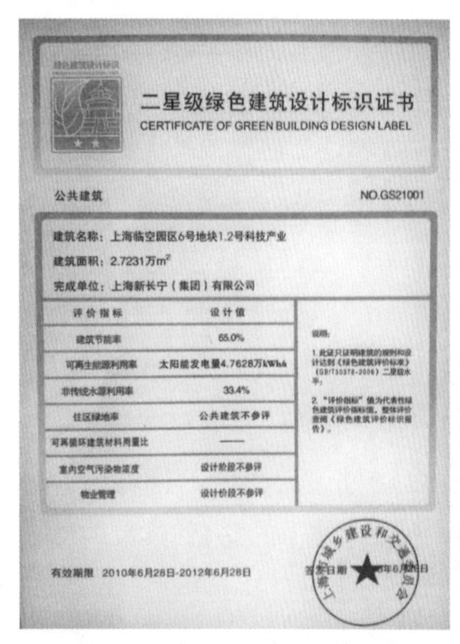

二星级绿色建筑设计标识证书

CERTIFICATE OF GREEN BUILDING DESIGN LABEL

公共建筑 NO.GS21001

建筑名称：上海临空园区6号地块1.2号科技产业

建筑面积：2.7231万m²

完成单位：上海新长宁（集团）有限公司

评价指标	设计值
建筑节能率	65.0%
可再生能源利用率	太阳能发电量4.7628万kWh/a
非传统水源利用率	33.4%
住区绿地率	公共建筑不参评
可再循环建筑材料用量比	——
室内空气污染物浓度	设计阶段不参评
物业管理	设计阶段不参评

说明：

1. 此证只证明建筑的规划和设计达到《绿色建筑评价标准》（GB/T50378-2006）二星级水平；

2. “评价指标”值为代表性绿色建筑评价指标值，整体评价查阅《绿色建筑评价标识报告》。

有效期限 2010年6月28日-2012年6月28日

签发日期

图 4　设计评价标识二星级证书

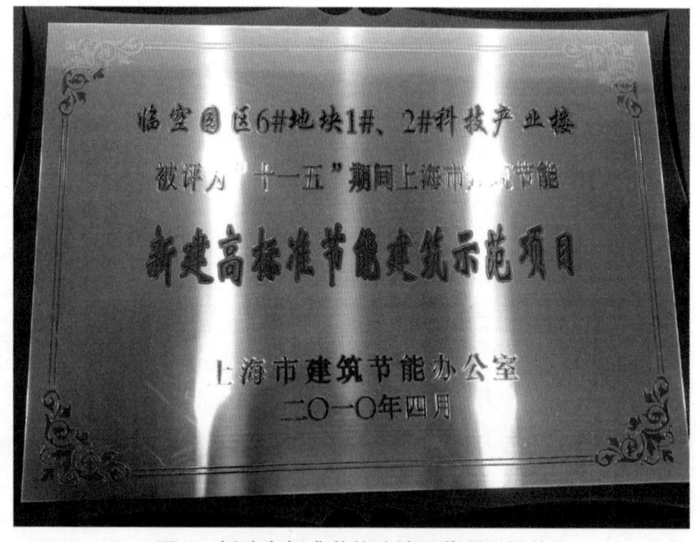

图 5　新建高标准节能建筑示范项目挂牌

（二）技术及实施

1. 总体技术体系

本示范工程根据《绿色建筑评价标准》GB/T　50378—2006 的要求，围绕节地与室外环境、节能与能源利用、节水与水资源利用、节材与材料资源利用、室内环境质量、运营管理 6 大指标体系进行一系列绿色建筑技术的集成示范，主要示范创新点如图 6 所示。

图6　工程示范创新点

2. 示范关键技术

1）关键技术一：夏热冬冷地区中空夹芯墙体技术应用

建筑围护结构的热工性能直接影响建筑物的采暖空调负荷，故建筑节能的重要举措之一是提高建筑围护结构的保温隔热性能，减少建筑物热（冷）负荷，降低采暖空调系统耗能量，以达到建筑节能的目的。一般外墙体在建筑的外围护结构中占的比例较大，墙体传热造成的热损失占整个建筑热损失的比例也很大。

夏热冬冷地区的建筑围护结构既要满足冬季保温又要考虑夏季隔热，不同于北方采暖建筑主要考虑单向传热过程的节能思路。当改变围护结构传热系数 K 时，随着 K 值的减少，能耗指标并非按照线性规律逐渐降低。

项目针对上海地区夏季高温高湿、冬季低温高湿的气候特征，在建筑围护结构优化方面重点研究中空夹芯复合墙体技术，将保温材料设置在外墙中间，有利于较好地发挥墙体本身对外界环境的防护作用，同时在节点细部设计与施工中，解决了冷（热）桥问题。通过节能优化设计，最终项目采用了以下的节能型围护结构形式。

（1）外墙

外墙构造为：24mm 聚苯乙烯硬脂塑料 +80mm 加气混凝土 +50mm 空气层 +20mm 聚苯乙烯硬脂塑料 +80 加气混凝土 +15mm 水泥砂浆，如图 7 所示。

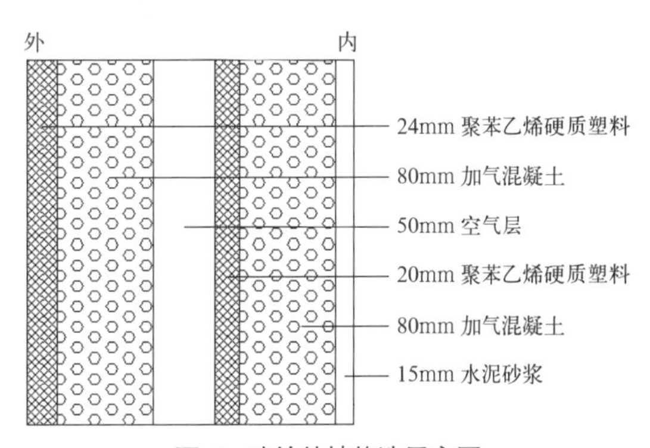

图7　建筑外墙构造示意图

（2）屋面

层面构造为：20mm 水泥砂浆 +150mm 钢筋混凝土 +80mm 陶粒混凝土 +40mm 聚氨酯硬泡沫塑料 +400mm 填土绿化。

2）关键技术二：多种遮阳形式综合应用

对于寒冷、夏热冬冷以及夏热冬暖地区，夏季水平面太阳辐射强度可高达 1000W/m^2 以上，在这种强烈的太阳辐射下，阳光直射室内，将严重影响建筑室内热环境，增加建筑空调能耗。因此，采用遮阳系统，减少窗户或透明玻璃幕墙的辐射传热是降低建筑能耗的重要途径。

本项目集成应用了多种遮阳技术，经过在上海地区不同时间、不同太阳角度下进行一系列的模拟量化计算，探寻发挥装置最大节能效益的手段，做到遮阳、自然采光、太阳能发电三者的效益平衡，并在建筑设计时进行遮阳方案的比选。

最终确定的遮阳形式如下。

（1）外遮阳类型 1——建筑自遮阳装置

南向 2 层以上的幕墙和水平方向有 70° 夹角，其自身水平遮阳外挑长度为 550mm，可以构成水平外遮阳装置，如图 8 所示。

图 8　建筑自遮阳装置实景

（2）外遮阳类型 2——活动外遮阳装置

西向布置有活动外遮阳装置，百叶距离为 480mm，百叶宽度 280mm，如图 9 所示。

（3）外遮阳类型 3——固定水平外遮阳装置

二层的楼板，外挑长度为 2750mm，可以作为一层幕墙或外窗的水平外遮阳装置。

(4) 外遮阳类型 4——固定挡板外遮阳

天井上部布置有太阳能板，其透光率为50%，天井中的幕墙外布置有固定挡板。

项目外窗及幕墙的玻璃参数的选用也考虑了与遮阳形式的结合，最终选用了低辐射中空玻璃 6+12A+6；窗框选择断热铝合金。

图 9　活动外遮阳装置实景

3）关键技术三：太阳能光伏幕墙建筑一体化技术研究及应用

上海地区地理位置处于北纬 31.40°、东经 121.45°，年辐射总量水平大约为 4580MJ/（m^2·a），年日照时间约 2000h，属于我国第Ⅲ类太阳能资源带（4200 ~ 5400MJ/（m^2·a）），可以实施太阳能资源利用，为建筑节能服务。

太阳能光伏发电系统的运行方式基本上可分为两类：光伏并网发电系统和独立光伏发电系统。上海地区太阳能光伏工程经历了近 8 年的发展，一体化设计和应用形式逐渐丰富并成熟。

项目太阳能利用包括道路太阳能照明、地下车库太阳光照明、太阳能光伏发电技术的运用，其中太阳能光伏幕墙是项目的研究重点。项目创新研发的太阳能光伏幕墙为一种多性能、适应性强的幕墙，集外倾式幕墙形体、太阳能光伏板、局部呼吸幕墙以及可动遮阳板于一体，主要位于 2 号楼的南立面。外倾式幕墙通过光线角度的计算，避免直射光的直接入射，减少热量的进入，上方设可动遮阳板用于夏季水平遮阳的同时，将反射可见光引入室内，在冬季竖直引入阳光，减小冬季空调能耗。下方设置太阳能光伏板，满足太阳能发电的要求，过热处有针对性地设置局部呼吸式幕墙。幕墙外倾角度、遮阳板尺寸、玻璃参数以及太阳能光伏板的角度均通过模拟量化计算确定。

选择 2 号楼建筑的南立面和天窗安装双面玻璃光电幕墙组件，与建筑物呈一体化结构形式，如图 10、图 11 所示。采取并网发电方式，所发电力并入建筑内部低压配电侧，作为市电的补充，与市电并网供电。该系统由以下部分组成：太阳能光伏电池组件、控制器、

图 10　南立面光伏幕墙实景

图 11　天窗光伏幕墙实景

逆变器、配电装置等。

项目分别对天窗和南立面光伏组件进行了面上太阳辐射量分析，天窗组件面上的太阳辐射天平均数为 3.41kWh/ $(m^2 \cdot d)$；南立面组件面上的年太阳辐射为 0.88MWh/ $(m^2 \cdot a)$，折合成每日的太阳辐射为 2.42kWh/ $(m^2 \cdot d)$。

项目系统所发电量用于建筑物内部低压配电电网，供内部消耗，设计年发电量不小于 1 号、2 号楼总用电量的 2%。2 号楼屋顶天窗水平安装 78 块组件，每块额定功率为 307W，总功率为 23.94kW，2 号楼南立面（南偏东 15°）安装 216 块组件，组件面倾斜角度 84°，每块额定功率为 155W，总功率为 33.48kW。

4）关键技术四：溶液调湿新风机组结合地源热泵技术

空调系统的优劣也是影响建筑节能的重要因素。本项目采用干、湿分离的设计思路，设置温度与湿度两套独立的空调系统，分别控制、调节室内的温度与湿度，全面调节室内热湿环境。尤其是运用溶液除湿热回收新风系统、地源热泵高温冷源以及室内干式空调末端的组合，是一种高节能性和高环保性的新型空调组合方式。一体式热泵型溶液调湿热回收型新风机组结合埋地管地源热泵技术可以大幅度减少埋管的用地面积，在用地面积十分紧张的长江流域示范推广这一技术，意义重大。空调系统设计技术路线如图 12 所示。夏季、冬季空调系统各部分能耗比例分布如图 13 所示。

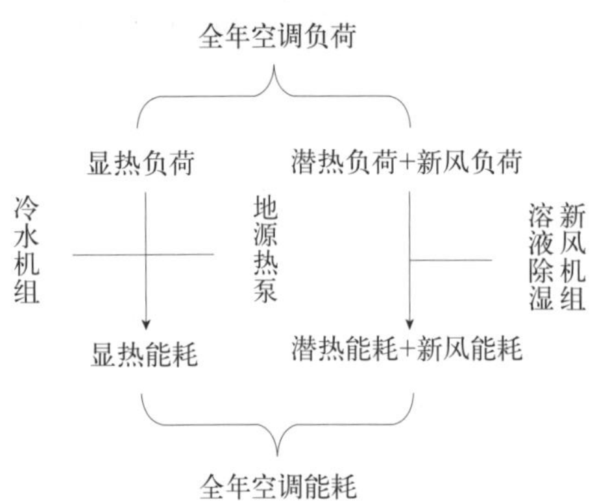

图 12　空调系统设计技术路线

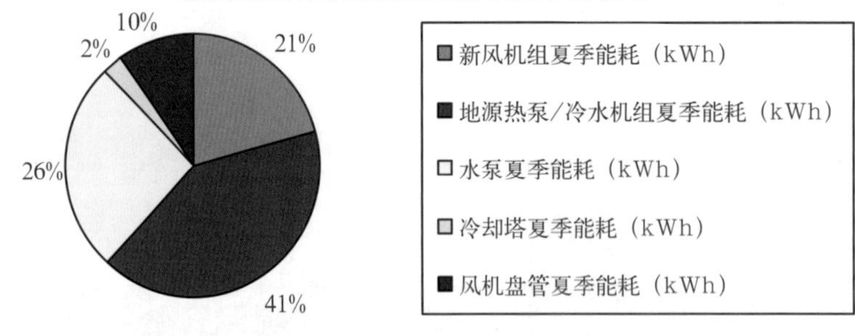

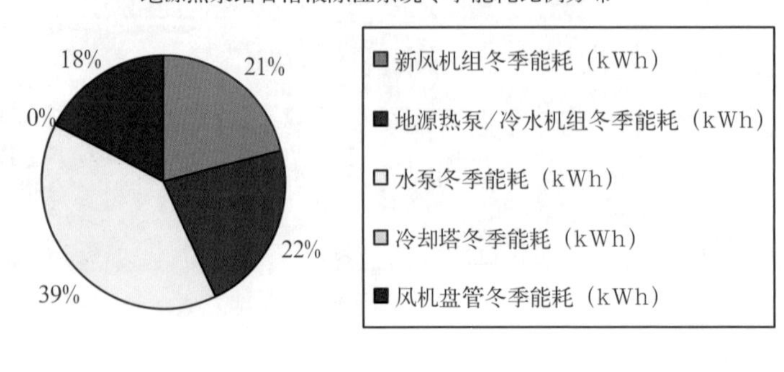

图 13　夏季、冬季空调系统各部分能耗比例分布

根据机组的冷凝排热量及由热响应实验得出的土层初始温度、地下导热系数，以及设计要求的埋管间距、埋管管径、有效深度，经过专业软件的反复迭代计算，确定地埋管的数量。

经分析可知：夏季时地源热泵和冷水机组的能耗为主要能耗，占总能耗的41%，水泵能耗与新风机组能耗相当；冬季时，空调总体能耗减小，水泵和风机等输送系统能耗所占比例上升。可见对于地源热泵结合溶液除湿型新风机组的空调系统来说，随着空调总能耗降低，输送系统能耗所占比例逐渐升高，对于此类系统，变频水泵及风机带来的节能效果显著。

（1）热泵式溶液调湿热回收型新风机组

项目采用热泵式溶液调湿新风机组，该机组采用先进的溶液调湿技术，通过溶液向空气吸收或释放水分，实行对空气湿度的调节，同时兼具热回收的功能。热泵式溶液调湿新风机组不是普通意义上的新风机组，它是集冷热源、全热回收段、空气加湿、除湿处理段、过滤段、风机段为一体的新风处理设备，具备对空气冷却、除湿、加热、加湿、净化等多种功能，独立运行即可满足全年新风处理要求，机组工作原理如图14所示。

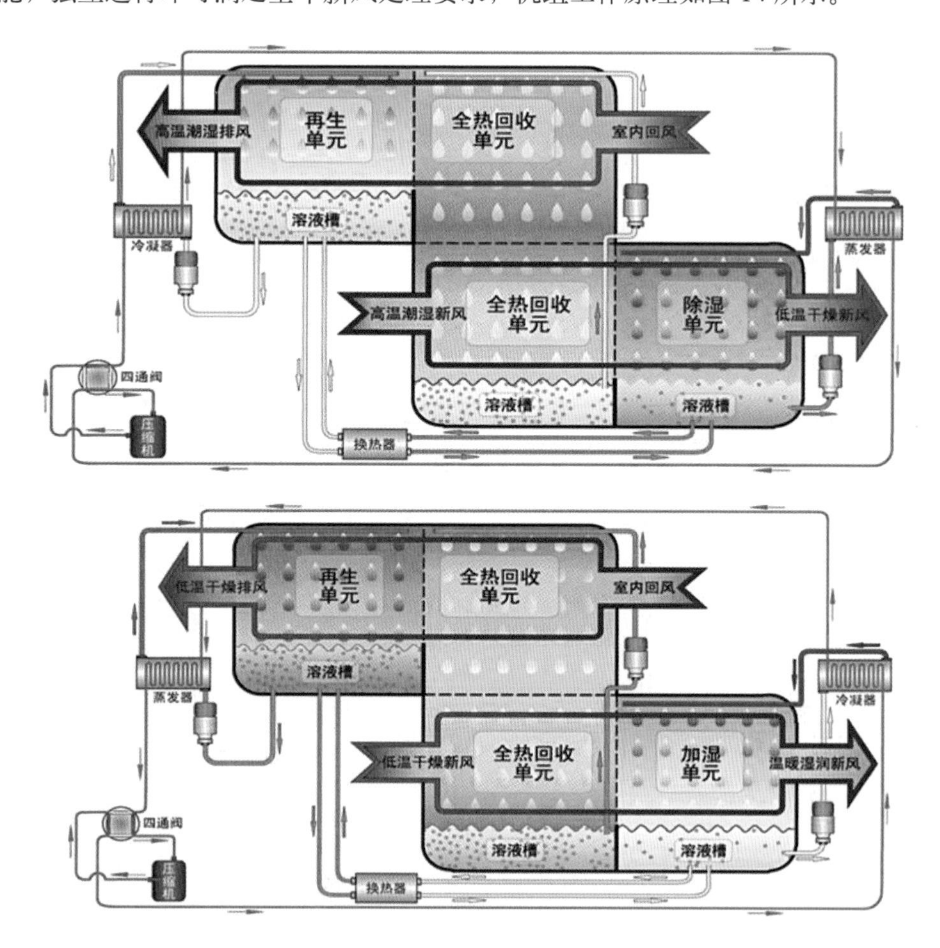

图14　热泵式溶液调湿热回收型新风机组工作原理示意图

以夏季为例，溶液泵从下层单元模块的溶液槽中把溶液输送至上层单元的顶部，溶液自顶部的布液器喷淋而下润湿填料，并与室内回风在填料中接触，溶液被降温浓缩，排风被加热、加湿。降温浓缩后的溶液从上层单元底部溢流进入下层单元顶部，经布液器均匀地分布到下层填料中。室外新风在下层填料中与溶液接触，溶液被加热稀释，空气被降温除湿。溶液重新回到底部溶液槽中，完成循环。在此全热回收单元中，利用溶液的循环流动，新风被降温除湿，回风被加热加湿，从而实现了能量从室内回风到新风的传递过程。冬季的情况与夏季相反，新风被加热加湿，回风被降温除湿。

热泵式溶液调湿热回收型新风机组具有以下的技术优势。

①高效节能，COP ≥ 5。

②高效热回收，节省新风处理能耗。

③满足室内环境控制要求，健康舒适。

④可减小施工量和施工难度。

项目地上部分的办公区域空调设置的风机盘管原则上为干工况运行，仅承担室内显热负荷，无冷凝水排放。考虑到安全、可靠性要求，设计时保留了风机盘管的冷凝水盘及其排放管道。

（2）地源热泵技术

地源热泵技术是一种集地质勘探技术、热泵技术和暖通技术于一体，利用地表浅层地热资源进行采暖和制冷的高效节能空调技术，即利用地下浅层土层能量，通过地下埋管管内的循环介质与土层进行闭式热交换达到供冷、供热目的。地源热泵属于可再生能源，地源温度较为稳定，是一个巨大的动态能量平衡系统，既可直接用于冬季供暖和夏季制冷，并供应生活热水，也可与其他形式的中央空调系统匹配，做到优势互补。

本项目的高温冷水地埋管地源热泵系统包括地源热泵空调冷热源系统及地源热泵生活热水系统。地上部分的办公区域采用地源热泵机组加水冷冷水机组的复合形式作为室内空调冷热源。针对项目特点，夏季累计负荷远大于冬季累计负荷，夏季排到地下去的热量远大于冬季从地下取出的热量，为保证地下排热与吸热的平衡，使土层维持在恒定的温度范围内，并考虑到地下换热器（管）的场地条件及初投资因素，地源热泵机组及其地下换热器（管）的配置按冬季室内热负荷考虑。见表 1。

空调冷热源系统配置 **表 1**

	夏季		冬季	
	提供冷量	备注	提供热量	备注
螺杆式土层热泵机组	制冷量 479kW，COP=5.76，冷冻水进出水温度 14 ~ 19℃，冷却水进出水温度 32 ~ 37℃	向地下换热器排热	制热量 435.3kW，COP=6.27，热水进出水温度 27 ~ 32℃，地下侧水进出水温度 10 ~ 5℃	从地下换热器吸热
螺杆式冷水机组	制冷量 596.8kW，COP=6.14	利用冷却塔散热	—	—

冬季室内热负荷全部由地源热泵机组承担，夏季地源热泵机组承担部分冷负荷，不足部分则由水冷冷水机组承担。

冬季热源采用一台电动双机头螺杆式地源热泵机组，其额定制热量为435.3kW；该机组同时也可作为夏季冷源，其额定制冷量为479.0kW。另外再设置一台单机头电动螺杆式水冷冷水机组作为夏季补充冷源，其额定制冷量为596.8kW。

冷热源系统夏季的冷冻水系统供回水温度为14～19℃，冬季的热水系统供回水温度为27～32℃，水冷冷水机组的冷却水系统进出水温度为32～37℃。

冷热源机房内同时还设置1台板式热交换器，该板式热交换器布置于地下换热器（管）系统和室内冷热水系统之间。当空调系统在冬夏季转换运行初期，冷热水机组停止运行，该板式热交换器投入运行，利用地下换热器（管）的初期温度，免费提供室内空调所需的冷热水。

集中空调水管路为两管制、闭式循环二次泵系统，一、二次循环水泵均采用变流量运行。其一次水系统的管道为同程布置，二次水系统的管道为异程布置，末端支管路另设自力式压差控制阀。其中，二次循环水系统同时还具有混水控温作用，保证空调末端设备夏季供回水温度为16～19℃、冬季供回水温度为27～30℃。

空调冷热水系统、冷却水系统和地埋管水系统均采用专用水处理装置进行水质处理，并设置排污阀、化学加药装置等。

5）关键技术五：雨水回收利用系统

上海属于降雨量较大的地区，年降雨量在1300mm以上，同时作为水质型缺水城市，水资源短缺形成的压力较大。在项目建设中，合理的雨水利用工程不仅在水资源循环利用，改善和保护生态环境等方面起到良好的示范作用，还可以减轻下游雨水排水泵站排水压力，并且雨水利用能抵扣部分自来水用量，因此也具有一定的实际经济效益。发展雨水收集和利用工程，把原来被排走的雨水留下来利用，既增加了水资源，也是节约自来水的好措施，同时由于雨水被留住或回渗地下，减少了排水量，减轻了洪水灾害威胁，地下水得以回补，水环境得以改善。

项目所处的临空园区6号地块排水量大，雨量充沛，杂用水需求量也大，为雨水的利用提供了水量来源和用水渠道，同时项目具有良好的物业管理条件，为节水措施、雨水系统的投资回报和运行管理奠定了基础。

项目考虑了雨水的回收再利用，设计了雨水回收利用系统，同时采取足够的消毒杀菌措施，以保障水质安全。雨水收集后主要回用于绿化灌溉和地下车库地面冲洗，有效减小了自来水用量。

雨水回收利用系统的设计遵循以下设计原则。

①设计方案严格执行或参照国家或上海市的规定和规范，确保回用水水质指标均达到相关标准。

②采用技术可靠、效果稳定的处理工艺和设备，尽量采用新技术、新材料，实用性和

先进性兼顾，以使用可靠为主。

③处理系统运行具有较大的灵活性和调节余地，以适应水质、水量的变化；管理、运行、维修方便，尽量考虑操作自动化，减少操作劳动强度。

④处理工艺流程要求耐冲击负荷，有可靠的运行稳定性。

⑤系统加强气味和噪声控制，尽量不影响周围环境，避免二次污染。

雨水储水池的有效容积的取值结合降雨特征、工程造价、占地、雨水利用量和雨水利用频率等因素综合考虑，通过对储水池有效容积的计算，最终确定取 90m³。

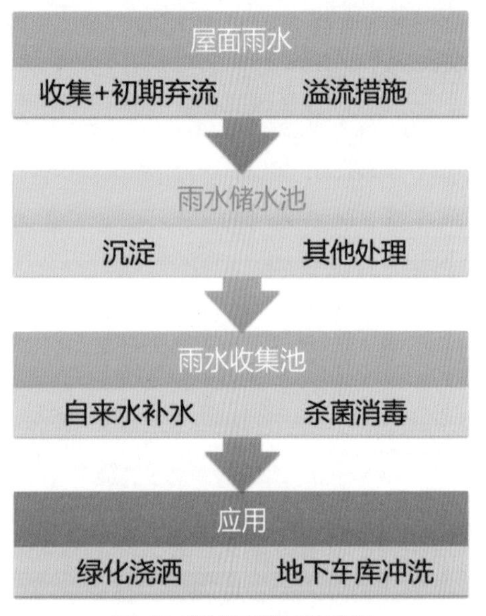

图 15　雨水系统工艺流程

图 16　雨水机房实景

根据项目雨水处理利用工程对水环境的要求和雨水利用途径的特点，为使处理后水质达到前述出水水质标准，所选择的处理工艺必须具有运行可靠、易操作管理、造价低、运行费用低等特点。项目系统的设计以物化法深度处理技术为主，突破传统工艺，同时尽量避免复杂昂贵的药剂投加。避免使用膜分离工艺（该工艺虽然具有出水稳定和工艺流程简单等优点，但受造价、运行费用和膜使用寿命等限制，目前在国内的应用实例还很少）等工艺的运用，但又能确保达到前述出水水质标准，同时确保处理系统具有很高的耐冲击负荷能力，即在进水水质不稳定时，也能保证良好的出水水质。综合考虑，根据现有雨水处理工艺特点，本着"两低一高"（即投资低、运行费用低、处理效率高）的原则，结合科研和实践经验，确定了工艺流程，如图 15 所示。

本工艺流程可根据实际情况启闭雨水利用处理系统。雨水的利用受气候影响较大，上海夏秋季降雨量较大，可充分收集利用雨水经处理后回用。雨水机房实景如图 16 所示。

雨水管道中往往含有较多的悬浮物等杂质，一旦大量的悬浮杂质等进入处理系统，必将影响到处理系统的正常运行。为了保证处理系统的稳定运行，本方案在每幢建筑汇水口设置一套弃流装置。初期雨水按 2 ~ 3mm 降水确定。弃流雨水排入市政雨水管网。

弃流装置原理：在雨水管或汇集口处按照所需弃流雨水量设计弃流装置（一般弃流 2 ~ 3mm 降雨量），根据屋面雨水径流的冲刷规律合理确定弃流水量，并手动或定期自动将初期雨水排除，后期雨水收集进入雨水储水池。因此简单有效，不受降雨变化的影响，可以准确地按设计要求控制初期雨水量，效果较好。

屋面雨水由落水管汇集到弃流装置内，装置首先收集初期雨水，当弃流池满后，后期清洁雨水自动进入管路收集系统，即通过重力管自流经雨水处理站前的截流井，再进入雨水处理站内的储水箱。弃流池内设置电磁阀，可根据液位延时开启电磁阀排放初期雨水。截流井后管道上设电动蝶阀1台，当储水箱内的液位控制器达到高液位时，电动蝶阀关闭，雨水自动溢流进入雨水管网外排，不再进入处理站。当储水箱内的液位控制器达到开泵水位时，处理系统内的设备正常运转。当截流井后的电动蝶阀出现故障，储水箱内的液位控制器达到超高液位时，处理站内的2台排涝泵同时开启，排放储水箱内的多余雨水。

沉淀装置出水通过进水泵将雨水泵入过滤装置，过滤装置出水经消毒后进入清水箱，清水由恒压供水系统供入供水管网。

6）关键技术六：地下车库光导照明系统

影响地下停车场的视觉环境因素有很多，包括垂直照度、光源和眩光等，需要在这些因素间取得一个平衡，营造一个舒适的环境，除了照明的数量外，照明的质量也是非常重要的。目前上海市很多建设项目都建有地下停车场，这些停车场面积大、光线差，需要大量的照明设备长期照明。由于各出入口与行车路线之间不是简单的一一对应的关系，因此很难用简单的强电控制方式实现停车场内部照明的自动控制，通常只能采用连续照明方式。有的地方虽然采用红外或声控开关来控制照明，但是只能对某一个小区域（如出入楼梯口处）实现自动控制，而不能对全部停车场照明实现自动控制。这样不仅造成巨大的能源浪费和设备损耗，也给小区的物业管理造成很大的经济负担。

光导照明系统的出现，有效解决了上述问题。光导照明系统的工作原理是通过室外的采光装置聚集自然光线，并将其导入系统内部，然后经由光导装置强化并高效传输后，由室内的漫射装置将自然光均匀导入任何需要光线的地方。从黎明到黄昏，甚至是阴雨天，该照明系统导入室内的光线仍然十分充足。

光导照明系统具有以下优点：

①传播距离远，照明均匀度高。

②节约照明能耗，营造室内艺术装饰效果。

③应用越来越广，技术较成熟。

利用自然光的光导照明系统是一种用光导管将室外的自然光引入室内的装置系统。光导管作为日光照明系统的重要组成部分，其反射率的高低以及光导管直径的大小直接关系到整个日光照明系统的亮度。一般的光导管的反射率能达到95%，直径有250mm、330mm、450mm、530mm和750mm几种。反射率越高或者直径越大的光导管，其产生的亮度越高。

项目结合地下车库布局，进行了光导照明系统的优化设计和布局。在地下车库区域安装了16套导光系统，利用管径为550mm的导光管将自然光引入地下空间，减少该区域日间照明能耗，并提升地下空间的自然光环境。光导管布置及实景如图17所示。

图 17　光导管布置及实景

7）关键技术七：立体绿化

（1）屋顶绿化

屋面设置屋顶绿化，这种绿化方式具有地面绿化一样的美化环境、净化空气、降低噪声、减少环境污染、提高排蓄水功能和缓解热岛效应等作用。屋顶绿化是在屋顶上种植植物，利用植被的蒸腾作用和光合作用吸收太阳辐射热，从而达到隔热降温的目的。种植绿化植物后的屋面温度变化较小，保温隔热性能好，是一种生态型的节能屋面，目前已广泛应用于我国夏热冬冷、夏热冬暖地区。屋顶绿化一则可以改变建筑景观，降低热岛效应；二则可以提高建筑物的热工性能以及屋面的蓄排水能力。

种植屋面一般由结构层、找平层、防水层、蓄水层、滤水层和种植层等构造层组成，种植屋面应采用整体浇筑或预制装配的钢筋混凝土屋面板作为结构层，防水层应采用设置涂膜防水层和配筋细石混凝土刚性防水层，并必须对其进行防腐处理，避免水和肥料日久天长渗入混凝土中，腐蚀钢筋。种植屋面坡度不宜大于 3%，四周挡墙下的泄水孔不得堵塞，应能保证及时排除积水。屋顶绿化实景如图 18 所示。

（2）其他绿化形式相结合

除屋顶绿化外，项目还采用阳台垂直绿化、室外斜坡绿化等多种形式相结合的绿化，形成多样化的绿化景观。阳台垂直绿化实景如图 19 所示。

图 18　屋顶绿化实景

图 19　阳台垂直绿化实景

8）关键技术八：地下空间开发

随着我国城市发展的速度加快，土地资源的减少成为必然。开发利用地下空间，是城市节约用地的主要措施，也是节地倡导的措施之一。土地作为不可再生资源是调节经济和社会发展的重要因素，在人们关注建筑向上延伸的同时，建筑空间也渐渐由地上向地下拓展，尤其是对于上海这样高密度的国际化大都市而言，地下空间的开发利用被越来越多的项目采用。但在利用地下空间的同时应结合地质情况，需处理好地下人口与地上人口的有机联系、通风及防渗漏等问题，同时采用适当的手段实现节能。

2 号楼利用下沉广场及斜坡式绿化，将自然采光及自然通风引入周边地下空间，在半地下和地下空间设置停车、商业区、物业管理等空间，使地下空间得以充分利用。下沉式广场实景如图 20 所示。

图 20　下沉式广场实景

同时在地下停车场内设置了光导照明系统，在改善地下空间光环境舒适度的同时达到了节能的目的。

9）关键技术九：通风、采光模拟优化绿色建筑设计

（1）通风模拟

项目以在过渡季节尽量使用自然通风，从而满足人体舒适性的同时实现最大程度的节能为目的，从节能效率以及经济效益两方面，采用 CFD 对自然通风情况进行模拟分析，并提出优化方案，探讨如何通过建筑空间组织、建筑朝向设置、建筑外围护及内部构件处理形成风压、热压、进行室内自然通风组织，达到节能、营造舒适环境的目的。通过中庭形式的改变、外窗开启扇面积形式的改变、建筑朝向的改变以及室内天桥的设置形成多种方案，分别建立数据模型，同时建立未采用自然通风方案的数据模型。通过室内温度场的模拟分析和量化比对，以及结合空调能耗的数据模拟，选取最优方案，并以此充分说明自然通风对建筑节能率的影响程度。

项目位于上海市长宁区，南北朝向。上海过渡季主导风向为东南风，夏季为南风，冬

季为北风；建筑内部设天井，立面开窗及玻璃幕墙结构，保证了冬季室内日照的获取；有利于避免冷空气，引导夏季室内的自然通风，在建筑细节处防止太阳辐射与暴风雨袭击等。

通过模拟计算，优化了各立面的开窗设计。

模拟结果显示：中庭底部的开口起到了引入低温气流的作用，因此中庭下部的气温较低，同时这个气流加强了南向房间内的自然通风效果，也对北向房间中的 1 ～ 2 层内的自然通风起到了一定的加强作用。建筑北向房间内和南向房间内的气流速度矢量图见图 21、图 22。

（2）采光模拟

昼间充分利用自然光进行采光，一方面可以创造舒适优质的室内光环境，另一方面，可减少昼间灯具照明的耗电量。项目研究通过建筑朝向设置、平面空间设计、外窗、幕墙

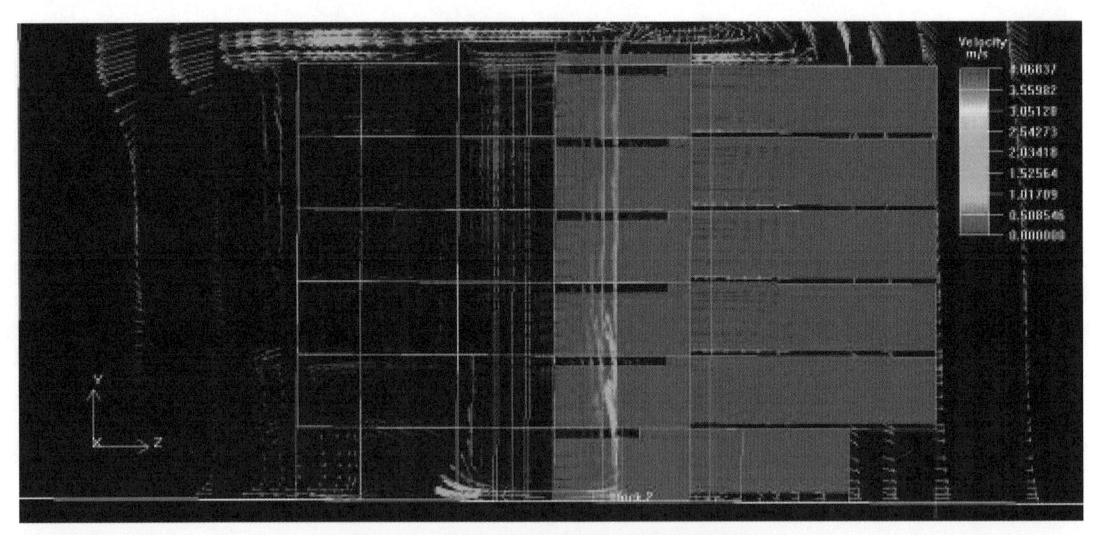

图 21　建筑北向房间内的气流速度矢量图

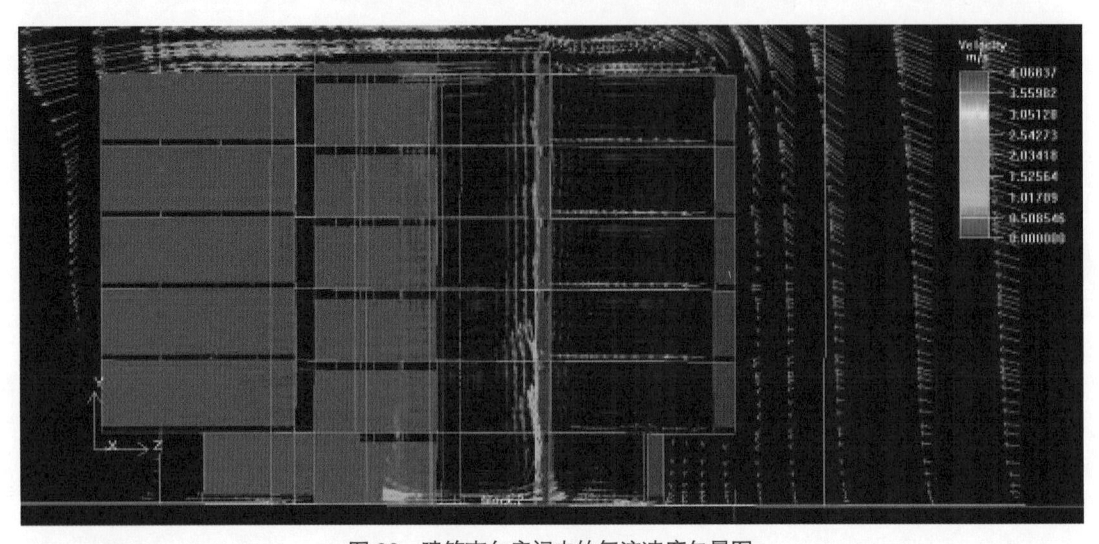

图 22　建筑南向房间内的气流速度矢量图

及天窗等采光面设计，达到充分利用自然光的目的，同时避免直射光、眩光。

项目设置了采光中庭，采光中庭的顶部均采用太阳能光伏发电玻璃，一方面可提高室内的自然采光照明水平，另一方面可充分利用太阳光进行发电，并避免过多的日光进入室内而引起眩光。模拟计算结果表明，项目各层室内天然采光分布较为理想，南向、西向透明幕墙有利于改善室内天然光照环境，东向、北向立面开窗结构也有效地改善了室内北部办公区域的采光。引入天井设计，对室内办公区域内部的采光环境有所提高。主要功能空间的采光系数为2.4% ~ 30%，满足《建筑采光设计标准》GB/T 50033—2001对相关功能空间采光系数最低值的设计要求。1号楼主要功能区采光系数分布情况见表2。

1号楼主要功能区采光系数分布情况　　表2

楼层	功能区	采光类型	采光系数要求 C_{min}*	满足百分比
1层	办公	侧面采光	2.2%	100%
	门厅	侧面采光	1.1%	100%
	景观台、天井	顶部采光	1.75%	100%
2层	办公	侧面采光	2.2%	100%
3层	办公	侧面采光	2.2%	100%
4层	办公	侧面采光	2.2%	100%
5层	办公	侧面采光	2.2%	100%
6层	办公	侧面采光	2.2%	100%

* 说明：此处的“采光系数要求”为各楼层不同功能区中采光要求最高的功能区所对应的采光系数 C_{min} 或者 C_{av}。

10）关键技术十：能效综合管理平台

项目注重绿色建筑节能技术在实际建筑中的运行效果的监控和管理，特设置了能效综合管理系统，项目通过能效综合管理系统进行运行策略的优化，主要从两个方面实现。

（1）基于BA的能效综合管理节能监控系统

在保证各子系统正确运行的基础上，通过不断优化的控制策略，积极主动地进行设备和系统的调优控制，改变传统控制的被动模式；同时通过与信息挖掘系统的及时校核，最大限度地提高设备和系统实时运行的能效。

（2）基于数据库的能效综合管理信息挖掘系统

通过对数据的深度分析，客观真实地反映设备以及系统的运行能效，同时以科学的能效指标衡量量化节能效果；同时为节能监控系统的控制策略的优化提供依据，并对节能监控系统进行合理的控制策略参数调整。

在室内设置温度、湿度、CO_2传感器，在太阳能发电、地源热泵、空调系统、分项计量等设置数据采集设备，编制分散式控制系统（DCS），使能效综合管理系统能够对整个建筑系统的运行进行全面的监测，并且提供各个子系统通过计算机屏幕展示，实时显示当

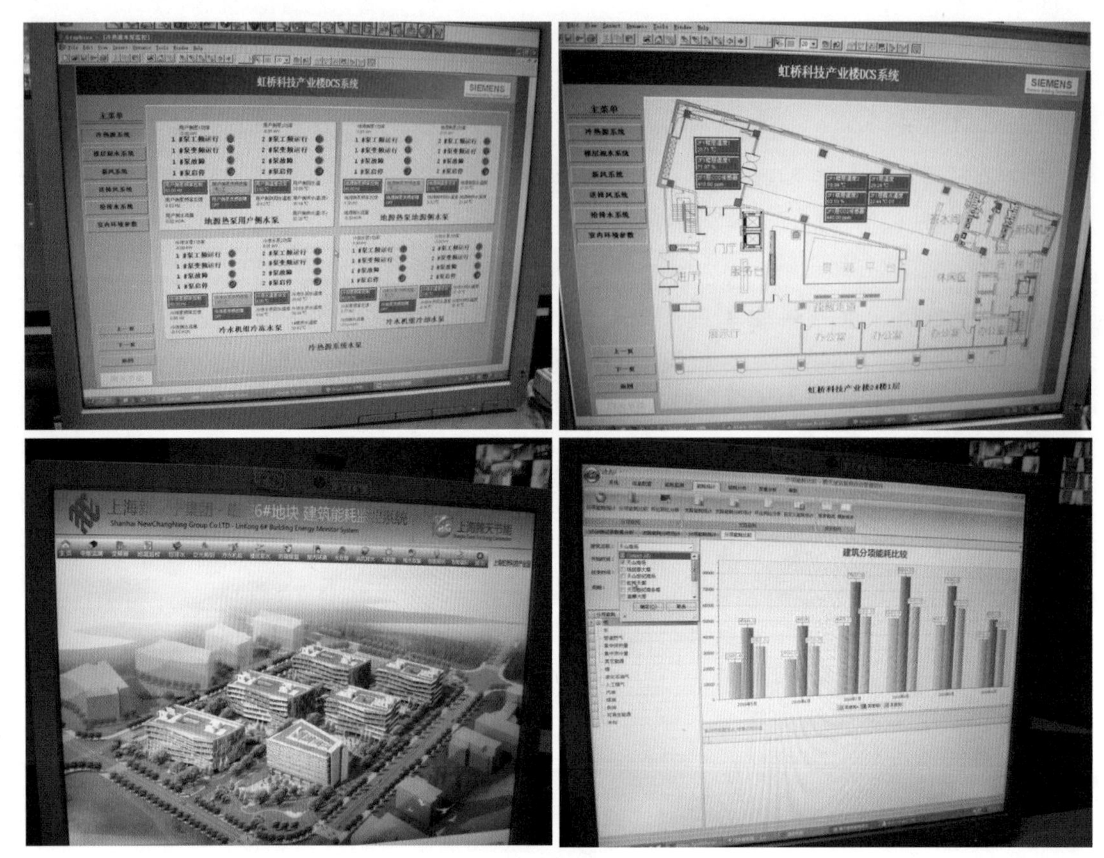

图 23　能效综合管理信息系统

前各系统的工作状态，并且可以通过模拟计算和实测数据分析，显示及对比分析当前的节能效果等情况，起到对绿色节能建筑的监测、数据分析的作用，展示系统的同时有演示及教育推广作用。能效综合管理信息系统如图 23 所示。

（三）运营

1. 运营效果

项目的物业管理公司与开发单位同属一个集团，对项目的运营实施非常重视，根据绿色建筑的需求，编制了绿色建筑物业管理方案，其中涵盖了管理架构、人员职责，从 8 个方面制定了详尽的管理维护制度规定，包括太阳能光伏发电系统的管理维护、地源热泵系统的管理维护、热泵溶液调湿新风机组的管理维护、雨水收集利用系统的管理维护、能效管理系统的运行管理、机房管理制度、绿化外围养护管理制度、垃圾管理制度等。

例如，物业管理单位特制定了光伏幕墙的专项运行管理方案，根据太阳能光伏发电系统的数据记录对运行状况进行判断，对光伏幕墙系统进行持续跟踪维护；制定了雨水系统的专项运行管理方案，对雨水回收利用系统进行持续跟踪维护。

另外项目编制了《太阳能日发电量记录表》、《新风机组日常巡检记录表》、《雨水泵房运行记录表》、《绿化养护工作日记录表》、《绿化养护月检查表》，由专人负责定时收集各子系统的数据，并对绿色建筑6大指标体系的运营效果进行总结提供了保证。

项目在多方面取得了创新性成果，涵盖了关键技术的研究与示范、绿色建筑技术体系的集成、建设施工及物业运营中的管理保障、智能化系统的监控与展示评估等多个方面，以下从绿色建筑6大指标体系的角度对项目示范取得的成果进行系统总结。

1）节地与室外环境

1号、2号楼的屋顶设置了屋顶花园，种植了小叶黄杨球、红叶石楠、阔叶麦冬等植物。1号楼的南立面上设置了模块式挂壁绿化，选用了适合上海地区的金银花、常春藤、凌霄花、迎春花等植物。同时室外基地内大量种植了乔木和灌木，整体绿化效果显著。项目采用了多种形式相结合的绿化方式，整体绿化率达到了59.8%。室外停车位采用植草砖铺装，以利于地面的透水，透水地面面积比超过45%。

出于节地和提高土地利用效率的考虑，项目对于地下空间进行了充分合理的利用，整个园区设置了地下空间作为车库、员工餐厅和设备机房，地下面积总计达到9020m^2。

2）节能与能源利用

依据《公共建筑节能设计标准》GB 50189—2005以及《民用建筑能效测评标识评定细则》IN/ZD02.08—2009，项目开展了能效理论值测评工作。经测评，1号楼基础项节能率为67.1%，2号楼基础项节能率为65.8%，两栋楼均达到建筑能效理论值测评标识三星要求。

项目对围护结构进行了优化，选用了中空夹芯节能墙体，提高了围护结构的保温隔热性能。2号楼采用了太阳能光伏幕墙，集外倾式幕墙形体、太阳能光伏板、局部呼吸幕墙以及可动遮阳板于一体。2010年9月至2011年8月，累计发电约1.6万kWh。

项目采用了高效设备和系统，其中包括湿分离的空调系统与地源热泵冷热源的集成技术，并采用了地源热泵生活热水系统，以便能充分利用地源热泵空调系统余热。采用的一体式热泵型溶液调湿新风机组本身设有两级高效全热回收单元，通过溶液的循环流动，从而实现能量从室内排风到新风的传递（回收）过程。

项目采用多种途径降低照明能耗。地下车库采用光导管照明技术，16套光导管提供了全光谱自然光照明生态环境，改善了地下空间的照明品质。1号、2号楼的办公区域均采用高效照明器具，照明功率密度值均达到了《建筑照明设计标准》GB 50034—2004的目标值的要求，同时公共区域照明和办公区域照明实现了分区域计量。

3）节水与水资源利用

项目考虑了雨水的回收再利用，设计了雨水系统，储水池容积达到90m^3，同时采取足够的消毒杀菌措施，以保障水质安全。雨水收集后的回用主要用于绿化灌溉和地下车库地面冲洗，有效减小了自来水用量。建筑内所有的用水器具均采用节水器具，实现末端节水。优质管材、管道连接及高效阀门等的使用也有效地避免了管网漏损。绿化灌溉采用高效的喷灌灌溉方式，节约了用水。

4）节材与材料资源利用

项目所用的混凝土全部为预拌混凝土，500km以内厂家生产的建筑材料的使用比例达到99%以上，项目实现了土建与装修一体化设计施工，由同一家设计单位负责土建及装修的一体化设计，施工单位按图纸进行一体化施工。基于项目性质为出租办公楼，办公区间均采用大开间设计，方便租户进行灵活隔断，减少了二次装修带来的材料浪费和环境污染。

5）室内环境质量

建筑中部设置中庭，引入天然阳光及新鲜空气，创造宜人的休憩环境。通过模拟优化开窗设计，达到优化自然通风的目的。项目在建筑设计时合理规划布置了办公等各功能区，避免相互间的噪声干扰，同时采用了经济合理的隔声、减震措施。1号、2号楼均设置了无障碍出入口、无障碍厕所等无障碍措施。项目使用了多种可调节遮阳形式，在1号楼东面的双层幕墙通道内设置了遮阳百叶，在2号楼西立面设置了可调梭形外遮阳百叶，在充分利用自然光采光提升室内环境质量的同时降低了空调能耗。

6）运营管理

项目设置了完善的智能化管理系统，由通信自动化系统（CA）、安防自动化系统（SA）、办公自动化系统（OA）、楼宇自动控制系统（BA）、能耗分项计量系统组成，并设置智能化机房。同时运用了智能化设备运行控制技术，对建筑幕墙电动百叶、靠窗区域电气照明、空调系统之间进行协同控制。另外还设置了室内空气质量监控系统，监控室内的温湿度、CO_2浊度等参数，并通过空调新风系统联动调节。

项目运营单位制定了详细的绿色建筑管理方案，对太阳能光伏发电系统管理维护、地源热泵系统管理维护、热泵溶液调湿新风机组管理维护、雨水收集利用系统管理维护、能效管理系统运行管理并明确规定了机房管理制度、绿化外委养护管理制度、垃圾管理制度等，同时设计了一系列绿色建筑示范技术数据记录表，并由专人负责记录。

经测评，项目在绿色建筑节地与室外环境、节能与能源利用、节水与水资源利用、节材与材料资源利用、室内环境质量、运营管理6大指标体系的开发、研究及示范应用，使项目达到了《绿色建筑评价标准》GB/T 50378—2006两星级绿色建筑的要求。虹桥科技产业楼1、2号楼绿色建筑测评情况见表3。

虹桥科技产业楼1、2号楼绿色建筑测评情况 表3

	一般项						优选项数
	节地与室外环境	节能与能源利用	节水与水资源利用	节材与材料资源利用	室内环境质量	运营管理	
参评项数	6	8	6	7	5	7	14
达标项数	6	7	5	5	5	7	8
★★	4	6	4	6	4	5	6

2. 综合效益及推广分析

绿色建筑是在建筑的全寿命周期内，最大限度地节约资源（节能、节地、节水、节材）、保护环境和减少污染，为人们提供健康、适用和高效的使用空间，与自然和谐共生的建筑。建设绿色建筑正是建筑行业走可持续发展道路，积极保护地球生态环境的一个有力举措。

上海处于夏热冬冷地区，与北方采暖地区情况不同，在夏季防热的同时须兼顾冬季采暖。本项目通过系统性的研究示范，通过综合优选的设计方式，结合可再生能源利用，探讨夏热冬冷地区的建筑节能率达到65%的有效设计途径，具有实际意义。本项目空调冷热源负荷采用清洁环保的地源热泵系统，同时采用太阳能光电系统提供清洁电力。地源热泵系统和太阳能系统均属于清洁环保的可再生能源，大量节省了电能和化石燃料的使用，减少了废热、废水和温室气体排放，减缓了城市热岛效应，节省了宝贵的水资源，具有极好的环境保护作用，使项目真正成为生态、环保、绿色，与自然和谐共处的可持续发展建筑。

项目设计使用的雨水回收系统，每年能节约大量的自来水。同时由于雨水经过专业系统的处理，保障了雨水品质的安全可靠。结合采取的节水灌溉等其他节水措施综合来看，项目为水资源的保护和合理利用带来巨大的效益。

项目大量采用本地化建筑材料，减少了建材运输过程中的能耗和消耗，同时使用大量的循环再生和环保装饰装修材料，减少了自然不可再生资源的消耗量和环境污染。

通风系统、采光系统以及噪声消除系统的采用，使室内的办公环境得到了有效的改善。同时，办公人员也得到了更大的健康保证，是真正地以人为本的办公建筑。大量利用自然采光，光环境较好；通过光导照明系统的应用可使地下车库也拥有充足的光照环境，提高了舒适度。

（四）总结

通过6号地块1号、2号科技产业楼项目绿色建筑建设的探索和积累，为环保节能技术在上海新长宁集团（集团）有限公司其他新建项目和经营性物业中的全面推广提供了保证，提升了企业的综合竞争力。

项目示范的四节一环保绿色建筑理念及绿色建筑关键技术已在上海临空园区、长宁区及上海市其他区域产生了积极的反响，为绿色节能技术的普及起到了积极的推动作用。

项目采用的可调节外遮阳、绿化种植屋面、地源热泵、雨水回收再利用、光导照明等技术在上海市乃至夏热冬冷地区都有很强的应用和推广价值，这些技术在项目中的示范势必带动其相关产业的发展，带来巨大的经济效益。太阳能光伏建筑一体化示范效应强，前期投入大，运行难度也较大，需制定专项的运行方案，随时通过数据的变化判断系统的运行状况。

同时项目采用的数据采集、监测和展示系统为进一步进行绿色生态技术的研究和改进提供基础研究数据和实际运营经验。

项目承担单位：上海新长宁集团（集团）有限公司
开发建设单位：上海新长宁集团（集团）有限公司
设计单位：上海建筑设计研究院有限公司
施工单位：四川华西集团
绿色建筑技术咨询单位：上海市建筑科学研究院（集团）有限公司